“十三五”国家重点出版物出版规划项目
现代机械工程系列精品教材
普通高等教育工程训练系列教材

工程训练简明教程

第 2 版

U0806797

主　编：马玉琼　冯慧娟　张艳蕊
副主编：王春松　唐　乐　张玉珮　刘　同
参　编：王军伟　郑红伟　毕海霞　宋　健　张彧硕　苗　青
张伟男　李　健　王明川　王　伟　王跃华　郑惠文
韦亚琼　王铁成　张皓楠　李　良　张　啸　安　伟
刘　磊　邢　军　王克礼　张玉龙　陈　安　李媛媛
阚玉怀　母芳林　刁雁雁　王祖星　王丽萍　魏骏喆
弓正菁　王高生　王海龙　李佳欣　张振杰　梁建新

机 械 工 业 出 版 社

本书是以教育部工程训练教学指导委员会制定的工程训练教学基本要求为指导，为适应新时代主流工业技术发展编写而成的。全书分为12章，主要介绍工程训练概述、工程训练基础知识、材料成形技术（铸造、焊接）、传统切削加工技术（车削加工、铣削加工、钳工）、现代制造技术（数控加工、数控电火花线切割加工以及现代特种加工方法）、电工电子技术、工程创客训练等内容。本书注重学生工程素质和综合能力培养，通过实践操作强化工程训练效果，提高学生的实践和创新能力。

本书适用于非机械类专业学生工程训练课程，也可供大专、职业学校、技校以及工程技术人员使用。

图书在版编目（CIP）数据

工程训练简明教程 / 马玉琼，冯慧娟，张艳蕊主编.
2版. -- 北京 : 机械工业出版社，2025. 5. --（普通高等教育工程训练系列教材）. -- ISBN 978-7-111-78704
-4

Ⅰ. TH16

中国国家版本馆CIP数据核字第20253XJ456号

机械工业出版社（北京市百万庄大街22号　邮政编码100037）
策划编辑：丁昕祯　　责任编辑：丁昕祯
责任校对：张昕妍　陈　越　　封面设计：张　静
责任印制：张　博
北京新华印刷有限公司印刷
2025年8月第2版第1次印刷
184mm×260mm · 12.25印张 · 298千字
标准书号：ISBN 978-7-111-78704-4
定价：39.80元

电话服务　　网络服务
客服电话：010-88361066　　机　工　官　网：www.cmpbook.com
010-88379833　　机　工　官　博：weibo.com/cmp1952
010-68326294　　金　书　网：www.golden-book.com
封底无防伪标均为盗版　　机工教育服务网：www.cmpedu.com

前言

党的二十大报告中明确指出："必须坚持科技是第一生产力、人才是第一资源、创新是第一动力，深入实施科教兴国战略、人才强国战略、创新驱动发展战略，开辟发展新领域新赛道，不断塑造发展新动能新优势。"强国兴邦从教育开始。"深化教育改革，推动高等教育内涵式发展"是当前以及未来一个时期内高等教育发展的基本战略。加强实践教学建设、提高学生的实践能力和培养创新精神是高等教育提升人才培养质量的重要切入点和突破口。

工程实践教学是高等工程教育中不可缺少的重要组成部分，是培养大学生实践能力和创新能力、树立工程意识、提高综合工程素质的重要载体，尤其对工程类人才培养具有关键意义。工程训练中心是培养在校学生实践和创新能力的工程实践教学基地，面向各类专业人才培养需求，开展融知识、能力、素质教育于一体的实践教育。现代工程实践不再局限于实践技能教学，已从工程实践教学迈入工程实践教育，逐渐形成由基础性实践、综合性实践、创新性实践组成，贯穿高校工程人才培养全过程的开放性实践教学体系。

工程训练作为高校实施实践能力培养的重要教学环节，具有通识性基础。工程实践教学的核心目标在于实现理论知识与实践操作有机融合，同时将职业道德、责任意识、团队协作等职业素养塑造贯穿教学全过程。以综合性为特点，根据对学生的培养要求，采用工程系统集成理念对工业生产技术进行精选，遵循教学规律，采用现代教育技术构建实景化的工程教学环境。在此环境下，学生通过参与式动手实践，基本了解工业生产各个环节，以及通过对各种加工方法的初步训练，获得职业道德的初步培养。这是现阶段我国工科高校本科生工程实践教育的有效途径。

本书结合编者多年教学经验编写而成，主要特点为：

1）以教育部工程训练教学指导委员会制定的教学基本要求为指导，结合工程训练实践教学内容及课程体系改革研究与实践成果编写而成。

2）加强基本知识的介绍，以更好地帮助学生理解各工艺方法的实质，使学生在工程训练过程中可以有意识地完成各种操作，达到培养实践能力的目的。

3）加强对智能制造、先进制造技术和新工艺、新材料内容的介绍，拓展学生的眼界和知识面。

4）注重学生工程素质和综合能力的培养，在介绍各种工艺方法和设备的同时，还注意帮助学生建立质量、经济、安全、环保、市场等意识。

本书可供高等院校非机械类专业工程训练课程教学使用，也可供大专、职业学校、技校以及工程技术人员使用。全书共 12 章，由河北工业大学的马玉琼、冯慧娟、张艳蕊任主编，王春松、唐乐、张玉珮、刘同任副主编。参与编写的还有王军伟、郑红伟、毕海霞、宋健、张彧硕、苗青、张伟男、李健、王明川、王伟、王跃华、郑惠文、韦亚琼、王铁成、张皓楠、李良、张啸、安伟、刘磊、邢军、王克礼、张玉龙、陈安、李媛媛、阚玉怀、母芳林、刁雁雁、王祖星、王丽萍、魏骏喆、弓正菁、王高生、王海龙、李佳欣、张振杰、梁建新。本书由河北工业大学马岱副教授主审，马岱副教授对本书提出了很多宝贵的意见，在此表示感谢。

本书的编写参考了相关手册、教材、学术杂志等，借鉴了许多同行专家的教学成果，在此一并表示真诚的谢意。

本书内容多，范围广，涉及传统与现代制造技术知识，由于编者水平有限，书中难免有许多错误和不足，恳请读者批评指正。

编　者

目录

第1章

工程训练概述

1.1 工程训练的学习目的和学习方法

1.1.1 工程训练的学习目的和任务

1. 工程训练的学习目的

工程训练是高校人才培养过程中重要的实践教学环节，是符合现阶段我国国情并独具特色的校内工程实践教学模式。工程训练教学以实际工业环境为背景，给学生以工程实践的教育、工业制造和工程文化的体验。其主要目的为：

1）建立起对工业制造过程的感性认识，学习工业制造的基础工艺知识，了解工业制造的主要生产设备。教学过程中，学生要学习常用机械制造加工技术及其所用主要设备的基本结构、工作原理和操作方法，并正确使用各类工具、夹具、量具，熟悉各种加工方法、工艺技术、图样和安全技术。了解加工工艺过程和工程术语，使学生对工程问题从感性认识上升到理性认识。这些实践知识将为以后学习有关专业技术基础课、专业课及毕业设计等打下良好的基础。

2）培养实践动手能力，进行工程师的基本训练。工程训练是一门重要的实践性教学课程。在工程训练中，学生通过操作各种设备，使用各类工具、夹具、量具，直接参加生产实践并独立完成简单零件的加工制造全过程，来培养学生对简单零件初步选择加工方法和分析工艺过程的能力，使其具有操作主要设备和加工作业的技能，初步获得工程师应具备的基础知识和基本技能。

3）全面开展素质教育，树立实践观念、劳动观念和团队协作观念，培养高质量人才。工程训练一般在学校工程训练中心现场进行，训练现场不同于教室，它是生产、教学、科研三者结合的场地，教学内容丰富，工程训练环境多变，涉及面广。这样一个特定的教学环境正是对学生进行思想和作风教育的良好场所。通过工程训练，培养学生的劳动和团队协作观念，使学生遵守组织纪律、爱护国家财产；帮助学生建立成本意识和质量意识，培养他们理论联系实际和一丝不苟的工作作风。

2. 工程训练教学目标

学生进行工程训练的总要求是：深入实践，接触实际，强化动手，注重训练。根据这一要求，提出以下教学目标：

1）全面了解机械零部件的制造过程、基础工程知识和常用工程术语。

2）了解机械制造过程中所使用的主要设备的基本结构特点、工作原理、适用范围和操作方法，熟悉各种加工方法、工艺技术、图样文件和安全技术，并正确使用各类工具、夹具和量具。

3）独立操作各种设备，完成简单零件的加工制造。

4）了解新工艺、新技术的发展与应用现状。

5）了解机械制造企业在生产组织、技术管理、质量保证和质量管理等方面的工作及安全生产防护方面的组织措施。

1.1.2　工程训练的学习方法

本课程通过参观、现场教学、训练实习、实习报告、作品考核、理论考试和安全考核等多种方式开展教学。学习本课程时要注意以下几点：

1）要高度重视安全问题。本课程与先前所学习的各课程的最大不同是教学主要在工厂环境下进行，人身安全和设备安全就成为了需要高度关注的问题。

2）本课程实践性非常强，现场教学主要以教师们的言传身教为主，但课前还是应该注意预习，以提高学习效率。

3）要善于观察，积极思考，将已经学过的或正在学习的理论知识应用到自己的实习中，去分析实习中所遇到的各种问题和现象。

4）要高度重视本书每章末尾的思考题或指导教师指定的作业，这些内容都是经过精心设计的，要认真对待。

5）要注意培养自己的创新意识和创新能力。例如，思考哪些实习设备、工具有需要改进的地方等。对于指导教师指定的具有开放性、创新性设计要求的作业或训练，应积极思考，认真完成。同时，注意观看和体会实习场所关于大学生创新实践活动的相关展示，以期对自己能有所启发和激励。

一般来说，工程训练劳动强度大，很多同学从来没有这样的体验，心理上会出现一些波动，这时应主动调整自己的心态，克服怕苦、怕脏、怕累的思想。

1.2　工程训练安全教育

工程训练实践教学环节具有一定的危险性。如果训练人员不遵守设备安全操作规程或者缺乏一定的安全知识，有可能发生机械伤害、触电等工伤事故。因此，为保证训练人员的安全和健康，必须进行安全知识的培训，使所有参加训练的人员都树立“安全第一”的观念，懂得并严格执行有关安全技术规程，做到警钟长鸣。

工程训练安全包括人身安全、设备安全和环境安全，其中最重要的是人身安全。在每个工种训练之前，要求认真研读安全操作规程，严格按安全技术规程操作。工程训练中的安全操作有冷加工、热加工安全操作和电气安全操作等。

1）冷加工主要指车、铣、刨、磨和钻等切削加工，其特点是使用的装夹工具、被切削的工件或刀具间不仅有相对运动，而且速度较快。如果设备防护不好，操作者不注意遵守操作规程，很容易造成各种机器运动部位对人体及衣物由于绞缠、卷入等引起的人身伤害。

2）热加工一般指铸造、锻造、焊接和热处理等工种，其特点是生产过程伴随着高温、有害气体、粉尘和噪声。在热加工工伤事故中，烫伤、灼伤、喷溅和砸碰伤害约占事故的70%，应引起高度重视。

3）电力传动和电气控制在加热、高频热处理和电焊等方面的应用十分广泛，训练时必须严格遵守电气安全守则，避免触电事故。

只有实行文明生产，才能确保训练人员的安全。按照学生进入工程训练中心现场的时间顺序，工程训练的安全教育实施三级安全培训机制——进入现场前的全员安全动员、进入现场时的工种安全教育和训练过程中的实操安全须知。

1）全员安全动员——进入现场前的全员安全教育。进入现场前的安全教育主要普及工程训练规章制度和安全知识，其目的是提高训练人员的安全责任意识。全员安全动员一般在工程训练的第一天第一节课进行，明确实习现场的不安全因素、实习现场的各种安全规范和安全事故处理预案等，并要求学生在熟知各项规章制度后，以班级为单位签署《工程训练安全承诺书》，使每一位学生紧绷“安全”之弦，树立“安全第一”的观念。

2）工种安全教育——进入现场时的工种安全教育。进入现场时的安全教育主要是讲解示范该工种的安全操作规程，其目的是培养学生的安全操作技能。培养安全操作技能是安全教育的重中之重，必须与安全教育过程有机结合起来。工种安全教育利用现场说法、案例分析、师傅带徒弟等方式，通过讲解、示范、操作三步走的形式进行。其具体步骤为：在每一个工种进行工程训练实践操作之前，实习指导教师要讲解、示范该工种的安全操作规程；在听懂实习指导教师的讲解，看会实习指导教师的示范之后，学生再动手操作，确保工程训练安全进行。

3）实操安全须知——训练过程中的实操安全须知。进入现场后的安全教育主要是规范实践操作安全行为，其目的是保障训练人员安全实习。进入现场后安全教育的重点是检查着装、站位与行走和操作规范。实操安全须知是在实际操作的时候进行的，要求实习指导教师加强巡视、检查，及时发现并纠正违规行为，对安全隐患及时排除。

工程训练安全注意事项：

1. 严格遵守工程训练中心的各项规章制度和设备安全操作规程，服从工程训练中心的训练安排和教师的指导。

2. 按照规定穿戴好必要的防护用品：必须身着训练服，长发者须戴训练帽并将长发纳入帽内；禁止穿裙子、短裤、八分裤、拖鞋、凉鞋、高跟鞋及其他不符合要求的服装；禁止戴围巾；机械加工时禁止戴手套；车削及焊接时须戴好防护眼镜；焊接训练须穿长袖衣服等。

3. 未经指导教师允许不得擅自触摸或启动任何设备。

4. 起动设备前及开机后须按规定的程序和要求谨慎进行。起动设备时必须注意前后、左右是否有人或物件阻碍，若有人必须通知对方，有物件必须搬开后方可起动。

5. 两人以上同时操作一台机器时，须密切配合，开机时应打招呼，以免安全事故发生。

6. 操作机床时，手、身体或其他物件不能靠近正在运转的机器设备。不得用手触摸未冷却的工件；不可用手直接清除切屑，应使用专用钩子或其他物件清除；装夹零件、测量零件及清除切屑时，必须在机械设备停止运转后进行。

7. 在运转的机床设备旁严禁戴耳机和使用手机。训练期间不得玩游戏。

8. 离开机床或停电时，应随手关闭所用设备的总电源。

9. 训练中如发现所用设备不正常或设备出现故障，应即刻停机并报告指导教师。

10. 训练中如有事故发生，须迅速切断电源，保护好现场，并即刻向指导教师报告，等候处理。

11. 训练完毕后，必须整理及清点工具，并做好机床保养和地面的清洁工作。

1.3　工程训练须知

1.3.1　训练守则

1. 训练前必须参加训练动员及安全教育，并以班级为单位签署《工程训练安全承诺书》，牢固树立安全意识，否则不得进入工程训练中心训练。

2. 应遵守工程训练中心的各项规章制度和安全操作规程。学习目的明确，态度端正，向指导教师学习，向生产实践学习，不断培养劳动观念、合作意识、动手能力、创新思维、工程素质及良好的思想作风和严谨的工作作风。

3. 遵守教学秩序，按时上、下课，严禁在实习区嬉戏、打闹，禁止吸烟，不带与实习无关的书籍。

4. 必须按指定的地点进行训练，服从安排，听从指导教师的指导。

5. 进车间训练必须穿戴好实习工种规定的劳动防护用品。

6. 训练期间不得迟到、早退，不得擅自离开。凡需请假者，必须事先办理请假手续。

7. 注意听讲，认真观察。操作时必须按图样的技术要求和指导教师讲解的工艺方法进行加工，按照指导教师布置的操作项目和加工内容进行操作。

8. 遵守各工种安全操作规程，做到安全训练，文明实习。

9. 每天训练结束时，应整理和清点好所用的工具、仪器仪表、元器件及工件，做好所在工位和设备的清洁卫生。

10. 违反工程训练中心有关规定而又不听从批评教育者，指导教师有权责令其停止训练，进行检查。情节严重者报所在学院（系）及有关部门备案，予以处理。

1.3.2　考勤须知

学生在训练期间应按工程训练中心规定的作息时间进行，遵守训练纪律。

1. 训练期间不得迟到、早退或擅自脱离训练岗位。

2. 训练期间一般不得请事假。确需请假者须持加盖所在学院公章且有辅导员签字的准假单请假，一般不得事后补假。

3. 学生看病应尽量不占用训练时间，如因病需要休息，需持加盖有医院公章的医生证明到工程训练中心工程训练部请假。

4. 学生出现以下情况，教师可认定学生为旷课：

① 未出勤且无正规请假手续。

② 未经准假或逾假未归。

③ 非休息时间，未经教师允许离开实习场地较长时间。

④ 非本人上课。

5. 对学生训练期间的考勤情况，由指导教师记入工程训练花名册。

1.3.3　成绩须知

工程训练考核是整个训练的重要环节，它既可以检查学生的训练效果，又可以衡量教师的指导能力，对提高工程训练的教学质量起着十分重要的作用。工程训练总成绩可由各工种训练成绩、实习报告、理论考试和安全考试四个方面评定。

（1）各工种的训练成绩　考核学生在各工种的操作能力和个人表现。由指导教师根据学生训练期间实践操作（技能、质量、安全、考勤等）按百分制计分；所在工种训练成绩及训练期间表现由指导教师负责记入工程训练花名册。

（2）实习报告　须全部完成，考核学生按照要求独立完成实习报告的质量。

（3）理论考试　考核学生应知应会方面的理论知识，通过手机进行在线考核。

（4）安全考核　考核学生相关的安全理论和安全知识。

（5）其他注意事项如下

1）训练期间凡迟到、早退或擅离训练岗位累计二次以上者，总成绩降级评定。

2）学生训练期间违反训练纪律影响恶劣或违反操作规程造成较大或重大事故者，视情节轻重分别给予以下处理：批评教育、取消实习资格、实习成绩为零分等，特别严重者交有关部门处理。

3）必须按时完成实习报告，凡不认真做实习报告的，责令重做。

4）如出现以下情况，该课程总成绩直接记零分：

① 任一工种有旷课情况。

② 请假累计超过课程总学时 1/3。

③ 教师认定严重扰乱教学秩序。

④ 教师认定严重违反安全操作规程。

⑤ 安全考核未完成或不及格。

⑥ 未做实习报告或未按要求完成。

5）如果学生需要重修，须在工程训练中心条件允许的情况下方可重修。

1.4　工程师的职业素养及现代工程意识素养

1.4.1　工程师的职业素养

职业素养是职业内在规范和要求的综合，是在从事某种职业过程中表现出来的综合品质，是员工素质的职场体现。职业素养包含职业道德、职业价值观、职业技能、职业规范等。在工程领域，职业素养体现着一个工程师在职场中成功的素养及智慧。工程师职业素养应该深度了解工程相关知识，并且能够考虑技术、政治、经济、环境等因素综合解决工程问题；对于从事非工程相关工作的人员，应该具备一定的工程知识，能处理日常生活中涉及的工程问题，能对公共工程项目和问题做出科学、理性、独立的判断和选择。

（1）职业道德 职业道德是同人们职业活动紧密联系的符合职业特点所要求的道德准则、道德情操与职业品质的总和。它既是对员工在职业活动中行为的要求，同时又是职业对社会所担负的道德责任与义务。

（2）职业价值观 职业价值观是具有其职业特征的职业精神和职业态度。职业精神的内涵是，具备职业责任和职业技能，具备职业纪律和职业良心，以为人民服务为职业理想并甘于奉献。

（3）职业技能 职业技能是从业人员在职业活动中能够娴熟运用并能保证职业生产、职业服务得以完成的特定能力和专业本领。

（4）职业规范 职业规范是指维持职业活动正常进行或合理状态的成文和不成文的行为要求，这些行为要求是人们在长期活动实践中形成和发展起来的，并为大家共同遵守的各种制度、规章秩序、纪律以及风气、习惯等。

1.4.2 工程师的伦理责任

在工程活动中，工程师承担的事故责任非常有限。因为，所有工程技术专家的工作在相当大程度上受经营者或政府控制，而不是由工程师支配。当然工程师对自身工作中由于失职或有意破坏造成的后果应负责任，但对无意的疏忽（如产品缺陷）或由于根本没有认识（如地震预报失误）而造成的影响分别应负什么责任？更重要的是，在前一种情况，即大量的工程项目是受经营者或政府控制的情况下，工程师是否有责任，应对谁负责？是对工程本身（桥梁、房屋、汽车等）负责，还是对雇主、对用户乃至对国家、对整个社会负责？如果对于工程本身，公众利益、雇主利益以至社会或人类的长期利益之间有冲突，工程师应首先维护谁的利益？

伦理责任的含义是指人们要对自己的行为负责，该行为是可以以正义为标准进行解释说明的。相对于法律责任，伦理责任具有前瞻性，它是一种以善与恶、正义与非正义、公正与偏私、诚实与虚伪、荣誉与耻辱等作为评判准则的社会责任。工程师必须增强自身的伦理责任意识，勇于承担伦理责任。只有这样，他们才能恪尽职守，工作中一丝不苟。工程师之所以要承担伦理责任，首先是因为工程师的工作职责事关人类和社会的前途，其次是因为工程师的行为选择，选择和责任是分不开的，选择将工程师带进价值冲突之中，使他们在多种可能中取舍。传统观点认为，工程师的社会责任是做好本职工作。实际上这种看法是片面的，当代日新月异的工程技术赋予了科技工作者前所未有的力量，使他们的行为后果常难以预测，信息技术、基因工程等工程技术在给人类带来利益的同时还带来了可以预见、有时又难以预见的危害甚至灾难，或者给一些人带来利益而给另一些人带来危害。由此可见，在现代社会，工程师的伦理责任要远超做好本职工作。

1.4.3 现代工程意识素养

2013年11月28日，教育部、中国工程院印发了《卓越工程师教育培养计划通用标准》（高函［2013］15号文件）。这个通用标准规定了卓越计划各类工程型人才培养应达到的要求，同时也是制定行业标准和学校标准的宏观指导性标准。通用标准分为本科、硕士、博士三个层次。根据通用标准以及社会发展的需求，现代工程人员应具有良好的质量意识、安全意识、效益意识、环境意识、职业健康意识、服务意识、创新意识以及精细化工作意识。

1. 质量意识

工程质量是保证工程造福于民的关键，工程质量的好坏直接关系到人民的生命安全和国家的经济利益。由于质量事故，利国利民工程变成祸国殃民工程的情况在现实生活中并不少见，如重庆彩虹桥倒塌事件、九江大桥垮塌事件、哈尔滨阳明滩大桥断裂等事件，都使人民生命财产蒙受了重大损失。质量意识就是工程技术人员对质量和质量工作的认识、理解和重视程度，拥有良好的质量意识是工程技术人员追求卓越的前提，需贯穿于工程技术人员的整个职业生涯。

2. 安全意识

安全意识就是工程技术人员在从事生产活动中对安全现状的认识，以及对自身和他人安全的重视程度。良好的安全意识关系到人民群众的人身安全和切身利益、国家和企业财产的安全，以及经济社会的健康稳定发展。安全既是工程技术人员从事工程实践的前提和保障，也是企业快速发展创造利益的需要。可以说，安全是企业生产的命脉。安全意识也是员工应具备的核心意识。因此，现代工程技术人员必须具有高度的安全意识，在生产过程中严格遵守相关规章制度和劳动纪律，杜绝违章，才能实现安全生产并创造效益和价值。

3. 效益意识

效益意识是指工程技术人员在从事相关工程活动中对经济效益和社会效益的重视程度，以及对两者关系的认识水平。那么，良好的效益意识就是要求工程技术人员在工程活动时，既需要关注工程产生的经济效益，也需要注重其带来的社会效益，这样企业能在获取经济效益的同时得到社会的认可和支持。

4. 环境意识

环境意识是人们对环境的认识水平以及对环境保护行为的自觉程度。良好的环境意识是工程技术人员在工程活动中重视环境保护、处理好人与自然和谐关系的基础。

5. 职业健康意识

职业健康意识是指在职业活动过程中，人们注重个人身心健康和社会适应能力。良好的职业健康意识，是有效预防职业病，保持身心健康、乐观向上和能在各种环境下顺利开展工作的主观条件。尤其作为现代工程技术人员，面对的工作环境往往具有一定复杂性和危害性，更应该树立起良好的职业健康意识。

6. 服务意识

服务意识是人们自觉主动地为服务对象提供热情、周到服务的观念和愿望，是现代企业应对市场竞争，要求员工必须具备的重要意识。工程师的服务意识不仅体现在设计和研发阶段，还体现在产品售后或工程项目交付使用后的保养、维护和更新阶段。

7. 创新意识

创新意识，就是推崇创新、追求创新、主动创新的意识，即创新的积极性和主动性、创新的愿望与激情。创新意识具体表现为强烈的求知欲、创造欲、自主意识、问题意识，以及坚持不懈的创新追求等。目前，日益凸显的能源、资源和环境问题已严重影响我国经济社会的持续健康发展。要解决这一系列突出问题，必须坚持科学发展观，走新型工业化道路，这就迫切需要创新型工程科技人才。那么，要想成为创新型的工程技术人员，就必须树立创新意识。

8. 精细化工作意识

精细化工作意识是指工作人员在各种工作中对小事和工作细节的态度、认知、理解和重视程度。精细化工作意识通常能反映出一个员工的职业素养，而这也许就是一些人能否取得成功的关键点所在。

总之，作为一名工程师，不仅要掌握基本的知识，更重要的是担负起社会责任。工程的可靠性直接关系到国家和人民的生命财产安全，只有保持精细化的工作意识，科学运用所学知识才能真正造福于民。树立正确的精细化工作意识是工程师成就自我、追求卓越的前提，应在每个工程师的职业生涯中得到实现。

思　考　题

1. 工程训练学习的主要任务是什么？
2. 为什么工程训练一定要强调安全教育？
3. 简述工程师的职业素养。

第2章

工程训练基础知识

【训练目的】

1. 了解工程材料的主要性能、分类。
2. 了解金属材料的分类及钢的热处理工艺。
3. 掌握切削刀具、常用量具及加工质量。
4. 了解机械产品设计、制造过程及制造方法。

2.1 工程材料

材料是人类生产和生活的物质基础，是可以直接制成成品的物质，如木料、石料、塑料、金属等。在机械制造、交通运输、国防、科研和生活等各个领域中都需要使用大量的工程材料。

2.1.1 工程材料的主要性能

用来制造零件的工程材料应具有优良的使用性能及工艺性能。所谓使用性能，是指零件在正常工作情况下工程材料应具备的性能，它包括力学性能、物理和化学性能，常用的使用性能指标及说明见表2-1。工艺性能是指零件在冷、热加工制造过程中，工程材料应具备的与加工工艺相适应的性能。

表 2-1 常用使用性能指标及说明

性能名称			性能内容
使用性能	物理性能		包括密度、熔点、导电性、导热性及磁性等
	化学性能		金属材料抵抗各种介质的侵蚀能力，如耐蚀性能等
	力学性能	强度	在外力作用下材料抵抗变形和破坏的能力，分为抗拉强度、抗压强度、抗弯强度及抗剪强度，单位均为MPa
		硬度	衡量材料软硬程度的指标，较常用的硬度测定方法有布氏硬度（HBW）、洛氏硬度（HRC）和维氏硬度（HV）等
		塑性	在外力作用下材料产生永久变形而不发生破坏的能力。常用指标是断后伸长率和断面收缩率，其值越大，材料塑性越好
		冲击韧度	材料抵抗冲击力的能力。常把各种材料受到冲击破坏时，消耗能量的数值作为冲击韧度的指标，用 a_K（J/cm^2）表示。 冲击韧度值主要取决于塑性、硬度，尤其是温度对冲击韧度值的影响具有更重要的意义
		疲劳强度	材料在多次交变载荷作用下而不致引起断裂的最大应力

2.1.2　工程材料分类

工程材料是指工程结构和机器零件所使用的材料。按材料的化学成分、结合键的特点大致可分为金属材料、非金属材料和复合材料三大类。

金属材料来源丰富，因具有良好的力学性能、物理性能、化学性能和工艺性能，是机械制造工程中应用最广的材料，广泛应用于冶金、石油、船舶、桥梁、交通等工程结构中，也常用于制造机械设备、工具、模具。

非金属材料是近年来高速发展的工程材料，其中高分子材料和陶瓷材料因具有某些金属材料不具备的性能（如耐蚀性、电绝缘性、绝热性等），因而在某些生产领域中已成为不可取代的材料。

复合材料是将两种或两种以上成分不同的材料经人工合成获得的，它不仅兼有各组成材料的优良性能，而且形成了单一材料所不具备的特性，成为一种新型的高科技材料，广泛应用于建筑、机械、航空等行业。

2.1.3　金属材料及热处理

1. 金属材料

金属材料可分为黑色金属材料和有色金属材料。黑色金属材料主要是铁基金属合金，包括钢铁和铸铁等；有色金属材料包括轻金属及其合金、重金属及其合金等。金属材料按照应用领域还可分为信息材料、能源材料、建筑材料、生物材料和航空材料等多种类别。

黑色金属材料中使用最多的是钢铁，钢铁是世界头号金属材料，年产量高达数亿吨。钢铁材料广泛用于工农业生产及国民经济各部门，如各种机器设备上大量使用的轴、齿轮、弹簧，建筑上使用的钢筋、钢板，以及交通运输中的车辆、铁轨、船舶等。通常所说的钢铁是钢与铁的总称。实际上钢铁材料是以铁为基体的铁碳合金。当碳的质量分数大于2.11%时称为铁，当碳的质量分数小于2.11%时称为钢。

为了改善钢的性能，人们常在钢中加入硅、锰、铬、镍、钨、钼及钒等合金元素。它们有着各自的作用，有的提高强度，有的提高耐磨性，有的提高耐蚀性等。在冶炼时有目的地向钢中加入合金元素就形成了合金钢。合金钢中合金元素含量虽然不多，但具有特殊作用。合金钢种类很多，按照性能与用途不同，合金钢可分为合金结构钢、合金工具钢、不锈钢、耐热钢、超高强度钢等。

人们可以按照生产实际提出的使用要求，加入不同的合金元素而设计出不同的钢种。例如，切削工具要求硬度及耐磨性较高，在切削速度较快、温度升高时其硬度不降低。按照这样的使用要求，人们就设计了一种称为高速工具钢的刀具材料，其中含有钨、钼、铬等合金元素。普通钢容易生锈，化工设备及船舶壳体等的损坏都与腐蚀有关。据不完全统计，全世界因腐蚀而损坏的金属构件约占其产量的10%。经过大量试验发现，在钢中加入质量分数为13%的铬元素后，钢的耐蚀性能显著提高。在钢中同时加入铬和镍，还可以形成具有新的显微组织的不锈钢，于是人们设计出了一种能够抵抗腐蚀的不锈钢。

有色金属包括铝、铜、钛、镁、锌、铅及其合金等，虽然它们的产量及使用量不如钢铁材料多，但由于具有某些独特的性能和优点，从而使其成为当代工业生产中不可缺少的材料。

此外，为了适应科学技术的高速发展，人们还在不断推陈出新，进一步发展新型的、高性能的金属材料，如超高强度钢、高温合金、形状记忆合金、高性能磁性材料以及储氢合金等。

2. 热处理

金属的热处理是将金属在固态下通过加热、保温、冷却的方法，使金属的组织结构发生变化，从而获得所需性能的工艺方法。热处理工艺过程，包括下列三个步骤：

（1）加热　以一定的加热速度把零件加热到规定的温度范围。这个温度范围可根据不同的金属材料、不同的热处理要求来确定。

（2）保温　工件在规定温度下，恒温保持一定时间，使零件内外温度均匀。

（3）冷却　保温后的零件以一定的冷却速度冷却下来。

把零件的加热、保温、冷却过程绘制在温度-时间坐标上，就可得到热处理工艺曲线如图 2-1 所示。

在机械制造中，热处理具有很重要的地位。例如，钻头、锯条、冲模，必须有较高的硬度和耐磨性方能保持锋利，以达到加工金属的目的。因此，除了选用合适的材料外，还必须进行热处理，才能达到上述要求。此外，热处理还可改善材料的工艺性能，如改善加工性，使切削省力、刀具磨损小，且工件表面质量高。

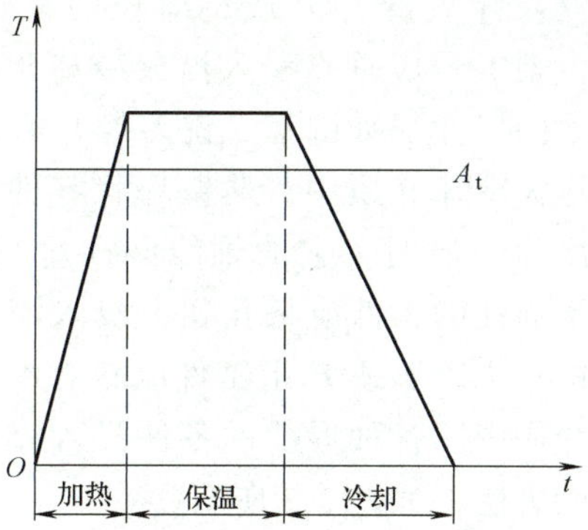

图 2-1　热处理工艺曲线

热处理工艺方法很多，一般可分为普通热处理、表面热处理和化学热处理等。

金属的普通热处理工艺有退火、正火、淬火、回火四种，其热处理工艺曲线如图 2-2 所示。

（1）退火　退火是将金属或合金加热到适当温度，保温一定时间，然后缓慢冷却的热处理工艺。其目的是降低硬度、消除内应力、改善组织和性能，为后续的机械加工和热处理做好准备。

生产上常用的退火方法包括消除中碳钢铸件等缺陷的完全退火、改善高碳钢（如刀具、量具、模具等）加工性的球化退火和去除大型铸、锻件应力的去应力退火等。

（2）正火　正火是将金属加热到适当温度，保温适当的时间后，在空气中冷却的热处理工艺，其主要目的是细化晶粒、消除内应力。但由于正火冷却速度比退火冷却速度快，故同类金属正火后的硬度和强度要略高于退火。而且由于正火不是随炉冷却，所以生产率高、成本低。因此在满足性能要求的前提下，应尽量采用正火。普通的机械零件常用正火作最终热处理。

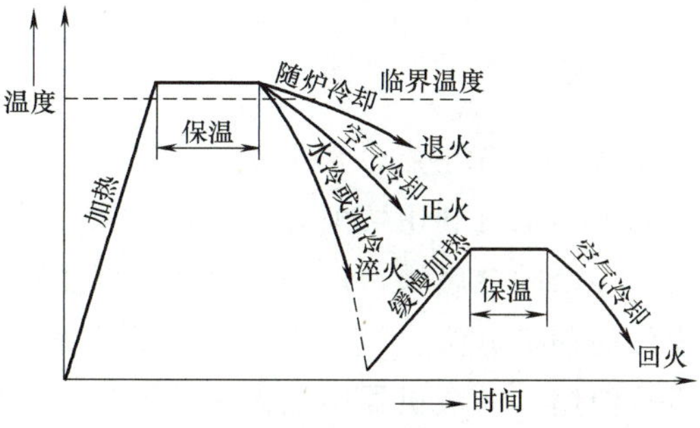

图 2-2　金属的热处理工艺曲线示意图

（3）淬火　淬火是将金属加热到适当温度，保温一定时间，然后以较快速度冷却的热处理工艺，其主要目的是提高金属的硬度和耐磨性。淬火是金属强化最经济有效的热处理工艺，几乎所有的工模具和重要零部件最终都需淬火处理，在热处理工艺中应用最广。

1）淬火冷却介质。由于不同成分的金属所要求的冷却速度不同，故应通过使用不同的淬火冷却介质来调整金属的淬火冷却速度。最常用的淬火冷却介质有水、油、盐溶液、碱溶液及其他合成淬火冷却介质。淬火冷却的基本要求是：既要使工件淬硬，又要避免变形和开裂。因此，选用合适的淬火冷却介质对金属的淬火效果十分重要。碳素钢淬火用水冷却，合金钢淬火用油冷却。

2）操作方法。工件淬火时浸入淬火冷却介质的操作是否正确对减小工件变形和避免工件开裂有着重要的影响。为保证工件淬火时均匀冷却，减小工件的内应力，并且考虑工件的重心稳定，正确的工件浸入淬火冷却介质的方法是：厚薄不均的零件应使厚的部分先浸入淬火冷却介质；细长的零件（如钻头、轴等）应垂直浸入淬火冷却介质中；薄而平的工件（如圆盘、铣刀等）必须直立放入淬火冷却介质中；薄壁环状零件，浸入淬火冷却介质时，它的轴线必须垂直于液面；有不通孔的工件应将孔朝上浸入淬火冷却介质中；十字形或H形工件应斜着浸入淬火冷却介质中。各种形状的零件浸入淬火冷却介质的方法，如图2-3所示。

图 2-3　各种形状的零件浸入淬火冷却介质的方法

（4）回火　回火是指将金属淬硬后，再加热到适当温度，保温一定时间，然后冷却到室温的热处理工艺，其主要目的是消除和降低内应力、防止开裂、调整硬度、提高韧性，从而获得强度、硬度、塑性、韧性配合适当的力学性能和稳定的金属组织和尺寸。一般淬火后的钢件必须立即回火，避免造成淬火钢件的进一步变形和开裂，并在回火后可获得适当的强度和韧性。

2.2　切削基本知识

2.2.1　切削加工概述

1. 切削加工的实质和分类

切削加工是利用切削刀具（或工具）和工件作相对运动从毛坯（铸件、锻件、型材等）上切除多余的金属层，以获得尺寸精度、形状和位置精度、表面质量完全符合图样要求的机器零件的加工方法。经过铸造、锻压、焊接所加工出来的大都为零件的毛坯，很少能在机器上直接使用，一般机器中绝大多数的零件要经过切削加工才能获得。因而，切削加工对保证产品质量和性能、降低产品成本有重要的意义。

切削加工分为钳工和机械加工两大部分。钳工一般是指通过人手持工具对工件进行加工的加工方法。机械加工是指通过工人操纵机床对工件进行切削加工，主要加工方式有车削、钻削、铣削、刨削、磨削等，如图 2-4 所示，所使用的相应为车床、钻床、镗床、铣床、刨床、磨床等。

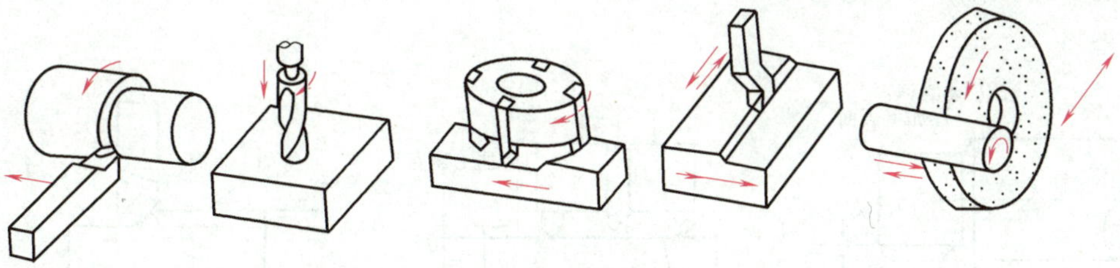

图 2-4 机械加工的主要方式

a）车削 b）钻削 c）铣削 d）刨削 e）磨削

2. 切削加工的特点

（1）加工精度范围宽 切削加工可以达到的精度和表面粗糙度值范围很广，并且可以获得很高的加工精度和很低的表面粗糙度值。现代切削加工技术已经达到尺寸精度 IT5 以上，表面粗糙度值 Ra 达到 0.008μm。

（2）使用范围广 切削加工零件的材料、形状、尺寸和质量范围较大。切削加工多用于金属材料的加工，也可用于非金属材料的加工。现代制造已经有了各种型号及大小的机床，既可以加工数十米以上的大型零件，也可以加工微小的零件。

（3）生产率高 在常规条件下，切削加工的生产率一般高于其他加工方法，特别是数控加工技术的发展已经将切削加工技术提高到一个崭新的阶段。

3. 切削运动

切削加工是靠刀具和工件之间的相对运动来实现的。机床为实现加工所必需的刀具与工件间的相对运动称为切削运动。根据切削时所起的作用不同，切削运动分为主运动和进给运动。

（1）主运动 主运动是提供切削可能性的运动。若没有这个运动，就无法切削，其特点是在切削过程中速度最高，消耗动力最大。如图 2-4 所示，车削时的工件、铣削时的铣刀、磨削时的砂轮、钻削时的钻头的旋转运动、刨削时刨刀的往复直线运动都是主运动。

（2）进给运动（又称走刀运动） 进给运动是提供继续切削可能性的运动。若没有这个运动，就不能连续切削，其特点是在切削过程中速度低、消耗动力小。如图 2-5 所示，车刀、钻头及铣削时工件的移动，牛头刨刨削时工件的间歇移动，磨削外圆时工件的旋转和往复轴向移动及砂轮周期性横向移动都是进给运动。

切削加工中主运动只有一个，进给运动则可能有一个或多个。主运动和进给运动可以由刀具单独完成（如钻床上钻孔），也可以由刀具和工件分别完成（如铣削、车床上钻孔）。主运动和进给运动可以同时进行（如车削、铣削、钻削、磨削），也可交替进行（如刨削）。

4. 切削用量三要素

切削运动使工件产生三个不断变化的表面，如图 2-5 所示。待加工表面是工件上待切除的表面；已加工表面是工件上经刀具切削后产生的新表面；过渡表面（又称切削表面）是工件上由切削刃形成的那部分表面。

切削用量三要素指切削速度、进给量和背吃刀量（旧称切削深度）。它表示切削时各运动参数的数量，是切削加工前调整机床运动的依据。车削外圆、铣削平面和刨削平面时的切削用量三要素如图 2-5 所示。

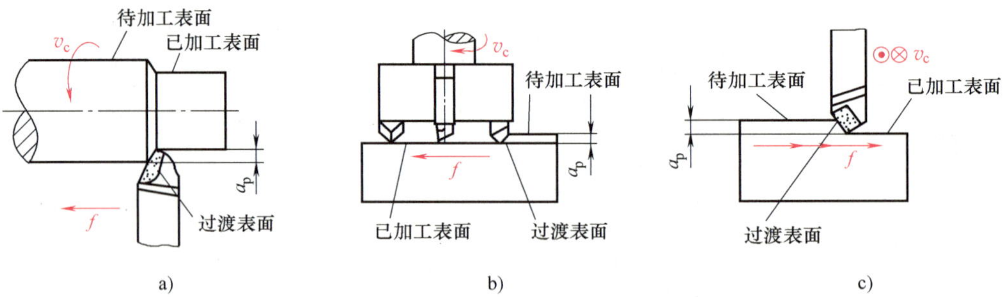

图 2-5　切削用量三要素

a）车削用量三要素　b）铣削用量三要素　c）刨削用量三要素

（1）切削速度　切削速度是切削刃选定点相对工件主运动的瞬时速度。用符号“v_c”表示，其单位为 m/s。

（2）进给量　进给量是刀具在进给运动方向相对工件的位移量。可用刀具或工件每转或每行程的位移量来表述和度量。用符号“f”表示，其单位为 mm/r 或 mm/min。

（3）背吃刀量　背吃刀量为在通过切削刃基点并垂直于工作平面的方向上测量的吃刀量。用符号“a_p”表示，其单位为 mm。

切削用量三要素是影响加工质量、刀具磨损、生产率及生产成本的重要参数。粗加工时，一般以提高生产率为主，兼顾加工成本，可选用较大的背吃刀量和进给量，但切削速度受机床功率和刀具耐用度等因素的限制而不宜太高。半精、精加工时，在保证加工质量的前提下，需考虑经济性，可选用较小的背吃刀量和进给量，一般情况下选较高的切削速度。在切削加工时可参考切削加工手册及有关工艺文件来选择切削用量。

2.2.2　刀具材料

刀具是切削加工中影响生产率、加工质量和生产成本的最重要的因素。

1. 刀具材料应具备的性能

在切削过程中，刀具切削部分是在较大的切削压力、较高的切削温度以及剧烈摩擦条件下工作的。在切削余量不均匀或有断续的表面时，刀具会受到很大的冲击与振动。因此，刀具切削部分的材料必须具备下列性能。

（1）高硬度和高耐磨性　硬度是指材料抵抗其他物体压入其表面的能力。刀具要从工件上切除多余的金属，其硬度必须大于工件材料硬度。常温下硬度一般应超过 60HRC。

耐磨性是指材料抵抗磨损的能力。耐磨性与硬度有密切关系，硬度越高，均匀分布的细化碳化物越多，则耐磨性越好。

（2）足够的强度和韧度　切削时刀具主要承受各种应力与冲击。一般用抗弯强度和冲击韧度来衡量刀具材料的强度和韧度的高低，它们能反映刀具材料抗断裂、崩刃的能力。但是，强度与韧度高的材料，必然引起硬度与耐磨性的下降。

(3) 高的耐热性与化学稳定性　耐热性是指高温下材料保持硬度、耐磨性、强度和韧度的能力。可用高温硬度表示，也可用热硬性（维持刀具材料切削性能的最高温度限度）表示。

耐热性越好，材料允许的切削速度越高，它是衡量刀具材料性能的主要指标。

化学稳定性是指刀具材料在高温下不易与工件材料或周围介质发生化学反应的能力。化学稳定性越好，刀具的磨损越慢。

(4) 良好的工艺性和经济性　刀具材料应有锻造、焊接、热处理、磨削加工等良好的工艺性，还应尽可能地满足资源丰富、价格低廉的要求。

2. 刀具材料的种类、性能与应用

当前使用的刀具材料有：碳素工具钢、合金工具钢、高速钢（以上 3 种材料工艺性能良好）、硬质合金（粉末冶金法制成，然后用磨削加工）、陶瓷（加压烧结而成，然后用磨削加工）、立方氮化硼和人造金刚石（高温高压下聚晶而成，多用于特殊材料的精加工）等，其中以高速钢和硬质合金用得最多。常用刀具材料的主要性能、牌号和用途见表 2-2。

表 2-2　常用刀具材料的主要性能、牌号和用途

种类	硬度	红硬温度/℃	抗弯强度/10^3MPa	工艺性能	常用牌号			用　途
碳素工具钢	60~64HRC (81~83HRA)	200	2.5~2.8	可冷热加工成形，切削加工性和热处理性能好	T8A T10A T12A			仅用于手动工具，如锉刀、手用锯条和刮刀等
合金工具钢	60~65HRC (81~83HRA)	250~300	2.5~2.8	可冷热加工成形，切削加工性和热处理性能好	9CrSi CrWMn			用于手动或低速刀具，如丝锥、板牙等
高速钢	62~70HRC (82~87HRA)	540~600	2.5~4.5	可冷热加工成形，切削加工性和热处理性能好	W18Cr4V W6Mo5Cr4V2			用于形状复杂的机动刀具，如钻头、铰刀、铣刀、拉刀和齿轮刀具
硬质合金	74~82HRC (89~94HRA)	800~1000	0.9~2.5	不能切削加工，只能粉末压制烧结成形，磨削后即可使用，不能热处理	P类（蓝色）	P01 P10 P20 P30	切钢	多用于形状简单的刀具，一般做成刀片镶嵌在刀体上使用，如车刀、刨刀及镶齿端铣刀的刀头
					M类（黄色）	M10 M20 M30 M40	切各种金属	
					K类（红色）	K01 K10 K20 K30	切铸铁	

3. 刀具的磨损和切削液的使用

在切削过程中，切屑和刀具、刀具和工件之间存在强烈的摩擦和挤压作用，使刀具处在高温高压的作用下，切削刃由锋利逐渐变钝以致失去正常切削能力。

刀具磨损会使切削力增大，切削温度升高，切削时会产生振动，最终使零件表面质量降低，并导致刀具急剧磨损或烧坏。刀具过早磨损会直接影响生产率、加工质量和加工成本。在生产中，常根据切削过程中出现的异常现象，如工件表面粗糙度值变大、切屑变色发毛、切削力突然增大、切削温度上升、发生振动和噪声显著增大等，来大致判断刀具是否磨钝。刀具磨钝后要及时刃磨。

减少刀具磨损的重要措施之一是切削过程中使用切削液。切削液有冷却、润滑、洗涤与排屑、防锈四大作用，生产中常用的切削液主要有水基、油基两种，其分类及适用范围见表 2-3。

表 2-3　切削液的分类及适用范围

类　别			主要组成	性　能	适用范围
水基切削液	合成切削液（水溶液）	普通型	在水中添加亚硝酸钠等水性防锈添加剂，加入碳酸钠或磷酸三钠，使水溶液微带碱性	冷却性能、清洗性能好，有一定的防锈性能。润滑性能差	粗磨、粗加工
		防锈型	在水中除添加水溶性防锈添加剂外，再加表面活性剂、油性添加剂	冷却性能、清洗性能、防锈性能好，兼有一定的润滑性能，透明性较好	对防锈性能要求高的精加工
		极压型	再加极压添加剂	有一定极压润滑性	重切削和强力磨削
		多效型		除具有良好冷却、清洗、防锈、润滑性能外，还能防止对铜、铝等金属的腐蚀	适用于多种金属的切削及磨削加工，也适用于极压切削或精密切削加工
	乳化液	防锈乳化液	常用 1 号乳化油加水稀释成乳化液	防锈性能好，冷却性能、润滑性能一般，清洗性能稍差	适用于防锈性能要求较高的工序及一般的车、铣、钻等加工
		普通乳化液	常用 2 号乳化油加水稀释成乳化液	清洗性能、冷却性能好，兼有防锈性能和润滑性能	应用广泛，适用于磨削加工及一般切削加工
		极压乳化液	常用 3 号乳化油加水稀释成乳化液	极压润滑性能好，其他性能一般	适用于要求良好极压润滑性能的工序，如拉削、攻螺纹、铰孔以及难加工材料的加工
油基切削液	切削油	矿物油	5 号、7 号高速机械油，10 号、20 号、30 号机械油，煤油等	润滑性能好，冷却性能差，化学稳定性好，透明性好	适用于流体润滑，可用于冷却、润滑系统合一的机床，如多轴自动车床、齿轮加工机床、螺纹加工机床
		动植物油	豆油、菜油、棉籽油、蓖麻油、猪油、鲸鱼油、蚕蛹油等	润滑性能比矿物油更好。但易腐败变质，冷却性能差，黏附在金属上不易清洗	适用于边界润滑，可用于攻螺纹、铰孔、拉削
		复合油	以矿物油为基础再加若干动、植物油	润滑性能好，冷却性能差	适用于边界润滑，可用于攻螺纹、铰孔、拉削
		极压切削油	以矿物油为基础再加若干极压添加剂、油性添加剂及防锈添加剂等，最常用的有硫化切削油，含硫氯、硫磷或硫氯磷的极压切削油	极压润滑性能好，可代替动、植物油或复合油	适用于要求良好极压润滑性能的工序，如攻螺纹、铰孔、拉削、滚齿、插齿以及难加工材料的加工

正确使用切削液，可使切削速度提高30%左右，切削温度下降100~150℃，切削力减少10%~30%，刀具寿命延长4~5倍。合理使用切削液，还可以减小工件变形，提高加工精度、已加工表面的质量和生产率。

用高速钢刀具对碳钢、合金钢进行粗加工和用普通砂轮磨削碳钢、合金钢时，可选2%~5%的乳化液作为切削液。精车、精铣、铰孔、滚齿和插齿时，可选用柴油或含硫和氯的极压切削油作为切削液。

用硬质合金刀具加工时，因其耐热性好，可以不用切削液；如果要用就一定要连续大量使用，以防止硬质合金刀具因忽冷忽热而产生裂纹甚至破裂。

加工铸铁件时，因铸铁中的石墨具有润滑作用，故一般不用切削液，以利于对机床的清理和维护。

在铸铁上钻孔、铰孔和攻螺纹时，常用煤油作为切削液，以提高加工表面的质量。

2.2.3　常用量具

毛坯或零件在加工过程中或加工完成后，一般要借用量具进行尺寸、形状或位置精度的测量。量具的种类多种多样，根据检测物理量的不同可分为多种，如几何量具、热学量具、力学量具、电磁学量具等；根据检测过程中量具是否与物体接触，又可分为接触式测量量具和非接触式测量量具。对于机械制造过程，工件的测量大多是几何测量，如尺寸的测量、形状公差和位置公差的测量等。根据不同的检测要求，所用的量具也不同。生产中常用的检测量具有金属直尺、游标卡尺、千分尺、百分表、卡钳和内卡钳等。

1. 金属直尺

金属直尺是具有一组或多组有序的标尺标记及标尺数码所构成的钢制板状的测量器具，为普通测量长度用的简单量具，一般用矩形不锈钢片制成，两边刻有线纹。

（1）金属直尺的测量范围　金属直尺如图2-6所示。测量范围有0~150mm、0~300mm、0~500mm、0~600mm、0~1000mm、0~1500mm、0~2000mm七种规格，尺的一端呈方形为工作端，另一端呈半圆形并附悬挂孔可用于悬挂。金属直尺的刻线间距为1mm，也有的在起始50mm内加刻了刻线间距为0.5mm的刻度线。

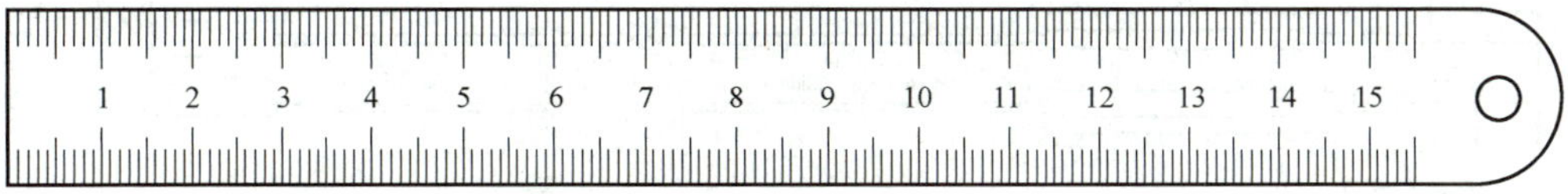

图2-6　金属直尺

（2）金属直尺的使用范围　由于金属直尺的允许误差为±(0.15~0.3)mm，因此，只能用于准确度要求不高的工件测量。可用于划线，测量内、外径，测量长度、宽度、高度、深度等，如图2-7所示。

金属直尺使用注意事项：

1）金属直尺使用时必须保持良好状态，尺的纵边必须光洁，不得有毛刺、刻痕等现象；尺的工作端边应光滑平直，并与纵边垂直；尺的工作面不得有碰伤和影响使用的明显斑点、划痕，线纹必须均匀明晰。

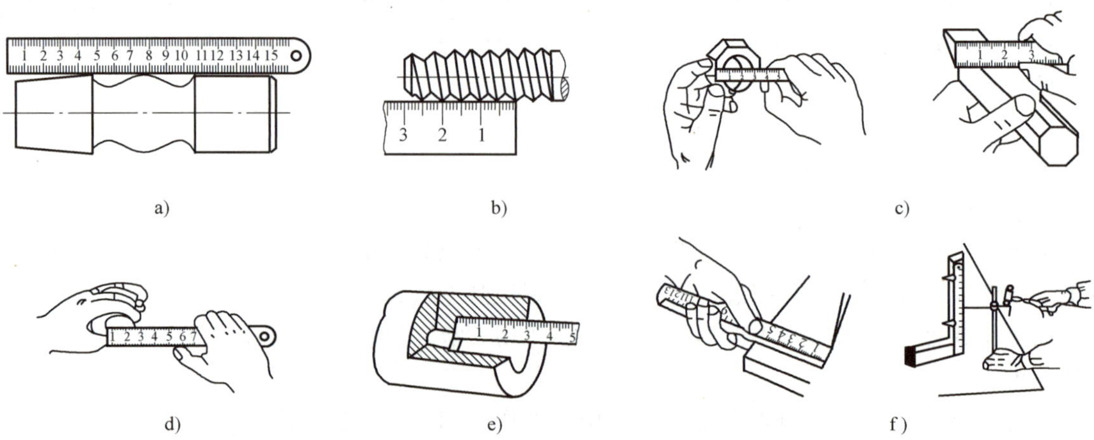

图 2-7　金属直尺的使用方法

a）测量长度　b）测量螺距　c）测量宽度　d）测量内孔直径　e）测量深度　f）划线

2）金属直尺的测量位置应根据工件形状确定。如测量矩形工件尺寸时，应使金属直尺的端面与工件被测量面垂直；测量圆柱形工件的长度时，应使金属直尺刻线面与圆柱形件的轴线平行；测量圆柱形工件的外径或内径时，应使尺端靠在工件的一边，另一端前后动，求得最大读数值，即为工件的测量值。

2. 游标卡尺

游标卡尺是一种比较精密的量具，它可以直接量出工件的内径、外径、宽度、深度等。按照读数的准确度，游标卡尺可分为 1/10、1/20 和 1/50 三种，它们的读数准确度分别是 0.1mm、0.05mm 和 0.02mm。游标卡尺的测量范围有 0～125mm、0～200mm、0～300mm 等多种规格。图 2-8 为以 1/50 的游标卡尺为例，说明它的刻线原理和读数方法。

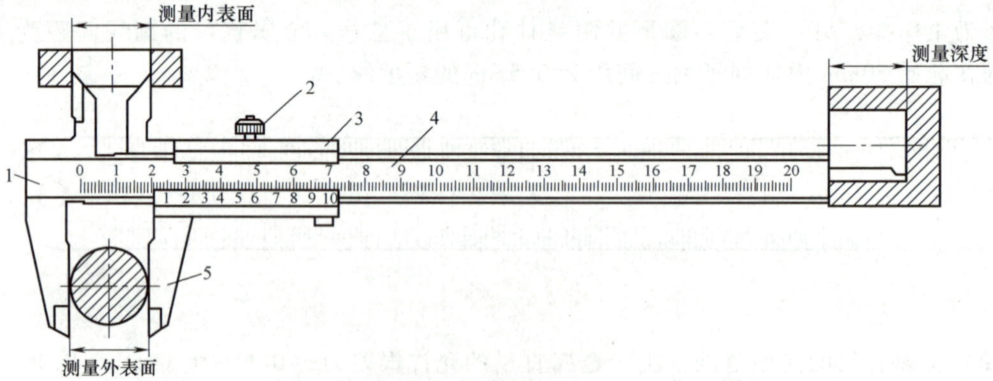

图 2-8　游标卡尺

1—尺框　2—紧固螺钉　3—游标　4—尺身　5—量爪

刻线原理：当尺框与内外量爪贴合时，游标上的零线对准尺身的零线（图 2-9a），尺身每一小格为 1mm，取尺身 49mm 长度在游标上等分为 50 格，即尺身上的 49mm 刚好等于游标上的 50 格。

游标每格长度 = $\frac{49}{50}$mm = 0.98mm。

尺身与游标尺每格之差 = 1mm−0.98mm = 0.02mm。

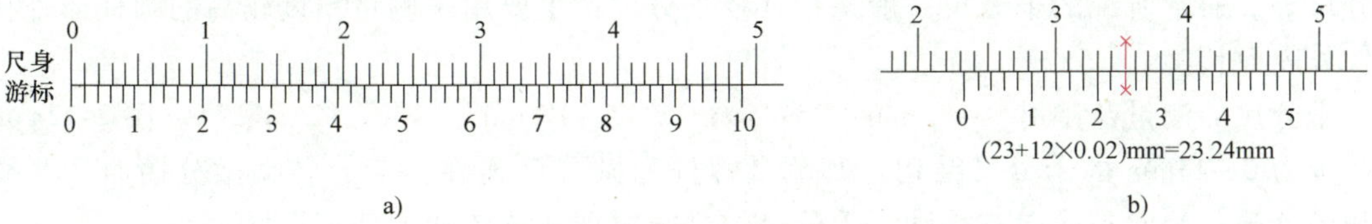

a)　　b)

图 2-9　1/50 游标卡尺的读数及示例

读数方法如图 2-9b 所示，可分为三个步骤：

① 根据游标零线左边尺身上的最近刻度读出整毫米数，图 2-9b 中为 23mm。

② 根据游标零线右边游标与尺身刻线对准的刻线数乘上 0.02mm 读出小数，图 2-9b 中为 12×0.02mm = 0.24mm。

③ 将上面整数和小数两部分尺寸相加，即为总尺寸 23.24mm。

用游标卡尺测量工件时，应使内外量爪逐渐与工件表面靠近，最后达到轻微接触，如图 2-10 所示。还要注意游标卡尺必须放正，切忌歪斜，以免测量不准。

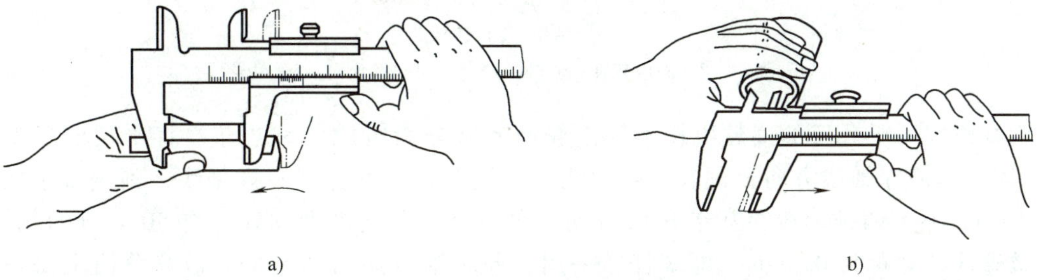

a)　　b)

图 2-10　用游标卡尺测量工件

a）测量外表面尺寸　b）测量内表面尺寸

图 2-11 所示是专用于测量高度和深度的游标高度卡尺和游标深度卡尺。游标高度卡尺除测量工件的高度外，也可精密划线用。

使用游标卡尺应注意下列事项：

1）校对零点。先擦净尺框与内外量爪，然后将其贴合，检查尺身、游标零线是否重合。若不重合，则在测量后根据原始误差修正读数。

2）测量时，内外量爪不得用力紧压工件，以免量爪变形或磨损，降低测量的准确度。

3）游标卡尺仅用于测量已加工的光滑表面。表面粗糙的工件和正在运动的工件都不宜用它测量，以免量爪过快磨损。

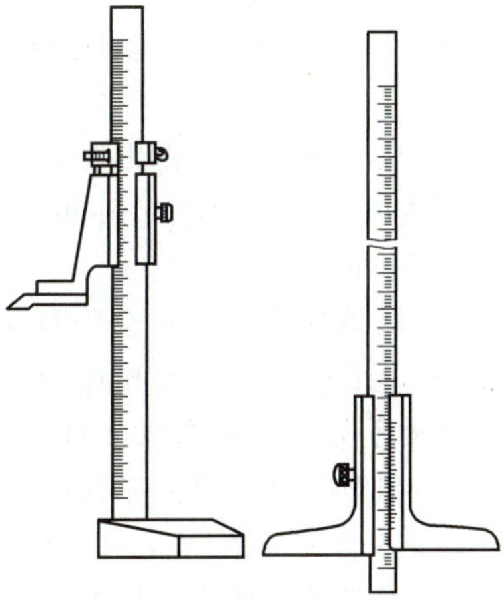

图 2-11　游标高度卡尺和游标深度卡尺

3. 千分尺

千分尺也称螺旋测微器。它是比游标卡尺更为精确的测量工具，其测量准确度为 0.01mm。

千分尺的种类很多，有外径千分尺、内径千分尺、螺纹千分尺、深度千分尺和齿轮法线千分尺等。通常所说的千分尺一般是指外径千分尺，主要用于测量精度较高的圆柱体外径和工件外表面长度。

千分尺的测量范围有 0~25mm、25~50mm、75~100mm、100~125mm 等。图 2-12a 是测量范围为 0~25mm 的千分尺结构。其测微螺杆和微分筒连在一起，转动微分筒时，测微螺杆和微分筒一起向左或向右移动。千分尺的刻线原理和读数如图 2-12b 所示。

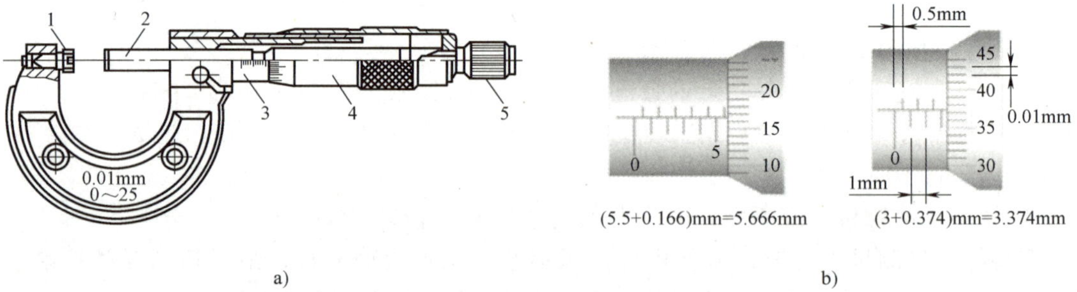

图 2-12　千分尺结构与读数

a）结构　b）读数

1—测砧　2—测微螺杆　3—固定套筒　4—微分筒　5—棘轮

刻线原理：千分尺的读数机构由固定套筒和微分筒组成（相当于游标卡尺的尺身和游标）。固定套筒在轴线方向上刻有一条中线，中线上、下方各刻一排刻线，刻线每小格间距均为 1mm，上下两排刻线相互错开 0.5mm；在微分筒左端锥形圆周上有 50 等分的刻度线。因测微螺杆的螺距为 0.5mm，即螺杆转一周，同时轴向移动 0.5mm，故微分筒上每一小格的读数为$\frac{0.5}{50}$mm = 0.01mm。

当千分尺的测微螺杆左端与测砧表面接触时，同时圆周上的零线应与中线对准。

测量时，微分筒左端的边线与轴向刻度线的零线重合，如图 2-12b 所示，读数方法可分三步：

1）从固定套筒上露出的刻线读出毫米整数（固定刻度）和半毫米整数（半刻度）。若半刻度线已露出，记作 0.5mm；若半刻度线未露出，记作 0.0mm，如图 2-12b 所示，分别为 55mm、3mm。

2）从微分筒上由固定套筒纵向线对准的刻线读出小数部分，注意估读一位。

3）上面两部分读数相加即为总尺寸。

使用千分尺应注意以下事项：

1）校对零点。将测砧与测微螺杆接触，看圆周刻度零线是否与中线零点对齐，如有误差，应记住差值。在测量时，根据误差值修正读数。

2）当测微螺杆快要接触工件时，必须使用端部棘轮（严禁使用微分筒，以防用力过大引起测微螺杆或工件变形，造成测量不准确）。当棘轮发出“嘎嘎”打滑声时应停止转动。

3）工件测量表面要擦干净，并准确放在千分尺测量面间，不得偏斜。

4）测量时，不能先锁紧测微螺杆，后用力卡过工件，否则，将使测微螺杆弯曲或测量面磨损，从而降低准确度。

5）读数时提防读错 0.5mm。

4. 量规

量规是一种间接量具，是适用于成批生产的一种专用量具。量规的种类很多，可以根据工作的需要自行制作。常用量规有以下几种：检验内径的塞规；检验外径的卡规和环规；检验螺纹的螺纹量规；检验间隙的塞尺；检验半径的量规。

现以检验内径的塞规和检验外径的卡规为例做一简单介绍。

1）塞规。塞规是用来检验孔径或槽宽的，如图 2-13a 所示，它的一端长度较短，其直径等于工件的上限尺寸，叫作“不过端”（止端）；另一端较长，其直径等于工件的下限尺寸，叫作“过端”。检验工件孔径时，当“过端”能过去、“不过端”进不去，则说明工件的实际尺寸在公差范围之内，是合格的，如图 2-14a 所示，否则就是不合格的。

2）卡规。卡规是用来检验轴径或厚度的，如图 2-13b 所示。它和塞规相似，也有“过端”和“不过端”（止端），但尺寸上下限规定与塞规相反。测量方法与塞规相同，如图 2-14b 所示。

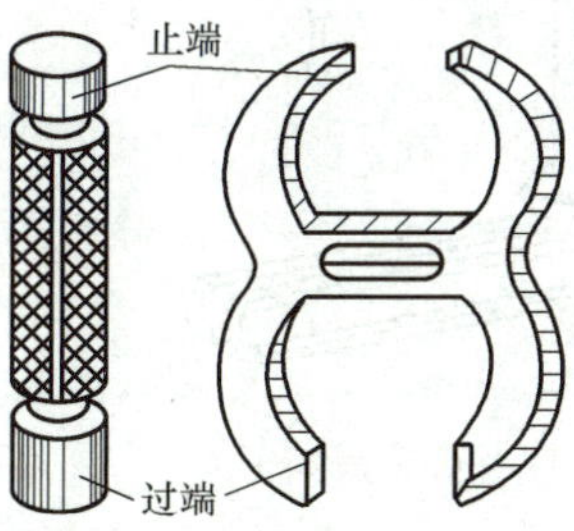

a) b)

图 2-13 塞规和卡规
a）塞规 b）卡规

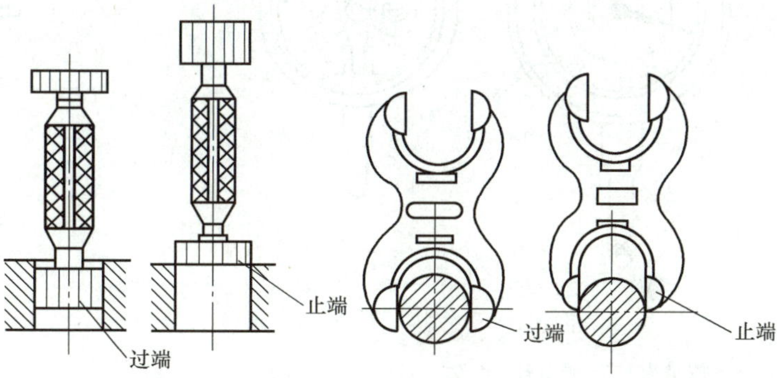

a) b)

图 2-14 塞规和卡规的使用
a）塞规的使用 b）卡规的使用

5. 90°角尺

90°角尺如图 2-15 所示。它的两边成 90°角，用来检查工件的垂直度。当 90°角尺的一边与工件一面贴紧，工件另一面与 90°角尺的另一边之间露出缝隙，用塞尺可量出垂直度误差。

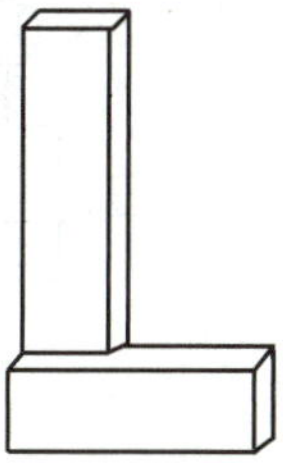

图 2-15 90°角尺

6. 千分表

千分表是精密测量中用途很广的指示式量具。它属于比较量具，只能测量出相对数值，不能测出绝对数值。千分表主要用来测量工件的形状和位置公差（如圆度、平面度、垂直度、圆跳动等），也常用于工件的精密找正。

按分度值来分，千分表有 0.01mm、0.005mm、0.002mm 及 0.001mm 几种。分度值为 0.01mm 的数量较多，因此称这种千分表为百分表，其他为千分表。

从千分表的传动原理考虑，千分表可分为齿轮传动、杠杆齿轮传动及杠杆螺杆传动等几种。

7. 百分表

百分表的结构如图 2-16 所示，属于齿轮传动结构。

当测量杆 2 向上或向下移动 1mm 时，通过齿轮传动系统带动大指针 3 转一圈，小指针 4 转一格。刻度盘 6 在圆周上有 100 个等分刻度线，每格的读数值为$\frac{1}{100}$mm = 0. 01mm；小指针每格读数为 1mm。

测量时，大小指针所示读数之和即为尺寸变化量。小指针处的刻度范围，即为百分表的测量范围。刻度盘可以转动，供测量时调整大指针对准零位刻线用。百分表使用时常装在专用百分表架上，如图 2-17 所示。百分表应用举例，如图 2-18 所示。

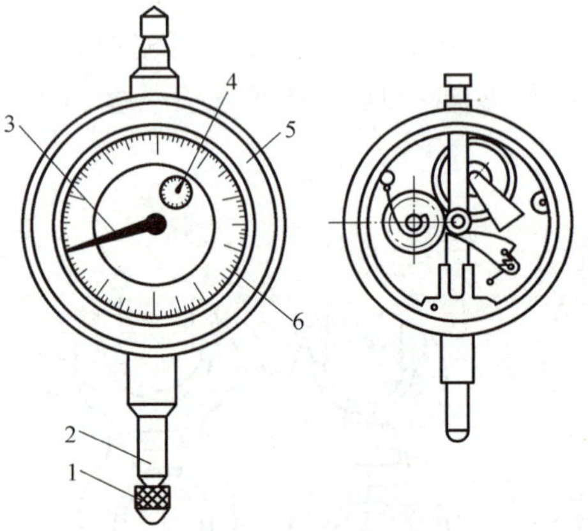

图 2-16　百分表

1—测量头　2—测量杆　3—大指针　4—小指针　5—表壳　6—刻度盘

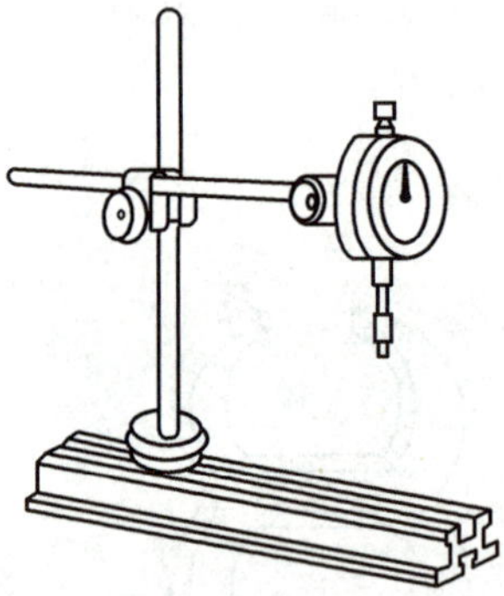

图 2-17　百分表架

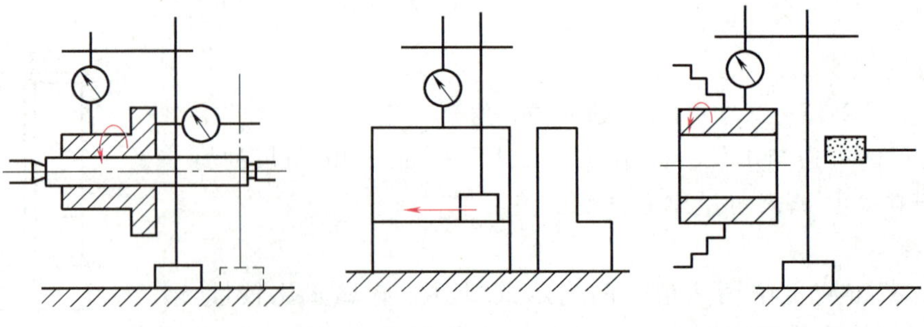

图 2-18　百分表应用举例

a）检查外圆对孔的圆跳动，端面对孔的圆跳动　b）检查工件两面的平行度

c）内圆磨床上用单动卡盘安装工件时找正外圆

8. 内径百分表

内径百分表是用来测量孔径及形状精度的一种精密的比较量具。图 2-19 所示为内径百分表的结构。它附有成套的可换插头，其读数准确度为 0.01mm。测量范围有 6~10mm、10~18mm、18~35mm、35~50mm、50~100mm、100~160mm 等几种。内径百分表是测量标准公差等级 IT7 以上孔的常用量具。

9. 万能角度尺

万能角度尺是用来测量工件内、外角度的量具，其结构如图 2-20 所示。

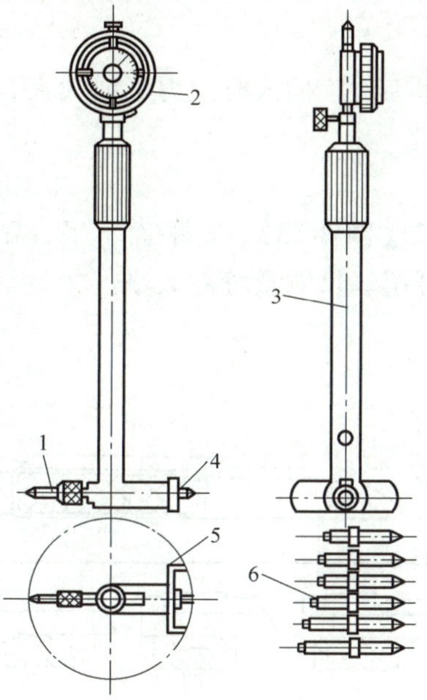

图 2-19　内径百分表

1—可换插头　2—百分表　3—接管　4—活动量杆　5—定心桥　6—可换插头

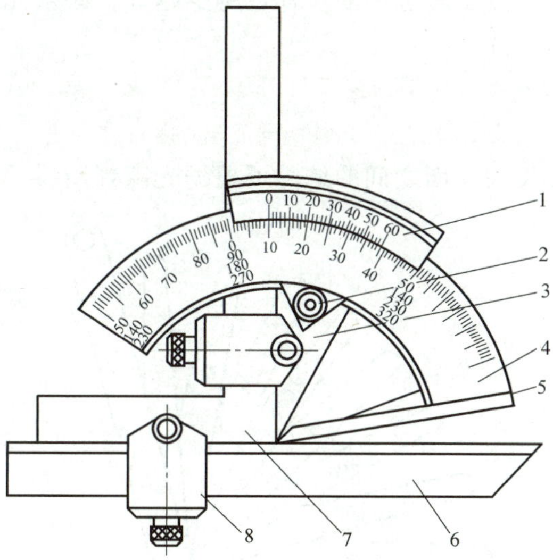

图 2-20　万能角度尺

1—游标　2—制动器　3—扇形板　4—尺身　5—基尺　6—直尺　7—角尺　8—卡块

万能角度尺的读数机构是根据游标原理制成的。尺身刻线每格 1°。游标的刻线是取尺身的 29°等分为 30 格，因此游标刻线每格为$\frac{29^\circ}{30}$，即尺身与游标一格的差值为 $1^\circ-\frac{29^\circ}{30}=\frac{1^\circ}{30}=2'$，即万能角度尺读数准确度为 2′。其读数方法与游标卡尺完全相同。

测量时应先校准零位。万能角度尺的零位，是当角尺与直尺均装上，且角尺的底边及基尺与直尺无间隙接触，此时尺身与游标的零线对准。调整好零位后，通过改变基尺、角尺、直尺的相互位置，可测得 0°~320°的任意角度。应用万能角度尺测量工件时，要根据所测角度适当组合量尺，其应用举例如图 2-21 所示。

10. 塞尺

塞尺是测量间隙的薄片量尺（图 2-22）。它由一组厚度不等的薄钢片组成，每片钢片都印有厚度标记。测量时根据被测间隙的大小，选择厚度接近的薄片插入被测间隙（必要时可用相邻的几片重叠插入）。当一片或数片尺片能塞进被测间隙，则一片或数片的尺片厚度即为被测间隙的间隙值。若被测间隙能插入 0.05mm 的尺片，换用 0.06mm 的尺片则插不进去，说明该间隙为 0.05~0.06mm。

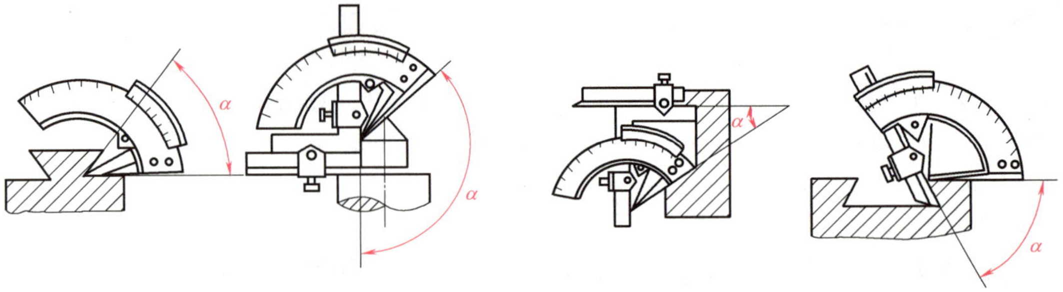

图 2-21　万能角度尺的应用

测量时选用的尺片数越少越好，必须先擦净尺面和工件，插入时用力不能太大，以免折弯尺片。

11. 刀口形直尺

刀口形直尺是用光隙法检验直线度或平面度的量尺（图 2-23）。若平面不平，则刀口形直尺与平面之间的缝隙可根据光隙判断误差状况，也可用塞尺测量缝隙大小。

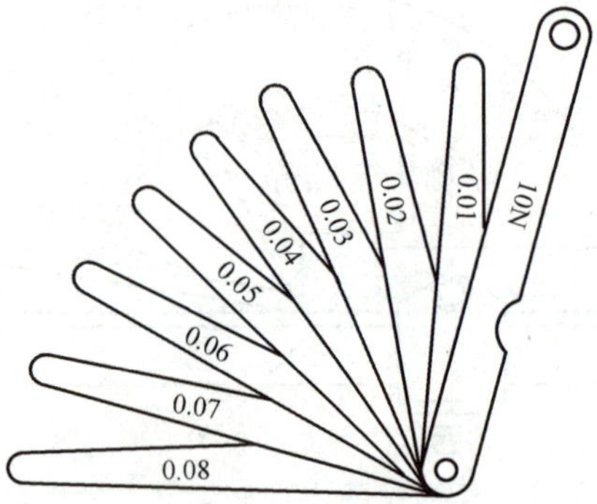

图 2-22　塞尺

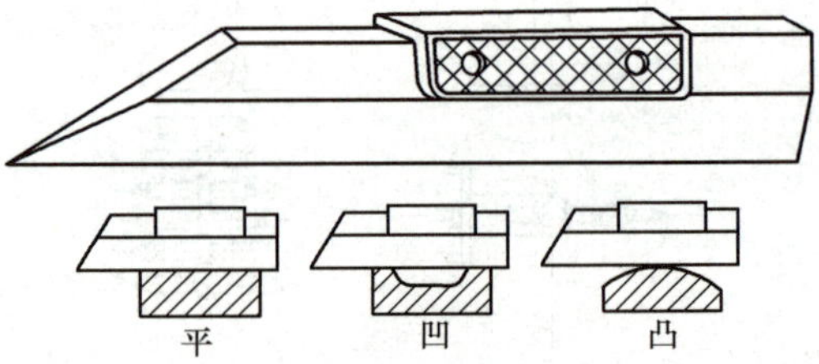

图 2-23　刀口形直尺及其应用

12. 量具的保养

量具保养的好坏，直接影响到它的使用寿命和零件的测量精度。因此，必须做到以下几点：

1）量具在使用前、后必须擦干净。

2）不能用精密量具去测量毛坯或运动的工件。

3）测量时不能用力过猛、过大，也不能测量温度过高的工件。

4）不能把量具乱扔、乱放，更不能当工具使用。

5）不能用脏油洗量具或注入脏油。

6）量具用完后应擦洗干净、涂油，并放入专用量具盒内。

2.3　机械产品设计与制造过程

2.3.1　产品设计

现代工业产品设计是根据市场的需求，应用工程技术方法，在社会、经济和时间等因素的约束范围内进行的设计工作。产品设计是一种有特定目的的创造性行为，它应该基于现代技术因素，不但要注重外观，更要注意产品的结构和功能；它必须以满足市场需要为目标，追求经济效益，最终使消费者与制造者都感到满意。

产品设计为一个做出决策的过程，是在明确设计任务与要求以后，从构思到确定产品的具体结构和使用性能的整个过程中所进行的一系列工作。对机械产品而言，在图 2-24 所示产品的整个寿命周期中，最为关键的是设计阶段。因为设计既要考虑使用方面的各种要求，又要考虑制造、安装、维修的可能和需要，既要根据研究试验得到的资料来进行验证，又要根据理论计算加以综合分析，从而在各个阶段中按照它们的内在联系统一起来。

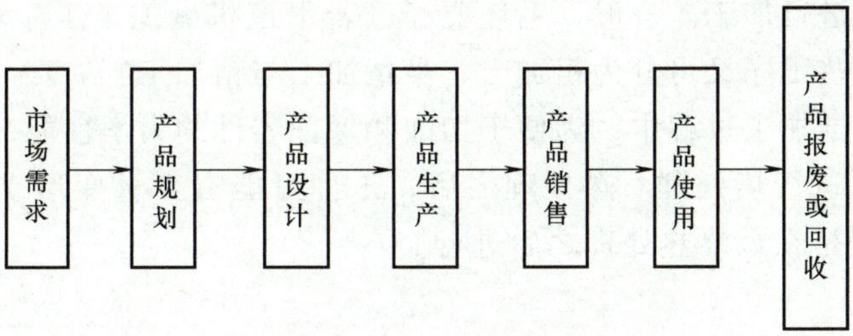

图 2-24　从需求到产品及其使用的全过程

对于工业企业，产品设计是企业经营的核心，产品的技术水平、质量水平、生产率水平以及成本水平等，基本上都确定于产品设计阶段。

2.3.2　机械产品制造过程

任何机器或设备，例如汽车或机床，都是经由产品设计、零件制造及相应的零件装配而获得的。只有制造出合乎要求的零件，才能装配出合格的机器设备。某些尺寸不大的轴、销、套类零件，可以直接用型材机械加工制成；一般情况下，则要将原材料经铸造、锻压、焊接等方法制成毛坯，然后由毛坯经机械加工制成零件；有许多零件还需在毛坯制造和机械加工过程中穿插不同的热处理工艺。

因此，一般机械产品主要的制造过程如图 2-25 所示。

由于企业专业化协作的不断加强，机械产品许多零部件的生产不一定完全在一个企业内完成，可以分散在多个企业间进行生产协作。很多标准件，如螺钉、轴承的加工则常由专业生产厂家完成。

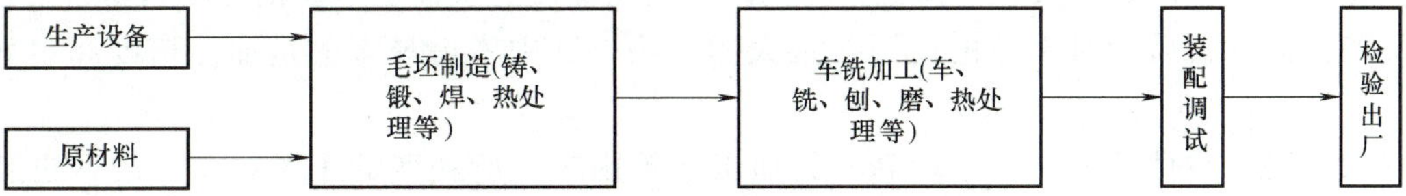

图 2-25　机械产品主要的制造过程

2.3.3　机械产品的制造方法

1. 零件的加工

根据各阶段所达到的质量要求的不同，机械零件的加工可分为毛坯加工和切削加工两个主要阶段。

（1）毛坯加工　毛坯加工的主要方法有铸造、锻造和焊接等，它们可以比较经济和高效地制作出各种形状和尺寸（包括比较复杂形状）的工件。铸造、锻造、焊接等加工方法，因加工时往往要对原材料进行加热，所以通常称这些加工方法为热加工。

（2）切削加工　切削加工是用切削刀具从毛坯或工件上切除多余的材料，以获得所要求的几何形状、尺寸和表面质量的加工方法，主要有车削、铣削、刨削、钻削、镗削和磨削等，分为机械加工和钳工加工两大类。其中，机械加工占有最重要的地位。对于一些难以适应切削加工的零件，如硬度过高的零件、形状过于复杂的零件或刚度较差的零件等，则可以使用特种加工的方法进行加工。一般，毛坯要经过若干道机械加工工序才能成为成品零件。由于工艺的需要，这些工序又可分为粗加工、半精加工与精加工等。

在毛坯制造及机械加工过程中，为便于切削和保证零件的力学性能，还需在某些工序之前（或之后）对工件进行热处理。热处理之后，工件可能有少量变形或表面氧化，所以精加工（如磨削）常安排在最终热处理之后进行。

2. 装配与调试

加工完毕并检验合格的各零件，按机械产品的技术要求，用钳工或钳工与机械加工相结合的方法，按一定的顺序组合、连接、固定起来，成为整台机器，这一过程称为装配。装配是机械制造的最后一道工序，也是保证机械达到各项技术要求的关键工序之一。

装配好的机器，还要经过试运转，以观察其在工作条件下的效能和整机质量。只有在检验、试机合格之后，才能装箱发运出厂。

2.3.4　零件加工质量

机械产品的使用性能和寿命取决于零件的加工质量和装配质量。

1. 零件的加工质量

零件的加工质量是指零件的加工精度和表面质量。加工精度是实际加工后零件的尺寸、形状和相互位置等几何参数与理想几何参数相符合的程度。相符合的程度越高，零件的加工精度越高。实际几何参数与理想几何参数的偏离称为加工误差。显然，加工误差越小，加工精度越高。要将零件的几何参数加工得绝对准确是不可能的，也是没有必要的。在保证零件使用要求的前提下，对加工误差规定一个范围，称为公差。零件的公差越小，对加工精度的要求就越高。零件的表面质量主要包括零件的表面粗糙度、表面变形强化程度和表面残余应力等。零件的加工质量对零件的使用有很大的影响，其中考虑最多的是加工精度和表面粗糙度。

一般来说，零件的加工质量越高，其加工就越困难，所耗费的工时越多，成本也就越高，所以，应综合考虑零件的使用要求和加工成本，合理地确定零件的加工质量要求，而不要不切实际地片面追求零件加工的高精度或高质量。

2. 装配质量

装配是机械制造过程的最后一个阶段。合格的零件通过合理的装配和调试，就可以获得良好的装配质量，从而能保证机器正常地运转。装配精度是衡量装配质量的主要指标，它包括以下几项：零部件间的尺寸精度（包括配合精度和距离精度）；零部件间的相互位置精度；零部件间的相对运动精度；零部件间的接触精度等。

3. 产品质量的控制与管理

（1）产品质量控制与管理的方法

1）质量检验。对生产出的成品进行检验，合格者方可出厂。这属于事后检查，不能预防产品质量问题的发生。

2）统计质量管理。对生产过程中的产品质量进行定期抽样检查，通过统计方法判断生产过程中是否出现了不正常情况，以便及时发现和消除影响产品质量的问题，实现了对产品质量问题的预防和控制。

3）全面质量管理。它是把企业作为产品质量整体，对设计、研制、生产准备、原材料采购、生产制造、销售等各个环节进行协调，对影响产品质量的各种因素进行综合治理，即它是企业全员参与、全过程控制和全部环节把关的质量管理。

质量管理工作要与国际接轨，首先必须贯彻 ISO 9000 系列标准。ISO 9000 系列标准是国际标准化组织制定的关于质量管理和质量保证的一系列国际标准的简称，自颁布以来已得到全世界大多数国家和企业的高度重视。

（2）质量管理中常用的统计方法　质量管理中要对影响产品质量的各种因素进行定量和定性分析，从而抓住主要矛盾，提出解决产品质量问题的措施。常用的统计方法有：

1）排列图法。排列图法是收集一定时期废、次品统计数字，如某型号的拖拉机，共找出质量问题 282 个，按原因分部位、分层次计算各项目（共有 A、B、C、D、E、F、G 七项，其产生原因依次为工装精度差、操作不当、设备不良、工艺不合理、材料不合格、设计不当、其他原因等）重复出现的次数（即频数），再计算各类频数所占百分数（即频率）。按频率大小依次做直方图，由左向右为下降，然后依次将各频率相加连成折线，按图 2-26 所示的主次因素排列图，从中找出影响产品质量的主要原因是工装精度差和操作不当（二者出现的频率分别为 34.4%和 30.9%），由此可找到提高产品质量的途径。

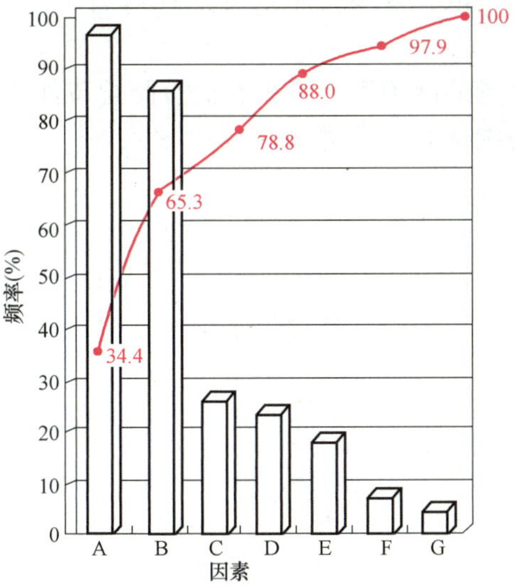

图 2-26　主次因素排列图

2）因果图法。因果图是反映影响产品质量诸因素的因果关系图表（也称树枝图或鱼刺图）。影响产品质量的因素有设计、加工、装配、调试等环节。产品的质量与这些环节紧密相关，最终体现在产品的使用性能。企业应从各个方面针对具体问题进行分析，以便采取合理措施，保证产品质量稳定。图 2-27 所示为某厂采用因果图法对铸件产生气孔缺陷的质量问题进行分析的例子。

此外，还有调查表法、数据分层法、直方图法、控制图法、相关图法等。

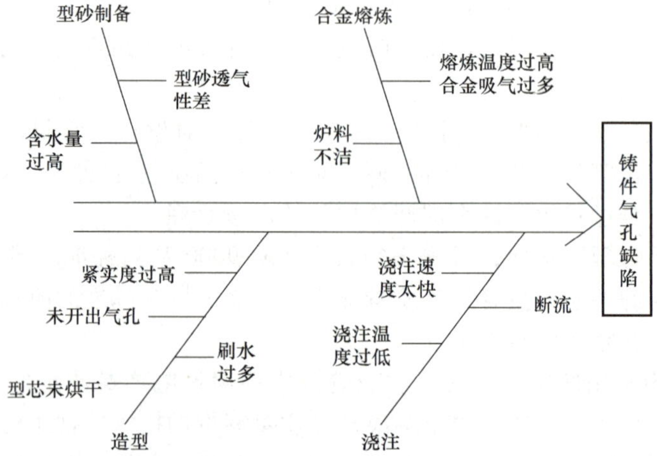

图 2-27 铸件产生气孔缺陷的因果图

思 考 题

1. 钢的热处理的理论依据是什么？
2. 常用的热处理工艺有哪些？
3. 刀具材料应具备哪些性能？硬质合金的耐热性远高于高速钢，为什么不能完全取而代之？
4. 游标卡尺和百分尺测量的准确度是多少？能否测量铸件毛坯？
5. 产品质量管理常用的统计方法有哪些？
6. 简述机械产品的制造过程。

第3章

铸　造

【训练目的】

1. 了解铸造的工艺过程、特点和应用。
2. 了解造型材料的性能、组成及其制备方法。
3. 了解铸铁、铸钢、铝合金的熔炼方法、设备和浇注工艺。
4. 熟悉常用手工造型方法的特点、步骤及应用。
5. 了解铸件落砂、清理和铸件常见缺陷及产生的原因。

3.1　概述

铸造是将液态金属浇入与零件形状相适应的铸型型腔中，待其冷却后获得毛坯或零件的成形方法。

铸造属于液态成形，和其他成形方法相比具有如下优点：①应用范围广，铸造材料不受限制；②可以生产形状复杂，特别是内腔复杂的毛坯及零件，如各种箱体、机架、床身等；③铸件轮廓尺寸可以从几毫米到几十米，质量可以从几克到几十吨，甚至上百吨；④投资少，工艺简单，成本低，材料利用率高；⑤工艺适用性广，既可以用于单件生产，也可以用于大量生产。

由于铸造生产工艺的特点是液态成形，铸造工序多，铸件在浇注、凝固和固态冷却过程中，受许多因素影响，故铸件往往出现组织疏松，晶粒粗大，内部易产生缩孔、缩松、气孔等缺陷，力学性能较差；精度难以控制，质量不够稳定；生产条件差，工人劳动强度高。

铸造的缺点和不足，给该行业的发展带来一定的困难。然而，优点是主要方面，缺点和不足正随着新的铸造合金、新的铸造工艺技术的发展而不断得到克服和解决。这就使铸造成为当前金属成形的主导性工艺，广泛应用于制造、动力、交通运输、轻纺机械、冶金机械等方面。

铸造的方法有很多种，通常分为砂型铸造和特种铸造。

（1）砂型铸造　砂型铸造是以砂为主要造型材料制备铸型的一种铸造方法。由于砂型铸造的自身特点（不受零件形状、大小、复杂程度及合金种类的限制，生产周期短，成本低），砂型铸造依旧是铸造生产中应用最广的铸造方法，尤其是单件或小批量铸件。

（2）特种铸造　除常规的砂型铸造以外的铸造方法都是特种铸造，包括消失模铸造、低压铸造和金属型铸造等。

砂型铸造的生产过程如图 3-1 所示。先根据零件的形状和尺寸，设计制造模样和型芯盒，配制好型砂和芯砂，然后用模样制造铸型（在砂型铸造中叫作砂型），用型芯盒制造型芯，再把烘干的型芯装入铸型并合型，将熔化的液态金属浇入铸型，待凝固后经落砂、清理、检验即得铸件。

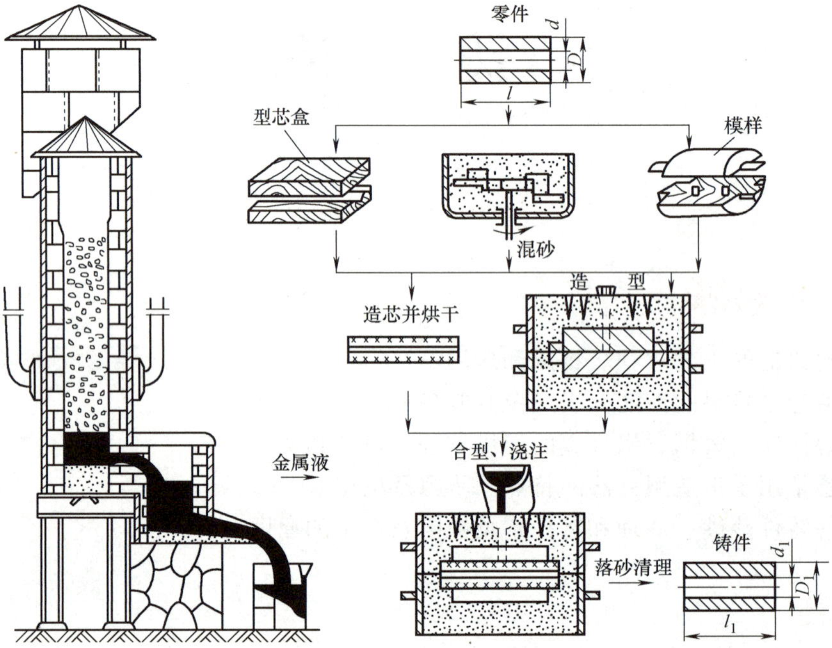

图 3-1 砂型铸造生产过程示意

3.2 造型材料

1. 型（芯）砂的组成

用来形成铸件外形的造型材料称为型砂。用来制造型芯的材料称为芯砂。型（芯）砂由原砂、黏结剂、附加物和水按一定的比例配制，经过混制成为符合造型要求的混合物。

（1）原砂 原砂是组成型（芯）砂的主体，含有 85%（质量分数）的 SiO_2 和少量其他物质，一般采用天然砂。粒度一般为 50~140 目（目是指每平方英寸孔的数目）。

（2）黏结剂 黏结剂可提高型（芯）砂的可塑性和强度，用于在砂粒之间形成黏结膜而使其黏结在一起，以形成砂型或芯型。铸造用黏结剂种类很多，常用的有黏土、水玻璃、植物油、合脂和树脂等，对应的型（芯）砂则被称为黏土砂、水玻璃砂、油砂、合脂砂和树脂砂。图 3-2 所示为型砂的结构示意图。

（3）附加物 型（芯）砂中的附加物主要有木屑、煤粉等。木屑可以改善型（芯）砂的透气性和热变形，防止铸件产生气孔、变形和裂纹等。煤粉可以防止铸件黏砂，以提高表面质量。

（4）水 型（芯）砂中需要加入适量的水，使黏结剂成浆状而具有黏结力，以便在砂粒间形成黏结膜。

2. 型（芯）砂应具备的主要性能

型（芯）砂的成分和性能对铸件质量有很大的影响，因此对型砂的质量要进行适当的控制。

(1) 强度 型（芯）砂抵抗外力破坏的能力称为强度。型（芯）砂必须具备足够高的强度才能在造型、搬运、合箱过程中不引起塌陷，浇注时也不会破坏铸型表面。型（芯）砂的强度也不宜过高，否则会因透气性、退让性的下降，使铸件产生缺陷。

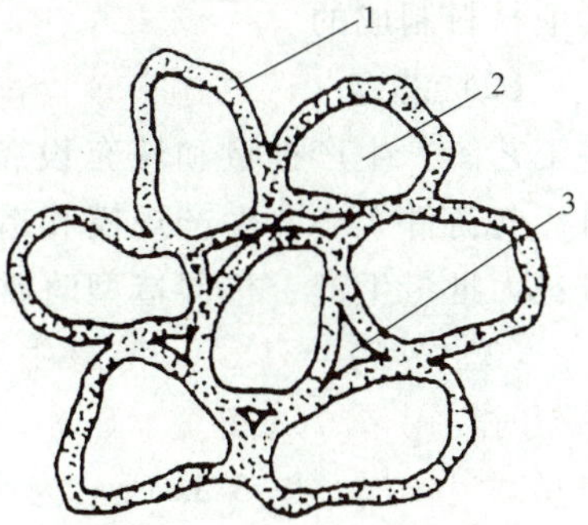

图 3-2 型砂结构示意图

1—黏土膜 2—砂粒 3—空隙

(2) 耐火性 高温的金属液体浇进后会对铸型产生强烈的热作用，因此型（芯）砂要具有抵抗高温热作用的能力，即耐火性。若造型材料的耐火性差，则铸件易产生黏砂。型（芯）砂中的 SiO_2 含量越多，型砂颗粒越大，耐火性越好。

(3) 可塑性 可塑性指型（芯）砂在外力作用下变形，去除外力后能完整地保持已有形状的能力。造型材料的可塑性好，造型操作方便，制成的砂型形状准确、轮廓清晰。

(4) 退让性 铸件在冷凝时，体积发生收缩，型（芯）砂应具有一定的被压缩的能力，称为退让性。型砂的退让性不好，铸件易产生内应力或开裂。型（芯）砂越紧实，退让性越差。在型（芯）砂中加入木屑等物可以提高退让性。

(5) 透气性 高温金属液浇入铸型后，型内充满大量气体，这些气体必须由铸型内顺利排出去，型（芯）砂这种能让气体透过的性能称为透气性。否则将会使铸件产生气孔、浇不足等缺陷。铸型的透气性受原砂粒度、黏土含量、水分含量及砂型紧实度等因素的影响。原砂的粒度越细、黏土及水分含量越高、砂型紧实度越高，透气性则越差。

3. 型（芯）砂的制备与检验

为使型砂中各种组分混合均匀及砂粒表面均匀包覆一层黏结剂膜，生产中一般要用混砂机配制型砂。型（芯）砂的混制过程是：在混砂机中按比例加入新砂、旧砂、黏土和附加物等材料，先干混 2~3min，再加水湿混 10min 左右，使每颗砂粒上均匀地包覆一层黏结剂膜，使砂粒间相互黏结，混好后即可从卸料口出砂。生产中为了节省材料降低成本，主要是利用旧砂配制型砂，加入的新砂比例较少。但是使用过的旧砂必须经过一定处理后才能回用，因为浇注时砂型表面受高温金属液的作用，部分砂粒烧损变细，附加物燃烧分解，使型砂中的灰分增多，透气性降低，部分黏土丧失黏结能力，且型砂中常混有造型和浇注后残留的铁钉、铁豆等杂质，使型砂性能变坏。配制芯砂时一般全用新砂。

配好的型（芯）砂需经检测合格后才能使用。有条件的铸造生产车间常用专门的型砂性能测试仪进行。有经验的工人有时也用手捏砂团的办法粗略地进行检测。如果手捏时感到柔软易变形，砂团不松散、不黏手，手纹清晰，折断时断面没有碎裂现象，则说明型砂湿度适当，并有足够的强度，性能合格。

3.3 造型与造芯

3.3.1 造型工具及装备

(1) 模样 模样与铸件的外形相似，用来形成铸件的外部轮廓。其结构应便于制作，尺寸应精确，且具有足够的刚度和强度。模样的尺寸和形状是根据零件图和铸造工艺参数

(包括起模斜度、收缩余量、加工余量、铸造圆角等)得出的。模样一般是用木材、金属或其他材料制成的。

(2) 芯盒　芯盒用来造型芯，铸件的孔及内腔由型芯形成，型芯由芯盒制成，应以铸件工艺图、生产批量和现有设备为依据确定芯盒的材质和结构尺寸。制造芯盒所选用的材料，与铸件大小、生产规模和造型方法有关。一般单件小批量生产、手工造型时常用木材制造；大批量生产、机器造型时常使用铸造铝合金等金属材料或硬塑料制造。

(3) 砂箱　砂箱是铸造生产常用的工程装备，造型时，用来容纳和支承砂型；浇注时，砂箱对砂型起固定作用。图3-3a所示为小型砂箱，用于浇注尺寸较小的铸件；图3-3b所示为大型砂箱，用于浇注尺寸较大的铸件。合理选用砂箱可以提高铸件质量和劳动生产率，减轻劳动强度。

(4) 其他工具　手工造型常用的工具如图3-4所示。

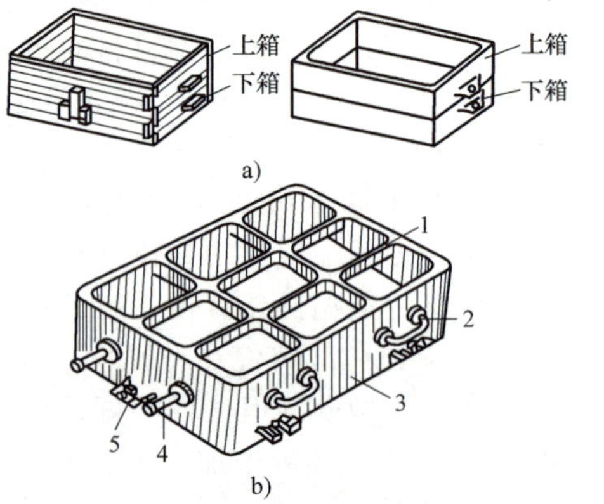

图3-3　砂箱

1—横档　2—吊环　3—箱体　4—抬手　5—定位孔

3.3.2　造型

用造型材料、模样(模板)和砂箱等工艺装备制造铸型的过程称为造型。造型是铸造生产中最基本的工序。造型可分为手工造型和机器造型两大类。

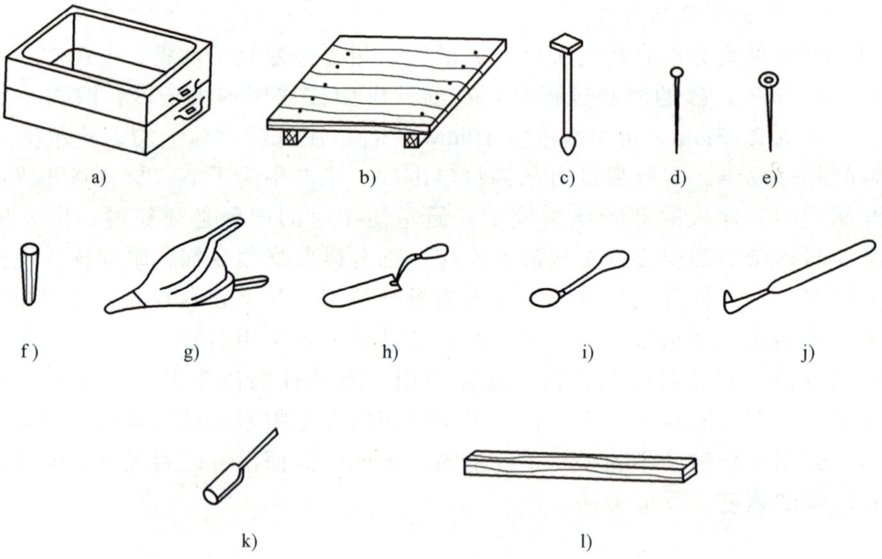

图3-4　常用的手工造型工具

a) 砂箱　b) 底板　c) 砂冲　d) 通气针　e) 起模针　f) 浇口棒　g) 鼓风器(皮老虎)　h) 墁刀　i) 秋叶(压勺)　j) 砂勾(提勾)　k) 半圆　l) 刮砂板

(1) 手工造型　手工造型指用手工完成紧砂、起模、修型及合箱等主要操作的造型过程，其特点是操作灵活，适用性强。因此，在单件小批量生产中，特别是不宜用机器造型的重型复杂件，常用此法，但手工造型效率低，劳动强度大。

手工造型方法很多，按砂箱特征可分为两箱造型、三箱造型和地坑造型等。按模样的结构特征可分为整模造型、分模造型、活块造型、挖砂造型、假箱造型和刮板造型等。常用手工造型方法的特点和应用见表3-1。下面介绍常见的几种手工造型方法。

表3-1 常用手工造型方法的特点和应用范围

分类	造型方法	特点			应用范围
		模样结构和分型面	砂箱	操作	
按照模样结构特征	整模造型	整体模；分型面为平面	两个砂箱	简单	较广泛
	分模造型	分开模；分型面多为平面	两或三个砂箱	较简单	回转类铸件
	活块造型	模样上有妨碍起模的部分，做成活块；分型面多为平面	两或三个砂箱	较费事	单件小批量
	挖砂造型	整体模，铸件最大截面不在分型面处，造型时须挖去阻碍起模的型砂；分型面一般为曲面	两或三个砂箱	费事，对操作技能要求高	单件小批量生产的中小铸件
	假箱造型	为免去挖砂操作，用假箱代替挖砂操作；分型面仍为曲面	两或三个砂箱	较简单	需挖砂造型的成批铸件
	刮板造型	与铸件截面相适应的板状模样；分型面为平面	两箱或地坑	很费事	大中型轮类、管类铸件，单件小批生产
按照砂箱特征	两箱造型	各类模样手工或机器造型均可；分型面为平面或曲面	两个砂箱	简单	较广泛
	三箱造型	铸件截面中间小、两端大，用两箱造型取不出模样，必须用分开模；分型面一般为平面，有两个	三个砂箱	费事	各种大小铸件，单件小批生产
	地坑造型	中、大型整体模、分开模、刮板模均可；分型面一般为平面	上型用砂箱、下型用地坑	费事	大、中件单件生产

1）整模造型。整模造型的模样是一个整体，其特点是造型的模样全部放在一个砂箱（下箱）内，分型面为平面。图3-5所示是整模造型的工艺过程。整模造型操作简便，所得铸型型腔的形状和尺寸精确，铸件不会产生错型缺陷，此方法适用于最大截面在一端，且为平面、形状简单的铸件，如压盖、齿轮坯、轴承座等。

2）分模造型。分模造型是造型方法中应用最广的一种。当铸件最大截面不在一端，而在中部时，这时如果模样还是做成一个整体，造型时模样就会取不出来。因此需将模样沿最大截面处分成两半，并用定位销加以定位，这种模样称为分开模。分模造型时，模样分别放在上下箱内，分型面为一平面。分模造型操作较简便，适用于形状较复杂的铸件，如套筒、管子、阀体等。其造型工艺过程如图3-6所示。

3）挖砂造型。整体模和分开模造型时，分型面是一个平面。而有些铸件的形状为曲面或阶梯形，如手轮、端盖等，上下都不是平面，由于模样的结构要求（强度、刚度等）或

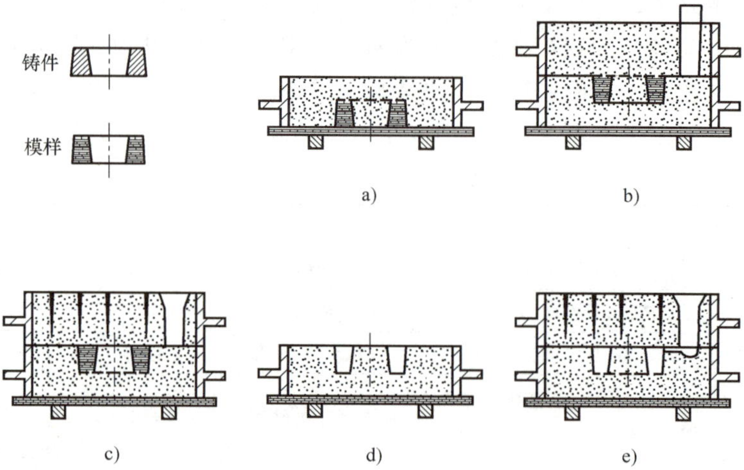

图 3-5　整模造型的工艺过程

a）造下型　b）造上型　c）开浇道、扎通气孔　d）起出模样　e）合型

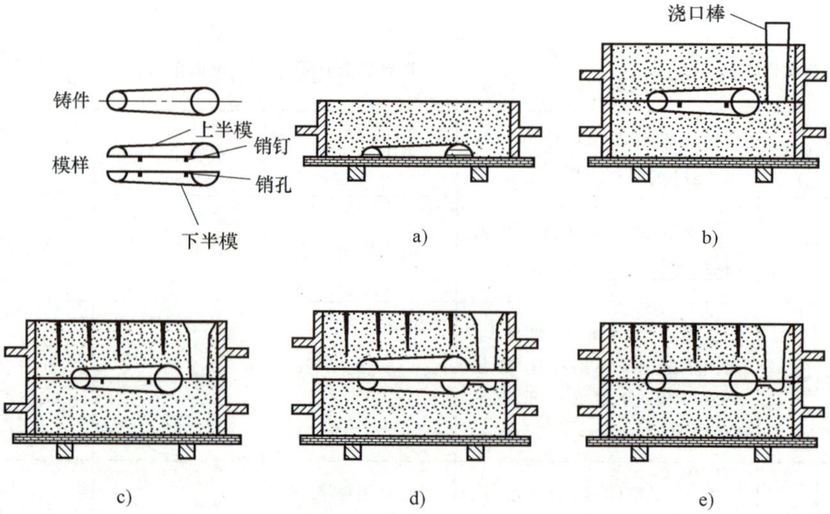

图 3-6　分模造型的工艺过程

a）用下半模造下型　b）用上半模造上型　c）开浇道、扎通气孔　d）起出模样　e）合型

制模工艺等原因，模样不便于分成两半，只好做成整体模，造型时先造好下型，然后修挖分型面，将阻碍模样取出的那一部分型砂挖掉，并修成光滑向上的斜面，然后再造上砂型，这种造型方法称为挖砂造型。挖砂造型的分型面呈曲面或有高低变化的阶梯形。图 3-7 所示是挖砂造型的工艺过程。

挖砂造型时，每造一个铸型就要挖砂一次，造型工时消耗多，生产率低且对操作者技术水平要求较高，只适用于单件生产。

4）活块造型。有些零件侧面带有凸台等凸起部分，造型时这些凸起部分会妨碍模样从砂型中取出，故在模样制作时，将凸起部分做成活块，用销钉或燕尾槽与模样主体连接，起模时，先取出模样主体，然后从侧面取出活块，这种造型方法称为活块造型，如图 3-8 所示。

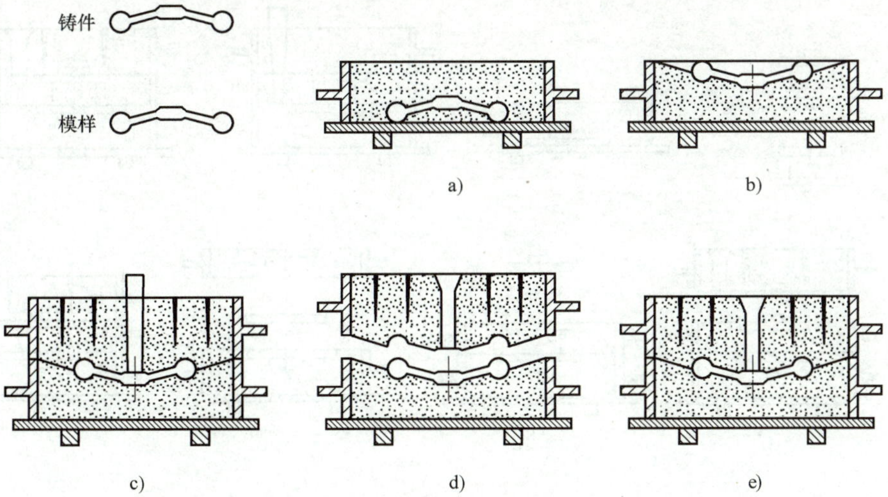

图 3-7 挖砂造型的工艺过程

a）造下型 b）翻转、挖出分型面 c）造上型 d）起模 e）合型

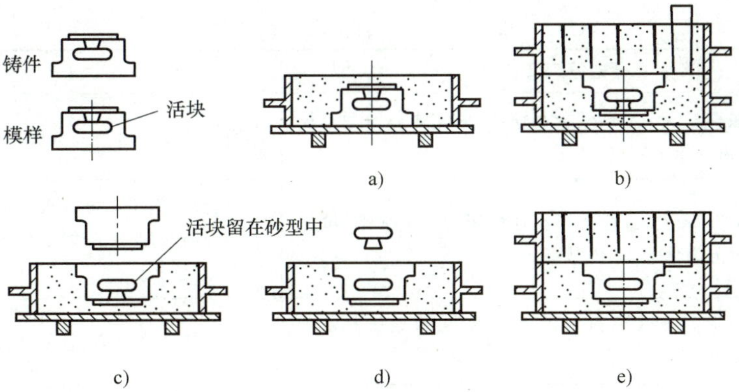

图 3-8 活块造型的工艺过程

a）造下型 b）造上型 c）起出模样主体 d）起出活块 e）开浇道、合型

5）三箱造型。对于一些形状复杂的铸件，只用一个分型面的两箱造型难以正常取出型砂中的模样，必须采用三箱或多箱造型。三箱造型有两个分型面，操作过程比两箱造型要复杂，生产率低，只适用于单件小批量生产，其工艺过程如图 3-9 所示。

（2）机器造型 机器造型是用机器全部或部分地完成造型操作的方法。由于机器造型以机械运动代替了人工紧砂和起模等，从而减轻了工人的劳动强度，提高了生产率。同时，机器起模比较平稳，模板振动量小，可以显著提高铸件尺寸精度。此外，机器造型对工人操作技术要求不高，易于掌握。

机器造型一般是两箱造型，采用模板和砂箱在专门的造型机上进行。固定模样、浇注系统的底板称为模板。模板上的定位销用于固定砂箱。根据紧砂方式的不同，机器造型有振压式造型、静压式造型、抛砂式造型等，常用机器造型方法见表 3-2。

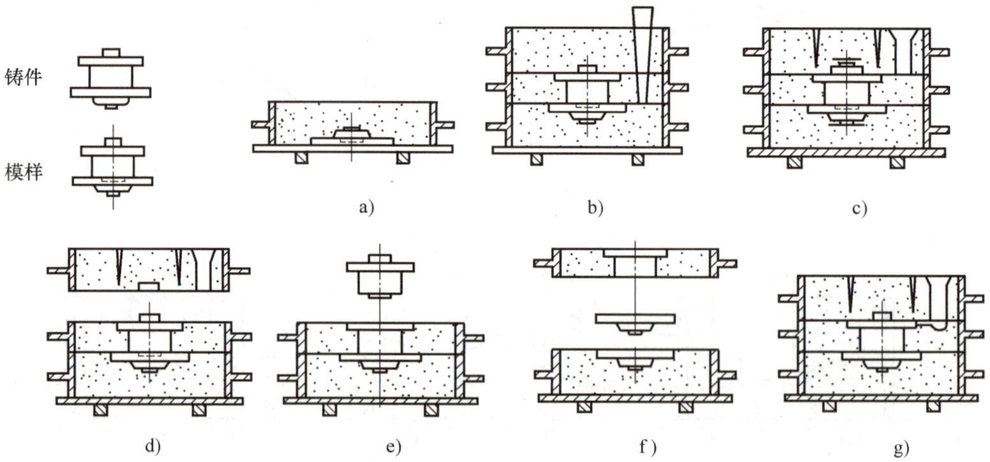

图 3-9　三箱造型的工艺过程

a）造下型　b）造中型和上型　c）扎通气孔　d）开上箱，起模　e）开中箱，起模
f）开下箱，起模　g）开浇道合型

表 3-2　常用的机器造型方法

紧实方法	成型原理及特点	适用范围
振击	靠机械震击赋予型砂动能和惯性，紧实成形铸型上松下紧，常需补压	用于精度要求不高的中小铸件成批、大量生产
压实	型砂借助于压头或模样所传递的压力紧实成形，按比压大小可分为低压、中压和高压三种	中、低压用于精度要求不高的简单铸件中、小批生产。高压用于精度要求高、较复杂铸件的大量生产
振压	振击加压实，砂型密度的波动范围小，可获得紧实度较高的砂型	用于精度要求高、较复杂铸件的大量、成批生产
抛砂	借旋转的叶片把砂团高速抛出，打在砂箱内的砂层上，使型砂逐层紧实。砂团的速度越大，砂型紧实度越高。若供砂情况和抛头移动速度稳定，则各部分紧实度均匀	用于紧实中、大件的砂型或砂芯，单件、小批、成批生产均可使用，但铸件精度较低
静压	在砂箱内填砂（模板上有通气孔），然后对型砂施以压缩空气进行气流加压，通入的压缩空气穿过型砂经通气塞排出，最后用压实板在型砂上部压实，使其上下紧实度均匀。此法砂箱吃砂量较小，起模斜度较小	可用于精度要求高的各种复杂铸件的大量生产
气流冲击	具有一定压力的气体瞬时碰撞释放出来的冲击波作用在型砂上使其紧实。其砂型特点是紧实度均匀且分布合理，靠模样处的紧实度高于铸型背面	可用于精度要求高的各种复杂铸件的大量生产，比静压铸造具有更大的适应性

3.3.3　造芯

1. 造芯工艺

型芯是铸型的重要组成部分，用型芯盒制成，主要形成铸件的内腔和孔。浇注时，型芯被金属液包围，金属液凝固后，去掉型芯形成铸件的内腔或孔，这是型芯用得最多的情况。

对于一些比较复杂的铸件，由于单独使用模样造型有困难，这时也可用型芯（称为外型芯）与砂型配合构成铸件的外部形状。型芯结构如图 3-10 所示。

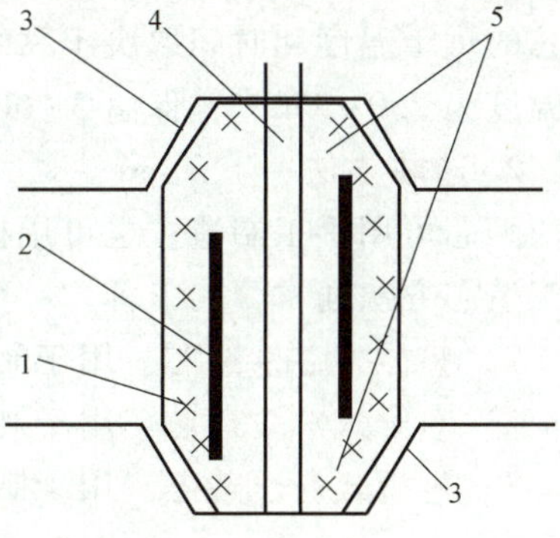

图 3-10　型芯的结构

1—芯体　2—芯骨　3—芯座

4—通气孔　5—芯头

（1）做芯头　芯头是型芯上为用于定位和支撑排气的部分。砂型中用于放置型芯的结构称为芯座，芯头安放在芯座中。为了在造型和造芯时便于起模和脱芯，同时也为了下芯和合型的方便，芯头和芯座都带有一定的斜度。芯头与芯座的配合间隙必须合理，如果它们的间隙过大，虽然下芯方便，但型芯在芯座中的定位精度不高，甚至有可能使金属液流入间隙中，使铸件落砂和清理困难；如果间隙太小，下芯和合型操作比较困难，甚至会破坏砂型和型芯。

（2）做芯体　芯体为型芯上用以形成铸件内腔的部分，它决定了铸件内腔的形状和大小。由于收缩，铸件内腔的尺寸要比型芯体的尺寸略小。

（3）放芯骨　芯骨又称为型芯骨，由芯砂包围，其作用是加强型芯的强度。芯骨埋在型芯内部，不影响型芯的形状和尺寸。通常芯骨由金属制成，根据型芯的尺寸不同，用来制造芯骨的材料、形状也不同。小型芯的芯骨用铁丝、铁钉制成；中、大型型芯的芯骨一般采用铸铁芯骨或由型钢焊接而成的芯骨，如图 3-11 所示。为了保证型芯的强度，芯骨应伸入型芯头，但不能露出型芯表面，应有 20~50mm 的吃砂量，以免阻碍铸件收缩。大型芯骨还须做出吊环，以利吊运。

（4）开型芯通气孔　在浇注过程中，必须迅速排出型芯中的气体以及由于包围在型芯周围高温金属液的作用而形成的气体，为此，应在型芯头上开型芯通气孔。型芯通气孔应有足够的尺寸与外面大气相通，不能堵死，否则达不到排气效果。另外，型芯通气孔不能开到型芯的工作表面，否则会把气体排到型腔中，并且金属液也有可能堵死型芯通气孔。形状简单的型芯，用气孔针扎出型芯通气孔；形状复杂、局部截面比较薄的型芯，可在型芯中埋入蜡线；对于大型型芯，通常在其内部填以焦炭或炉渣等空心材料，以便排气，如图 3-11c 所示。

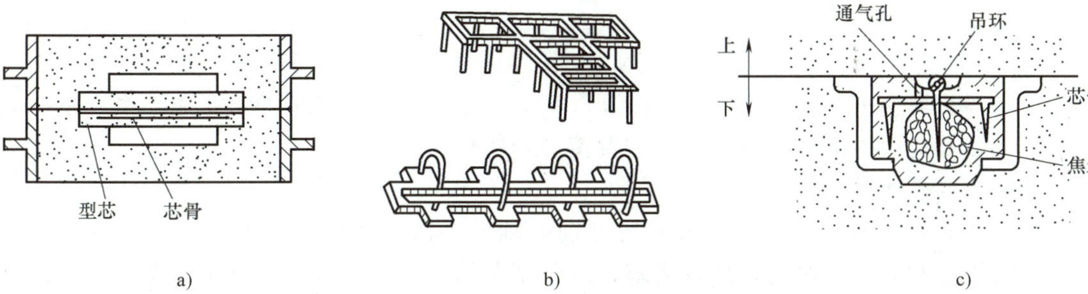

图 3-11　芯骨

a）铁丝芯骨　b）铸铁芯骨　c）带吊环芯骨

（5）刷涂料　型芯与金属液接触部位要刷涂料，其作用是防止铸件黏砂，改善铸件内腔的表面粗糙度。通常铸铁件型芯采用石墨涂料，而铸钢件型芯采用石英粉涂料。

（6）烘干　型芯烘干后，其强度和透气性都能提高，发气量减少，铸件质量容易保证。型芯的烘干温度和时间取决于黏结剂的性质、含水量及型芯大小、壁厚等，一般黏土型芯烘干温度为250～350℃，保温3～6h；油砂型芯烘干温度为200～220℃，保温1～2h。

2. 造芯方法

型芯可用手工制造，也可用机器造芯。型芯一般是由芯盒制成的。根据芯盒结构不同，手工造芯方法通常分为三种。

1）整体式芯盒造芯。用于制作形状简单的中、小型芯，如图3-12a所示。

2）对开式芯盒造芯。用于制作圆柱形或形状对称的型芯，如图3-12b所示。

3）可拆式芯盒造芯。用于制作形状复杂的大、中型芯，如图3-12c所示。

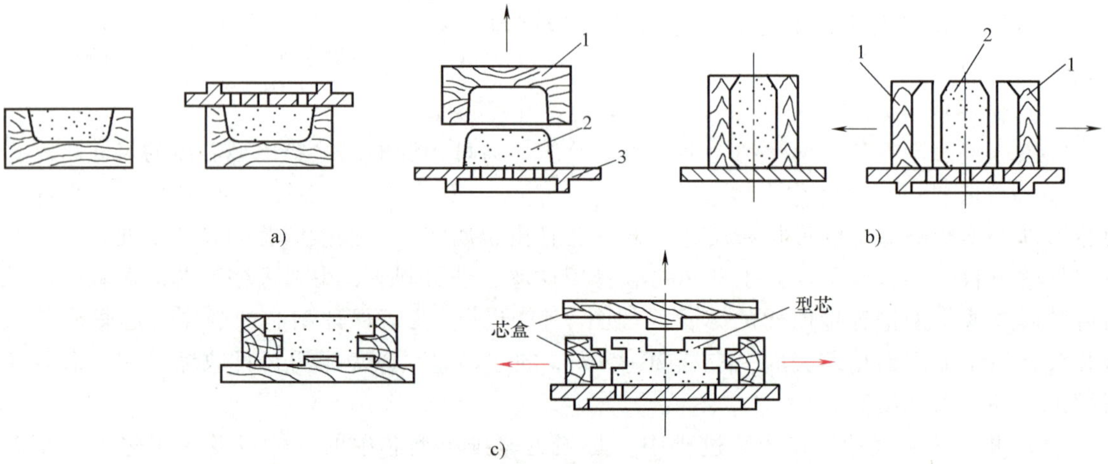

图3-12　芯盒造芯

a）整体式芯盒造芯　b）对开式芯盒造芯　c）可拆式芯盒造芯

1—芯盒　2—型芯　3—烘干板

3.4　合型、熔炼、浇注及清理

1. 合型

合型是指将铸型的各个组元，如上砂型、砂芯、下砂型及浇口杯等组合成一个完整砂型的过程。合型是造型的最后一道工序，它直接影响铸件的质量。

合型的主要操作过程为：

（1）型芯的检验和修整　型芯放入铸型前必须做一次全面检验，内容包括：型芯是否烘干，有无损坏和裂纹，通气孔是否堵塞，以及型芯的尺寸是否合适。对于发现的问题，应及时进行修整。

（2）型芯的安装　安装好的型芯在型腔中应固定不动，型芯中产生的气体应能及时顺利排出。型芯在型腔中的固定借助芯头，必要时可用芯撑来增加型芯的支撑点。

（3）铸型的紧固　砂型浇注时，金属液注入型腔后会产生抬型力，因此合型后必须对砂型进行紧固，然后才能浇注。小型铸件浇注时产生的抬型力不大，常用压铁进行紧固。

大、中型铸件浇注时会产生较大的抬型力，需要用螺栓、卡子等进行紧固。

2. 合金的熔炼

合金的熔炼是铸造生产过程中相当重要的生产环节，熔炼是要获得一定温度和所需成分的金属液。若熔炼工艺控制不当，会使铸件因成分和力学性能不合格而报废。在熔炼过程中要尽量减少金属液中的气体和夹杂物，提高熔化率，降低燃料消耗等，以达到最佳的技术经济指标。

（1）铸铁的熔炼　铸造用金属材料种类繁多，有铸铁、铸钢、铸造铝合金、铸造铜合金。其中铸铁是应用最广泛的铸造合金。据统计，铸铁产量占铸件总产量的80%。

工业上常用的铸铁是碳的质量分数大于2.11%，以铁、碳、硅为主要元素的多元合金，它具有廉价生产成本，良好的铸造性能、加工性能、耐磨性、减振性，导热性较好，以及适当的强度和硬度。因此，在工程上铸铁有比铸钢更广泛的应用。但铸铁的强度较低且塑性较差，所以制造受力大而复杂的铸件，特别是中、大型铸件时，往往采用铸钢。铸铁按用途不同分为常用铸铁和特种铸铁，常用铸铁包括灰铸铁、球墨铸铁、可锻铸铁、蠕墨铸铁，特种铸铁包括抗磨铸铁、耐蚀铸铁等。

对铸铁熔炼的基本要求是：铁液应有足够的温度；符合要求的化学成分，且含有较少的气体和夹杂物；烧损率低；金属消耗少。熔炼铸铁的设备很多，如冲天炉、电弧炉、感应电炉等。

（2）铸钢的熔炼　铸钢包括碳素钢（碳的质量分数为0.20%~0.60%的铁-碳二元合金）和合金钢（碳钢和其他合金元素组成的多元合金）。铸钢强度较高，塑性较好，具有耐热、耐蚀、耐磨等特殊性能，某些合金钢具有特种铸铁所没有的良好的加工性和焊接性。除应用于一般工程结构件外，铸钢还广泛应用于受力复杂、要求强度高且韧性好的铸件，如水轮机转子、高压阀体、大齿轮、辊子、球磨机衬板和挖掘机斗齿等。

铸钢液的流动性比铸铁液差，铸钢的收缩率比铸铁大很多，因此铸钢的铸造性比铸铁差。

铸钢熔炼的主要设备是电弧炉和感应炉。电弧炉是利用炉膛内的石墨电极与金属炉料间产生电弧放电而使炉料受热熔化，同时利用冶金反应改善钢液的化学成分，并进行脱氧、脱硫工作。感应炉是利用感应器在交流电通过时炉料产生感应电流使炉料熔化。

（3）铸造有色合金的熔炼　常用的铸造有色合金有铜合金、铝合金和镁合金等。其中，铸造铝合金应用最多，它的密度小，具有一定的强度、塑性及耐蚀性，广泛应用于制造汽车轮毂，发动机的气缸体、气缸盖、活塞等。铸造铜合金具有比铸造铝合金好得多的力学性能，并具有优良的导电、导热性和耐蚀性，可以制造承受高应力、耐蚀、耐磨损的重要零件，如阀体、泵体、齿轮、蜗轮、轴承套、叶轮、船舶螺旋桨等。镁合金是目前最轻的金属结构材料，它的密度小于铝合金，但比强度和比刚度高于铝合金。镁合金广泛应用于汽车、航空航天、兵器、电子电器、光学仪器以及电子计算机等制造领域，如飞机的框架、壁板、起落架的轮毂，汽车发动机缸盖等。

铝合金熔炼的主要设备是电阻坩埚炉，其结构如图3-13所示。

铝合金熔炼的金属料是铝锭、废铝、回炉铝和其他合金等。辅助材料有熔剂、覆盖剂、精炼剂及变质剂等。铝合金的化学性质活泼，熔炼时极易发生氧化反应生成Al_2O_3，并难以除去。铝合金在高温时易吸收氢气，当温度超过800℃时更为严重，易使铝合金铸件产生气

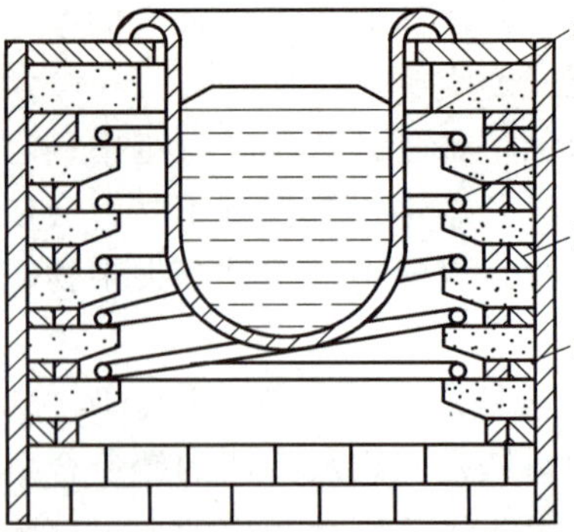

图 3-13 电阻坩埚炉结构

孔、夹杂等缺陷。所以铝合金的熔炼温度一般不超过 800℃。

为了获得优质的铸件，熔炼铝合金时，需要进行以下操作：

（1）清理炉料 铝合金的化学性质较为活泼，易与其他物质产生化学反应，所以要仔细清理炉料，防止杂质进入铝液，并将炉料烘干。

（2）坩埚及用具处理 对坩埚及熔炼用具表面涂料并预热，以免与铝合金接触产生各种反应，改变合金的化学成分。

（3）防吸气 为防止铝合金吸气，液面应用覆盖剂严密覆盖，尽量少搅动，控制熔炼温度，并加快熔炼。

（4）精炼 精炼是以造渣的方式除去不溶性的各种夹杂物。精炼时，先用覆盖剂严密覆盖液面，然后用精炼剂分别清除合金液中的杂质。

（5）变质处理 变质处理的目的是细化晶粒，消除枝晶，从而提高力学性能。变质处理的方法是用钠盐与铝产生置换，利用反应生成的钠原子使合金液变质细化。

3. 浇注

将金属液从浇包浇入铸型的操作过程称为浇注。浇注对铸件的质量影响很大，操作不当将引起浇不足、冷隔、跑火、夹杂、气孔、缩孔等铸造缺陷。

（1）浇注工具 浇注的主要工具是浇包，按浇包容量可分为端包、抬包和吊包等。

1）端包。其容量大约为 20kg，用于浇注小铸件。其特点是适合一人操作，使用方便、灵活，不容易伤着操作者。

2）抬包。其容量为 50 ~100kg，适用于浇注中小型铸件，至少要两人操作，使用也比较方便，但劳动强度大。

3）吊包。其容量在 200kg 以上，用起重机装运进行浇注，适用于浇注大型铸件。吊包有一个操纵装置，浇注时，能倾斜一定的角度，使金属液流出。这种浇包可减轻工人劳动强度，改善生产条件，提高劳动生产率。

（2）浇注工艺

1）准备工作

① 准备浇包。根据铸件大小选择合适的浇包，浇注工具要及时进行清理、修补并烘干。

② 清理通道。浇注时，行走的道路要畅通，不能有杂物和积水。

③ 烘干用具。避免因挡渣钩、浇包等潮湿而引起金属液飞溅及降温。

2）浇注温度。浇注温度过低，金属液的流动性差，易使铸件产生浇不足、冷隔、气孔等缺陷；浇注温度过高，使铸件收缩增大，易形成缩孔、缩松、裂纹和黏砂缺陷。适宜的浇注温度应根据合金种类、铸件质量、壁厚和结构复杂程度综合考虑。一般厚大铸件及易产生热裂的铸件应选择较低的浇注温度；结构复杂的薄壁铸件应选择较高的浇注温度。铸铁的浇注温度为 1260~1400°C，铝合金的浇注温度为 620~730°C。

3）浇注速度。浇注速度应根据铸件的形状和大小来决定。浇注速度较快，金属液易于充满铸型型腔，减少氧化。但速度过快，型腔中的气体来不及跑出，易使铸件产生气孔，且金属液对铸型的冲击力增大，易造成冲砂和抬型等。若浇注速度过慢，则会使金属液降温过多，使铸件产生冷隔和浇不足等缺陷。对于薄壁、形状复杂和具有大平面的铸件，应采用较高的浇注速度；形状简单的厚大铸件，可采用较低的浇注速度。

(3) 浇注技术　浇注时，金属液流应对准浇口杯，且不得断流；挡渣钩应挡住浇包嘴附近，防止浇包中的熔渣随金属流入浇道；应及时用挡渣钩等点燃砂型中逸出的气体，加速砂型内气体的排出及减少 CO 等有害气体对环境的污染。

有色金属进行浇注时，为防止氧化，浇注一定要平稳。同时，浇注系统应能防止金属飞溅，使金属液快速、通畅地流入铸型。

4. 铸件的清理

为了提高铸件表面质量，还需进一步对铸件进行清理，切除浇冒口，打磨毛刺并进行清砂。

(1) 浇冒口的切除　铸件必须除去浇注系统和冒口。对于中小型铸铁件，可用锤打掉浇冒口。铸钢件一般用氧气切割或电弧切割来去掉浇冒口。不能用气割法切除浇冒口的铸钢件和大部分铝镁合金铸件，一般采用车床、圆盘锯及带锯等进行切割。在大批量生产中，许多定型铸铁、铸钢生产线都采用专用浇冒口切除线，甚至配备专用机器人或机械手来完成。

(2) 铸件的表面清理　包括去除铸件内外表面的黏砂、分型面和芯头处的披缝、毛刺、冒口切除痕迹。其方法有手工清砂、水力清砂和水爆清砂等。

3.5 铸造工艺设计

铸造工艺设计包括选择与确定分型面和浇注位置、浇注系统及工艺参数等内容。铸造工艺一经确定，模样、芯盒、铸型的结构及造型方法也就随之确定下来。铸造工艺是否合理将直接影响铸件质量和生产率。

3.5.1 分型面的选择

分型面是指上砂型和下砂型的分型面，往往也是模样的分模面。浇注位置是指铸件浇注时在铸型中所处的位置。分型面与浇注位置密切相关，在确定分型面的同时，一般铸件的浇注位置也同时予以考虑确定。

确定分型面和浇铸位置的原则如下：

1) 分型面应选择在铸件的最大截面处，其最好为平面，以便于造型时顺利取出模样，如图 3-14 所示。

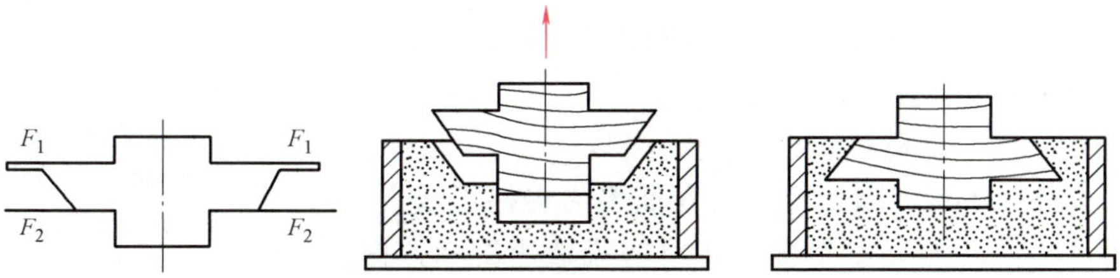

图 3-14　分型面的选择

a) 选择分型面　b) 合理　c) 不合理

2）应使分型面数量尽可能少。大批量生产时，要采用外型芯将两个分型面改为一个分型面，从而实现机器造型。

3）应使铸件的重要加工面朝下或侧立。这是因为浇注时，金属液中混杂的熔渣、气体等都易上浮，容易在铸件的上表面形成气孔、渣孔、砂眼、夹渣等缺陷。而朝下的表面或侧立面质量较好。

4）尽可能将整个铸件或铸件的大部分处于下砂型内，以防止和减少错型，提高铸件精度。

5）应使铸件需要补缩的厚大部位置于铸型顶部或侧面，以利于安放冒口；使铸件的宽大面积或大面积薄壁部分置于铸型底部，防止宽大平面产生夹砂，薄壁处产生浇不足、冷隔等缺陷。

3.5.2　浇注系统与冒口的开设

浇注系统是为金属液流入型腔而开设于铸型中的一系列通道。其作用是：保证金属液平稳、迅速地注入型腔；阻止熔渣、砂粒等杂质进入型腔；调节铸件各部分温度和控制凝固次序；补充金属液在冷却和凝固时的体积收缩（补缩）。正确选择浇注系统的位置及各部分的形状和尺寸，对于获得合格铸件、减少金属液的消耗具有重大意义。若浇注系统设计不合理，铸件易产生冲砂、砂眼、渣孔、浇不足、气孔和缩孔等缺陷。

1. 浇注系统的组成

浇注系统一般由外浇道 1、直浇道 2、横浇道 3 和内浇道 4 组成，如图 3-15 所示。对于形状简单的小铸件，可以省去横浇道。

（1）外浇道　外浇道也叫浇口杯，多为漏斗形或盆形。其作用是接纳从浇包倒出来的金属液，减轻金属液对砂型的冲击，使之平稳地流入直浇道，并具有挡渣和防止气体卷入直浇道的作用。

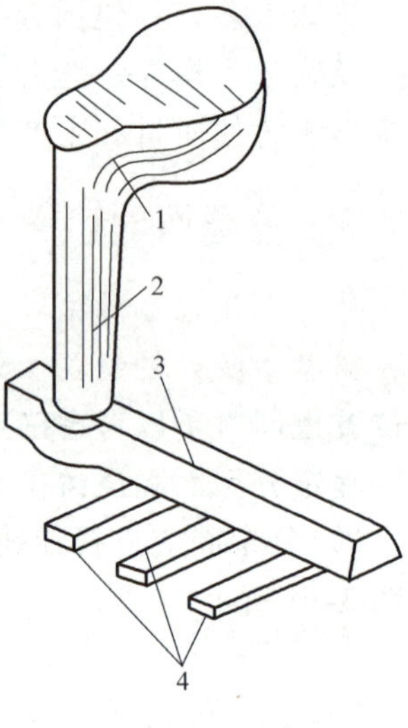

图 3-15　浇注系统的组成

1—外浇道　2—直浇道

3—横浇道　4—内浇道

（2）直浇道　直浇道是连接外浇道与横浇道的垂直通道，一般呈上大下小的圆锥形。其主要作用是使液态金属保持一定的流速和压力，以便于金属液充满型腔。直浇道高度越大，金属液充满型腔的能力越强。如果直浇道的高度或直径太小，则会使铸件产生浇不足。

（3）横浇道　横浇道是浇注系统中的水平通道部分，一般开设在下箱的分型面上，其断面通常为梯形。横浇道的主要作用是分配金属液进入内浇道，并起挡渣作用，还能减缓金属液的流速，使金属液平稳流入内浇道。

（4）内浇道　内浇道是浇注系统中引导液态金属进入型腔的通道，一般位于下型分型面处，其断面多为扁梯形或月牙形，也可为三角形。内浇道可控制熔融金属的流动速度和方向，并能调节铸件各部分的冷却速度，其断面形状、尺寸、位置和数量是决定铸件质量的关键因素之一，应根据金属材料的种类、铸件的质量、壁厚大小和铸件的外形而定。对于壁厚较均匀的铸件，内浇道应开在薄壁处，使铸件冷却均匀，铸造热应力小；对于壁厚不均匀的铸件，内浇道应开在厚壁处，以便于补缩；对于大平面薄壁铸件，应多开几个内浇道，以便于金属液快速充满型腔。此外，开设内浇道时还应注意：

1）不要开设在铸件的重要部位（如重要加工面和加工基准面），这是因为内浇道附近的金属液冷却慢，晶粒粗大，力学性能差。

2）应使金属液顺着砂型的型壁流动，而不能正对着型芯和砂型的薄弱部位开设，以免冲坏型芯和砂型。

3）与铸型结合处应带有缩颈，防止清除浇口时撕裂铸件。

2. 浇注系统的类型

内浇道的位置对铸件质量影响很大，因为随着内浇道位置的不同，金属液流入型腔的方式就不同，则金属液在型腔中的流动情况和温度分布情况也随之不同。如图 3-16 所示，根据内浇道中金属液流入型腔的方式不同，可将浇注系统分为顶注式、底注式、中注式、阶梯式、牛角式和雨淋式等。

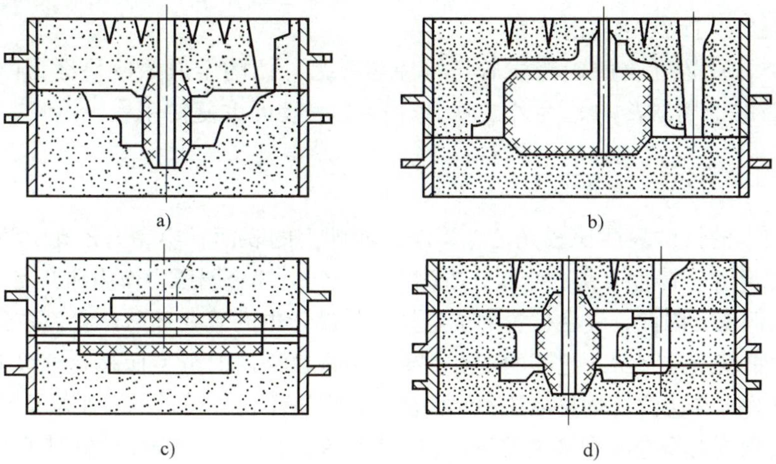

图 3-16 浇注系统类型

a）顶注式 b）底注式 c）中注式 d）阶梯式

各种浇注系统的特点和应用见表 3-3。

表 3-3 各种浇注系统的特点及应用

浇注系统类型		特点	应用
按内浇道的开设位置	顶注式	容易充满薄壁铸件，补缩作用好，金属消耗少，但容易冲坏铸型和产生飞溅	用于不太高而形状简单、薄壁及中等壁厚的铸件
	底注式	金属液流动平稳，不易冲砂，但是，补缩作用较差，薄壁铸件不易浇满	用于厚壁、形状较复杂、高度较大的大、中型铸件和某些易氧化的合金铸件（如铝合金、镁合金等）
	中注式	多从分型面引入金属液，此种系统开设方便，应用最为普遍	多用于一些不很高、水平尺寸较大的中型铸件
	阶梯式	能使金属液自下而上地逐步进入型腔，兼有顶注式和底注式的优点	用于高大铸件

3. 冒口

为了防止缩孔和缩松，往往在铸件的最高部位、最厚部位以及最后凝固部位设置冒口。冒口是在铸型内储存供补缩铸件用金属液的空腔，当液态金属凝固收缩时起补充液态金属的作用，也有排气和集渣的作用。冒口的形状多为圆柱形、方形或腰圆形，其大小、数量和位置视具体情况而定，如图3-17所示。应当说明的是浇注冷凝后，冒口与铸件相连，清理铸件时，应除去冒口将其回炉。

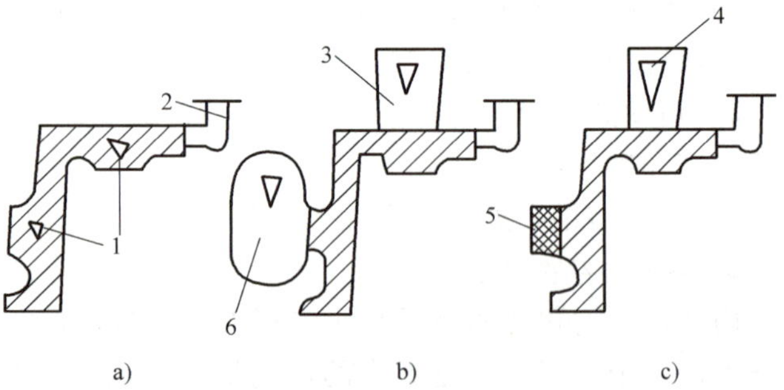

图3-17　冒口的设置

a）铸件中的缩孔　b）用明冒口和暗冒口补缩

c）用明冒口补缩和冷铁

1—缩孔　2—浇注系统　3、4—冒口　5—冷铁　6—暗冒口

同时，在冒口难以补缩的部位放置冷铁，避免在铸件壁厚交叉及急剧变化部位产生裂纹。冷铁分为内冷铁和外冷铁两大类，放置在型腔内浇注后与铸件熔合为一体的金属激冷块称为内冷铁，在造型时放在模样表面的金属激冷块称为外冷铁，外冷铁一般可重复使用。

3.5.3　浇注位置的选择

浇注时，朝下的铸件表面比较光洁、干净；而朝上的表面，容易有砂孔、渣孔、夹砂等缺陷，表面粗糙度值大；铸件下部的金属在凝固时，受到上部金属压力作用和补缩，比较致密，力学性能容易得到保证。因此，浇注位置的确定是工艺设计中的重要环节，它关系到铸件的内在品质、铸件的尺寸精度及造型工艺过程的难易。生产中常以浇注时分型面是处于水平、垂直还是倾斜位置，分别称为水平浇注、垂直浇注和倾斜浇注，但这不代表铸件的浇注位置的含义。

浇注位置可根据对合金凝固理论的研究和生产经验确定，确定浇注位置时可考虑以下原则：

1）浇注位置应有利于所确定的凝固顺序。

2）铸件的重要部分应尽量置于下部。

3）重要加工面应朝下或呈直立状态。

4）使铸件的大平面朝下，避免夹砂结疤类缺陷。对于大的平板类铸件，可采用倾斜浇注，以便增大金属液面的上升速度，防止夹砂结疤类缺陷。

5）应保证铸件能充满。对具有薄壁部分的铸件，应把薄壁部分放在内浇道以下或置于铸型下部，以免出现浇不到、冷隔等缺陷。

6）避免用吊砂、吊芯或悬臂式砂芯，便于下芯、合型及检验。

7）应使合型位置、浇注位置和铸件冷却位置一致。这样可避免在合型后，或浇注后再次翻转铸型。翻转铸型不仅劳动量大，而且易引起砂芯移动、掉砂，甚至跑火等缺陷。

3.5.4　铸造工艺参数的确定

1. 加工余量

加工余量是指铸件加工面上预留、准备切除的金属层厚度。加工余量取决于铸件的精度等级，与铸件材料、铸造方法、生产批量、铸件尺寸和浇注位置等因素有关。

2. 收缩余量

为补偿铸件在冷却过程中产生的收缩，使冷却后的铸件符合图样要求，需要放大模样的尺寸，放大量取决于铸件的尺寸和该合金的线收缩率。一般中小型灰铸铁件的线收缩率约取1%；非铁金属的线收缩率约取1.5%；铸钢件的线收缩率约取2%；铝合金的线收缩率为1.2%。

3. 起模斜度

为使模样（或型芯）易从铸型（或芯盒）中取出，在模样（或芯盒）上与起模方向平行的壁的斜度称为起模斜度。

4. 铸造圆角

为了便于金属熔液充满型腔和防止铸件产生裂纹及夹砂，把铸件转角处设计为过渡圆角。

5. 不铸出的孔和槽

为简化铸造工艺，铸件上的小孔和槽可以不铸出，而采用机械加工。所以，这些孔或者槽在模样对应部位不仅要做成实心的，还要向外凸出一部分，以便在铸型中做出存放芯头的空间（芯座）。一般铸铁件上直径小于30mm、铸钢件上直径小于40mm的孔可以不铸出。

3.6　铸造质量与检验

1. 铸件的质量检验

铸件清理后，应进行质量检验。铸件质量检验是铸件生产过程中不可缺少的环节，其目的是保证铸件质量符合交货验收技术条件。常见的检验方法主要有铸件外观缺陷检验、无损探伤检测（铸件表面缺陷检验，铸件内部缺陷检验）和铸件理化性能检测等多种。

（1）铸件外观缺陷检验　通过直接观察，对铸件的外观铸造缺陷（如有无砂眼、气孔、疏松、浇不足、铸造裂纹等）进行检验，以及毛坯加工余量是否满足加工要求的检验。此方法一般适用于普通铸件的检测。

（2）铸件表面缺陷检验　铸件表面缺陷检验常用渗透法和磁粉探伤法。渗透法是将铸件浸入荧光液或着色液中，利用毛细管作用，从而确定有无缺陷和缺陷具体位置的一种方法。磁粉探伤法是利用铁粉在磁场作用下产生的磁场线来检查磁性材料缺陷的一种方法。当铸件表层有裂纹、孔隙时，因磁阻增大，磁场线弯曲，从而发现缺陷的存在和位置。

（3）铸件内部缺陷检验　铸件内部缺陷常用无损探伤检测。无损探伤是指利用声、光、磁和电等特性，在不损害或不影响被检对象使用性能的前提下，检测被检对象中是否存在缺陷或不均匀性，给出缺陷的大小、位置、性质和数量等信息的检测手段，如超声波探伤，是利用超声波在固体中传播遇到缺陷界面时能够反射的原理来探测铸件内部缺陷的。探测时，在显示屏上可以看到始脉冲和底脉冲，若铸件内部存在缺陷，则在显示屏上出现缺陷脉冲。

（4）铸件理化性能检测　理化性能检测是指对各种金属及其合金材料中化学元素的精确成分进行分析，进行定性、定量的检测，方便快捷。

2. 铸件的缺陷分析

由于铸件生产过程工序多，工艺复杂，生产的铸件常常会有一些缺陷，其特征和主要原因见表3-4。

表 3-4　铸件常见缺陷及产生原因

类别	缺陷	缺陷形态图例	特征	主要原因分析
孔洞类	气孔	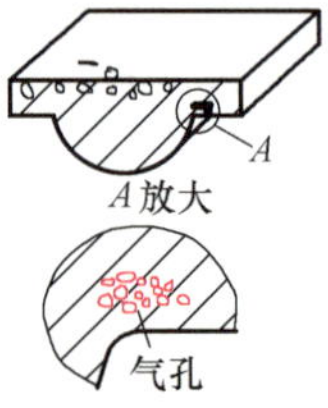	出现在铸件内部，孔壁圆而亮	①铸型透气性差，紧实度过高 ②起模刷水过多，型砂过湿 ③浇注温度偏低 ④型芯、浇包未烘干
	缩孔	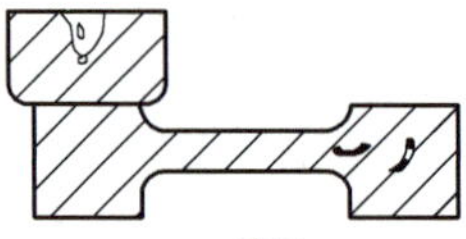 缩孔	出现在铸件厚大部位，孔壁粗糙	①结构设计不合理，壁厚不均匀 ②浇、冒口设计不合理，冒口尺寸太小 ③浇注温度太高
	缩松	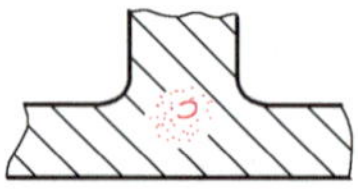 缩松	铸件内部形成不规则的表面粗糙的孔洞，其中微小密集的孔洞称为缩松	铸铁中碳、硅含量低，其他合金元素含量高时易出现缩松
	砂眼	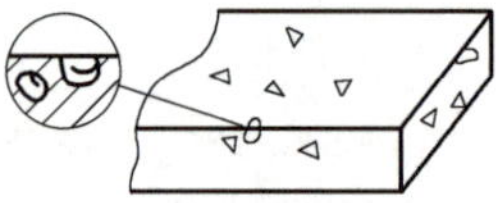	出现在铸件表面或内部，孔内带有砂粒	①型砂强度不够或局部掉砂、冲砂 ②型腔、浇注系统内散砂未吹净 ③浇注系统不合理，冲坏砂型、砂芯
裂纹冷隔类	冷隔	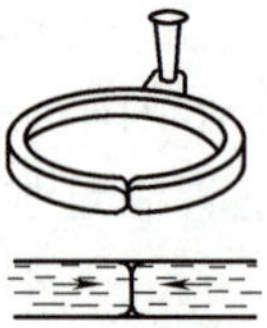	铸件上有未完全融合的缝隙，边缘呈圆角	①浇注温度过低 ②浇注速度过慢 ③内浇道截面尺寸过小，位置不当 ④远离浇口的铸件壁过薄
	裂纹	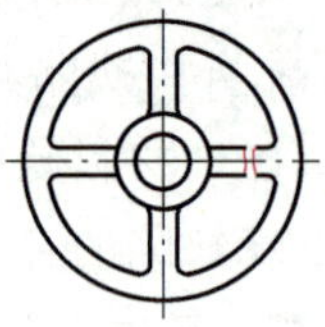	在铸件夹角或薄厚交接处的表面或内部产生裂纹	①型(芯)砂的退让性差，阻碍铸件收缩 ②铸件壁厚不均匀，收缩不一致 ③浇注温度太高
形状差错类	错型	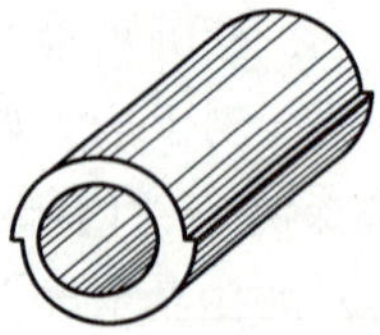	铸件在分型面处相互错开	①合型时上、下型错位 ②造型时上、下模有错移 ③上、下砂箱未夹紧 ④定位销或泥记号不准
	偏芯	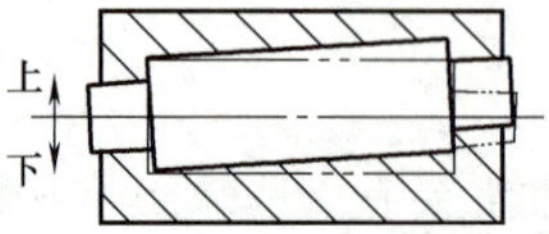	铸件内腔和局部形状偏斜	①下芯时偏斜 ②型芯变形 ③型芯未固定好，浇注时被冲偏

（续）

类别	缺陷	缺陷形态图例	特征	主要原因分析
形状差错类	变形	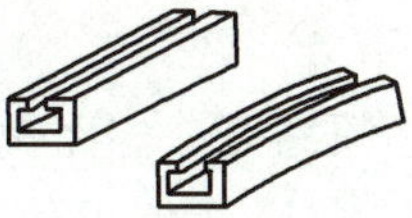	铸件向上、向下或向其他方向弯曲变形	①铸件结构设计不合理，壁厚不均匀 ②铸件冷却时，收缩不均匀 ③落砂过早
表面缺陷类	黏砂	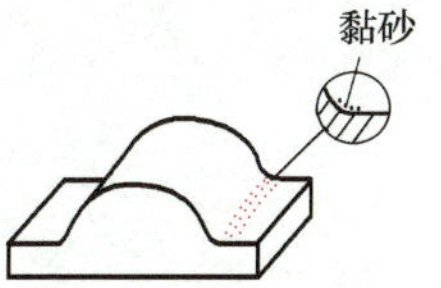	铸件表面黏附着一层砂粒	①型砂选用不当，耐火性差 ②浇注温度太高，金属液渗透力大 ③砂型紧实度太低，型腔表面不致密
残缺类	浇不足	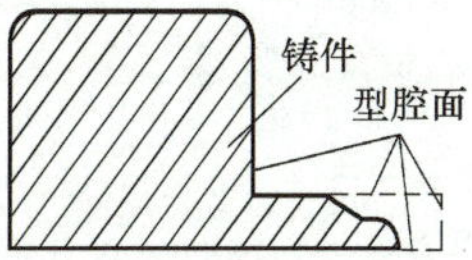	铸件形状不完整，金属液未充满铸型	①合金流动性差或浇注温度太低 ②浇注速度过慢或断流 ③浇注系统尺寸太小或铸件壁太薄

3. 铸件的质量控制

进行铸件质量控制，就是要预防和消除铸件缺陷的产生，使铸件各指标达到技术要求。如前所述，由于铸造工艺过程复杂，影响铸件质量的因素很多，因此，对铸件进行质量控制就必须对铸造生产工艺过程各个环节的质量进行系统、科学、全面地管理。

（1）型（芯）砂配制方面　造型材料应选择、配制恰当，否则易使铸件产生气孔、黏砂、夹砂、砂眼等缺陷。因此，应选用适宜的原砂，控制黏结剂、水分、附加物的加入量，用科学的方法进行检测，保证型（芯）砂应具备的各项性能。

（2）砂型工艺方面　砂型工艺包括模样和芯盒的设计制造、造型和造芯的方法、浇注系统和冒口设置等。为了保证砂型工艺的质量，必须根据铸件的特点、技术条件、生产批量等，从造型工艺和操作上进行全面分析，制订出合理的工艺方案，防止铸件产生缩孔、缩松、浇不足、冷隔、气孔等缺陷。

（3）合金熔炼方面　必须进行严格的工艺操作，控制熔炼过程，以保证获得化学成分和温度合乎要求的金属液。当使用冲天炉熔炼铸铁时，应加强炉料配置、加料顺序、炉前操作等的控制。使用坩埚炉熔炼有色金属时，应加强保护和熔炼温度的控制，并严格精炼和除气等。

（4）浇注及落砂方面　控制好浇注温度、浇注速度及落砂时间也是铸件质量控制中不可忽视的环节，它对防止铸件产生黏砂、缩孔、气孔、浇不足、冷隔、裂纹等缺陷具有重要的作用。

3.7　安全操作规程

1. 严格遵守安全操作规程，进入训练教学区必须穿训练服、戴训练帽，长发同学必须把长发纳入帽内。禁止穿高跟鞋、拖鞋、裙子、短裤。

2. 训练前检查自用设备和工具。

3. 造型时要保证分型面平整、吻合。

4. 禁止用嘴吹型砂，使用吹风器时，要选择向无人方向吹，以免砂尘飞入眼中。

5. 搬动砂箱和砂型时要按顺序进行，以免倒塌伤人。

6. 浇注时应穿戴防护用具，除直接操作者外，其他人必须离开一定距离。

7. 浇注速度及流量要掌握适当，浇注时人不能站在高温金属液体正面，并严禁从冒口正面观察。

8. 发生任何事故时，要保持镇静，服从统一指挥。

思　考　题

1. 型砂是怎样配制的？旧砂为什么必须经过适当处理才能回用？

2. 浇注系统由哪几部分组成？各起何作用？

3. 什么是铸型？一般砂型由哪几部分组成？

4. 常用手工造型方法有哪些？各适用于哪种生产批量？

5. 冒口的作用是什么？冒口应安置在铸件的什么位置？

6. 开设内浇道时应注意什么问题？

7. 检验铸件缺陷常用的方法有哪些？

第4章

焊　　接

【训练目的】

1. 了解焊接实质、过程、特点及应用。
2. 了解焊接常用工具、焊条的组成及作用。
3. 掌握焊条电弧焊的电流选择。
4. 掌握焊条电弧焊的平焊操作。

4.1　概述

焊接是应用较为广泛的金属连接成形技术。焊接连接技术不同于其他机械连接，它是利用原子间的结合作用来实现连接的，连接后不可拆卸。焊接是通过加热或加压，或者两者并用，并且用或不用填充材料，使两个或两个以上分离的物体产生原子结合而连接成一体的加工方法。

在现代生产中，焊接已经逐步取代铆接，因为与铆接相比，焊接具有省工、省料、体轻、接头致密和容易实现机械化、自动化等特点。另外，焊接在铸件、锻件的缺陷，以及磨损零件等修复方面也发挥着其他加工方法不可代替的作用。目前，焊接广泛应用于机械、桥梁、船舶、车辆、航空、石油、化工和电子等行业中生产各种构件和对零件进行焊补等。

4.2　焊接方法分类

焊接的方法有很多，按焊接过程中金属所处的状态及工艺的特点不同可分为熔焊、压焊和钎焊三大类。

（1）熔焊　熔焊是利用局部加热方法将连接处的金属加热至熔化状态，不加压力完成的焊接方法。根据加热过程中加热热源不同，这种焊接方法有气焊、焊条电弧焊、氩弧焊、二氧化碳气体保护焊、等离子弧焊、电子束焊以及激光焊等。

（2）压焊　压焊是利用焊接时施加一定压力而完成的焊接方法。这种焊接方法有加热或者不加热两种形式，它是使被焊工件在固态下克服其连接表面的不平度和氧化物等杂质的影响，使其产生塑性变形，从而形成不可拆分的连接接头。这种焊接的方法有电阻焊（点焊、缝焊、对焊等)、锻焊、超声波焊等多种。

（3）钎焊　钎焊是采用比母材熔点低的金属材料作为钎料，将焊件和钎料加热到高于钎料熔点，但又低于母材熔点的温度，利用液态钎料润湿母材，填充接头间隙并与母材相互扩散实现连接焊件的方法，这种焊接方法有烙铁钎焊、火焰钎焊和感应钎焊等。

4.3　焊条电弧焊

4.3.1　焊条电弧焊设备

焊条电弧焊的主要设备是电弧焊机，简称弧焊机或电焊机。焊接时，为了顺利地引燃电弧并始终保持稳定燃烧，弧焊机在性能上应具有陡降的外特性、适当的空载电压和短路电流，同时还应有良好的动特性和调节特性。弧焊机是供焊接电弧燃烧的设备。常用的弧焊机分为交流弧焊机和直流弧焊机两大类。

1. 交流弧焊机

交流弧焊机是一种具有下降外特性的降压变压器，如图 4-1 所示。它把 220V 或 380V 的电源电压降至 60~80V（即空载电压），满足电弧引燃和电弧稳定燃烧。焊接时，电压会自动下降到电弧的正常工作电压 20~40V。它能自动限制短路电流，因而不怕引弧时焊条与工件的接触短路，还能供给焊接时所需的电流，一般从几十安培到几百安培，并可根据工件的厚度和所用焊条直径调节电流值。电流调节一般分为初调和细调两级。交流弧焊机有分体式弧焊机、同体式弧焊机、动铁漏磁式弧焊机、动圈式弧焊机和抽头式弧焊机等类型。交流弧焊机的结构简单，制造和维修方便，价格低廉，工作时噪声小，应用比较广泛；主要缺点是焊接电弧不够稳定。

2. 直流弧焊机

直流弧焊机有旋转式直流弧焊机和整流式弧焊机两种。旋转式直流弧焊机的结构复杂、维修困难、噪声大、耗电多，正在逐渐被淘汰。整流式弧焊机（又称弧焊整流器）如图 4-2 所示，噪声低、耗电小，已经逐步取代旋转式直流弧焊机。它将交流电经过变压整流后获得直流电，既弥补了交流电焊机电弧不稳定的缺点，又比旋转式直流弧焊机结构简单、维修容易、噪声小。在焊接质量要求高或焊接 2mm 以下薄板钢件、有色金属、铸铁和特殊钢件时，电源宜采用整流式弧焊机。

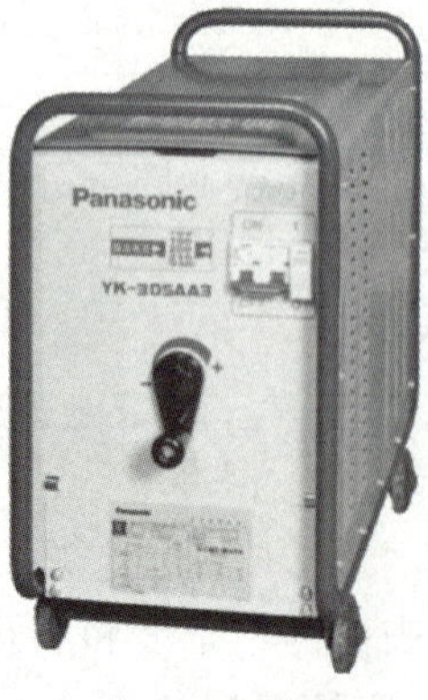

图 4-1　交流弧焊机

图 4-2　整流式弧焊机

直流弧焊机的输出端有正极、负极之分，焊接时电弧两端温度不同。因此直流弧焊机输出端有两种接法，焊件接弧焊机正极，焊条接负极，称为正接。焊接厚板时，一般采用直流正接，这是因为电弧正极的温度和热量比负极高，采用正接能获得较大的熔深。焊件接弧焊机的负极，焊条接正极，称为反接。焊接薄板时，为了防止烧穿，常采用反接。但在使用碱性焊条时，均采用直流反接。

3. 电焊机的型号

电焊机的型号按统一规定编制，它采用汉语拼音字母和阿拉伯数字表示。

例如：BX1-200 型，B 表示弧焊变压器，X 表示焊接电源为下降特性，1 表示动铁心式，200 表示焊接的额定电流为 200A。ZX7-400 型，Z 表示焊接整流器，X 表示焊接电源为下降特性，7 表示逆变式，400 表示额定电流为 400A。

4.3.2　焊条

焊条是电弧焊的焊接材料，由焊芯和药皮两部分组成，如图 4-3 所示。

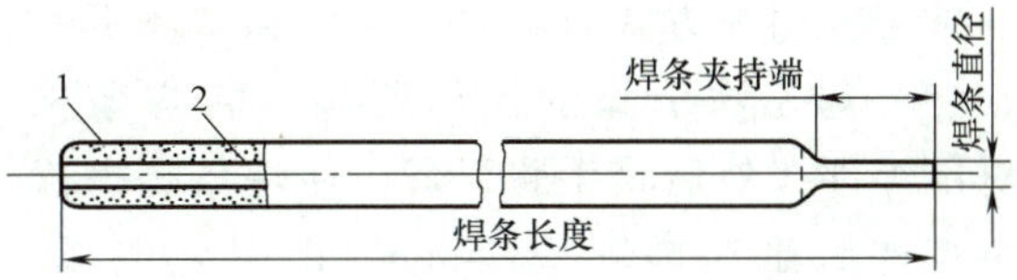

图 4-3　焊条

1—药皮　2—焊芯

（1）焊芯　焊芯是焊条内有一定长度和直径的金属丝。焊接时焊芯有两个作用：一是作为电极传导电流，产生电弧；二是熔化后作为填充金属，与熔化的母材一起组成焊缝金属。焊条的直径用焊芯的直径表示，常用的焊条直径有 2.0mm、2.5mm、3.2mm、4.0mm、5.0mm 等几种，长度为 250～550mm。

（2）药皮　药皮是压涂在焊芯表面的涂料层，由矿石粉、铁合金、有机物和黏结剂按一定的比例配制而成。药皮的主要作用是：

1）机械保护作用。机械保护是利用药皮熔化后释放出的气体和形成的熔渣隔离空气，防止有害气体侵入熔化金属。

2）冶金处理作用。冶金处理是去除有害杂质（如氧、氢、硫、磷）和添加有益的合金元素，使焊缝获得合乎要求的化学成分和力学性能。

3）改善焊接工艺性能。使电弧燃烧稳定、飞溅少、焊缝成形好、易脱渣等。

4.3.3　焊接电弧及焊接过程

焊条电弧焊是以焊条与工件为电极，利用电弧放电产生的热量熔化焊条与工件，用手工操作焊条进行焊接的一种方法。焊条电弧焊所需的设备简单、操作方便、灵活，适应各种条件下的焊接，特别适用于结构形状复杂、焊缝短小、弯曲或各种空间位置的焊接。

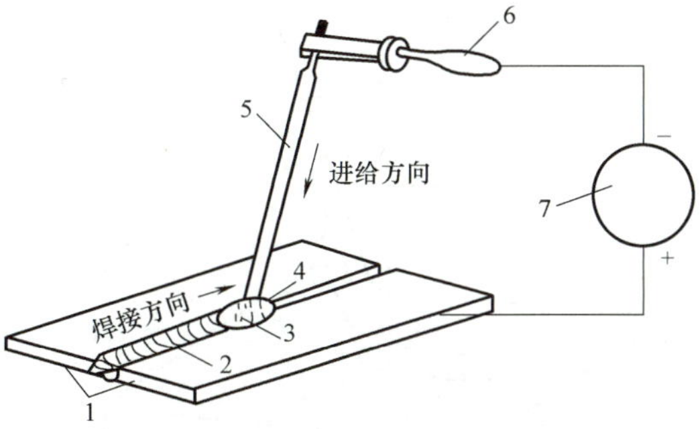

图 4-4　焊条电弧焊示意图

1—焊件　2—焊缝　3—熔池　4—电弧　5—焊条　6—焊钳　7—弧焊机

焊条电弧焊示意图如图 4-4 所示，焊接前，将焊钳和工件分别连接在弧焊机输出端的两极，并用焊钳夹持焊条。焊接时，让焊条和工件进行接触，之后迅速将焊条提高一定距离，在焊条与工件之间即可形成电弧，这个过程称为引弧。所谓焊接电弧，是指焊接时在两个电极之间气体介质发生的一种长时间的剧烈放电现象。电弧在燃烧时产生较高的温度，其最高可达6000~8000℃。电能以电弧的形式转化成热能，并利用转化的热能使焊条末端和工件表面熔化，形成熔池。随着电弧沿焊接方向移动，熔化金属迅速冷却凝固形成焊缝。即随着焊条的移动，新的熔池不断产生，原有的熔池不断冷却、凝固，形成焊缝，使分离的两个焊件连接在一起。焊后使用清渣锤把覆盖在焊缝上的熔渣清理干净，检查焊接质量。

4.3.4　焊条电弧焊基本操作

1. 焊前准备

焊前准备包括焊条烘干、工件表面的清理、工件的组装及预热。

2. 引弧（焊条电弧焊时引燃电弧的过程称为引弧）

常用的引弧方式有敲击引弧法和划擦引弧法，如图4-5所示。

（1）敲击法引弧的操作要领　将焊条末端对准焊件，然后将手腕下弯，使焊条轻微碰一下焊件后迅速提起2~4mm，即引燃电弧，引弧后，手腕放平，使电弧长度保持在与所用焊条直径适当的范围内，使电弧稳定燃烧。

（2）划擦法引弧的操作要领　先将焊条末端对准焊件，然后手腕扭转一下，像划火柴似的将焊条在焊件表面轻轻划擦一下，引燃电弧，再迅速将焊条提起2~4mm，使电弧引燃，并保持电弧长度，使之稳定燃烧。

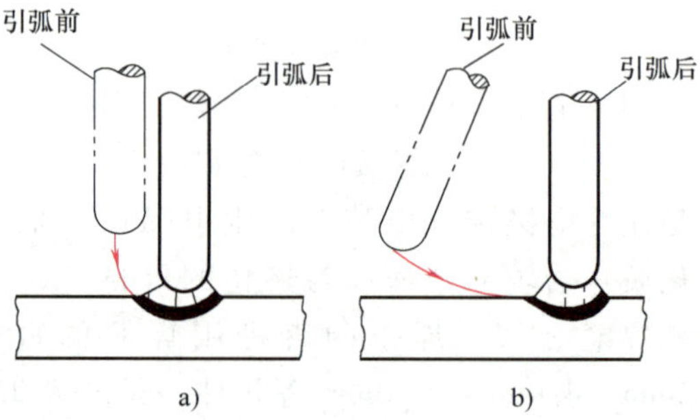

图4-5　引弧方法

a）敲击法　b）划擦法

3. 运条

为保证焊缝质量，正确运条是十分必要的。在焊接过程中，焊条相对焊缝所做的各种运动的总称称为运条。

当电弧引燃后，必须掌握好焊条与焊件之间的角度，如图4-6所示，焊条要有三个基本方向运动，如图4-7所示。

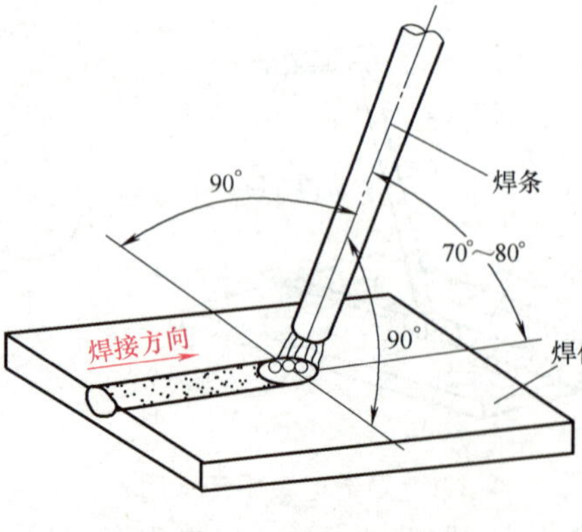

图4-6　平焊的焊条角度

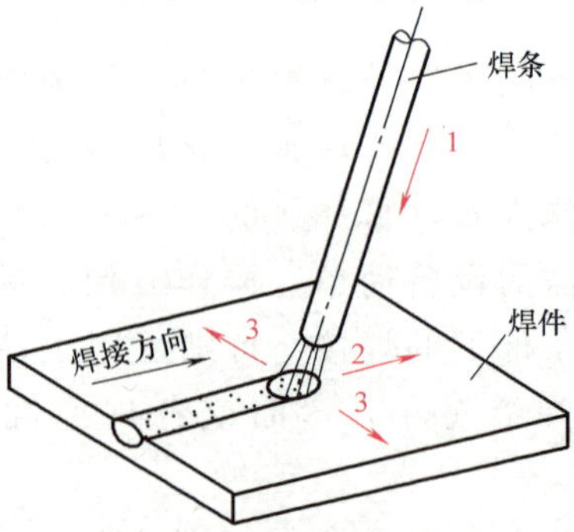

图4-7　焊条基本动作

1—向下送进　2—沿焊接方向移动　3—横向摆动

1）焊条向熔池方向送进的运动。为了使焊条熔化后仍能有一定弧长，要求焊条向熔池方向送进的速度与焊条熔化的速度相适应。如果焊条送进的速度低于焊条熔化的速度，则电弧的长度逐渐增加，最终导致断弧。如果焊条送进的速度太快，则电弧长度迅速缩短，使焊条末端与焊件接触造成短路，同样会使电弧熄灭。

2）焊条沿焊接方向的移动。这个运动主要是使焊接熔化金属形成焊缝。焊条移动的速度与焊接质量、焊接生产率有很大关系。如果焊条移动速度太快，则电弧可能来不及熔化足够的焊条与焊件金属，造成未焊透、焊缝较窄。若焊条的移动速度太慢，则会造成焊缝过高、过宽，外形不整齐，在焊接较薄焊件时容易焊穿。因此，运条速度适当才能焊缝均匀。

3）焊条的横向摆动。其主要目的是得到一定宽度的焊缝，防止两边产生未熔合或夹渣，也能延缓熔池金属的冷却速度，利于气体逸出。焊条横向摆动的范围应根据焊缝宽度与焊条的直径而定，横向摆动的速度应根据熔池的熔化情况灵活掌握。横向摆动力求均匀一致，以获得宽度一致的焊缝。正常的焊缝一般不超过焊条直径的 2~5 倍。

4. 焊缝的收尾

在收尾时由于操作不当焊缝往往会形成弧坑，会降低焊缝的强度，产生应力集中或裂纹。为了防止和减少弧坑的出现，焊接时通常采用以下三种方法：

1）划圈收弧法。焊条移至焊缝终止处，做圆圈运动，直到填满弧坑后再拉断电弧。此方法适用于厚板收弧，适合于酸、碱性焊条厚板焊接的收尾。

2）反复断弧收尾法。适合于酸性焊条厚、薄板和大电流焊接的收尾。

3）回焊收弧法。适合于碱性焊条的收尾。

5. 焊后清理、检查

焊接完成后，要除去工件表面飞溅物、熔渣，进行外观检验，若发现有缺陷要进行焊补。

4.4　电弧焊焊接基本工艺

选择合适的焊接工艺参数是获得优良焊缝的前提，并直接影响劳动生产率。焊条电弧焊工艺是根据焊接接头形式、焊件材料、板材厚度、焊缝焊接位置等具体情况来制订，包括焊条牌号、焊条直径、电源种类和极性、焊接电流、焊接电压、焊接速度、焊接坡口形式和焊接层数等内容。

1. 焊接接头与坡口形式

在焊条电弧焊中，由于产品结构形式、材料厚度和工件质量的要求不同，需要采用不同形式的接头和坡口进行焊接。焊接接头形式有对接、搭接、角接和 T 形接等多种，如图 4-8 所示。

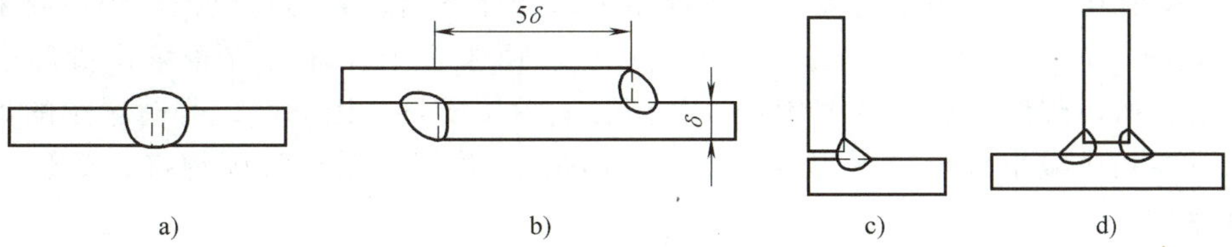

图 4-8　焊接接头

a）对接　b）搭接　c）角接　d）T 形接

焊接前加工坡口，其目的在于使焊接容易进行，电弧能沿板厚熔敷一定的深度，保证接头根部焊透，并获得良好的焊缝成形。焊接坡口形式有 I 形坡口、V 形坡口、U 形坡口、X 形坡口等多种。常见焊条电弧焊接头的坡口形状和尺寸如图 4-9 所示。对焊件厚度小于等于 6mm 的焊缝，可以不开坡口或者开 I 形坡口；中厚度和大厚度板对接焊，为保证熔透，必须开坡口。V 形坡口便于加工，但焊后易发生变形；X 形坡口可以避免 V 形坡口的一些缺点，同时可减少填充材料；U 形及双 U 形坡口，其焊缝填充金属量更少，焊后变形也小，但坡口加工困难，一般用于重要焊接结构。

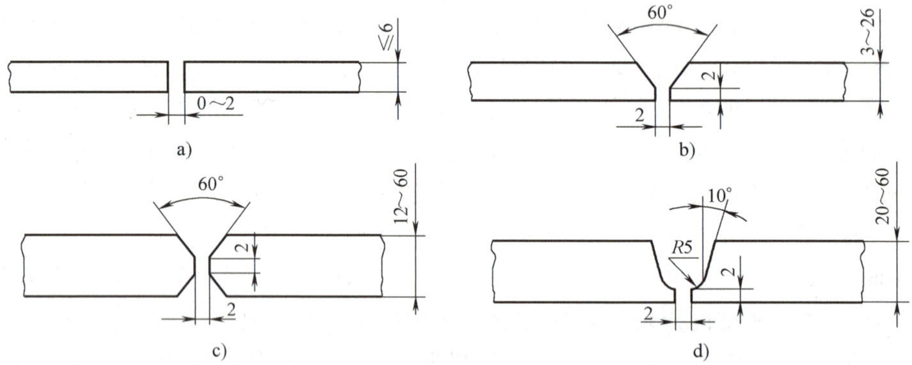

图 4-9 对接接头坡口

a) I 形坡口 b) V 形坡口 c) X 形坡口 d) U 形坡口

2. 焊接位置

在实际生产中，由于焊件结构和焊件移动的限制，焊缝在空间位置可分为平焊、立焊、横焊和仰焊四种，如图 4-10 所示。

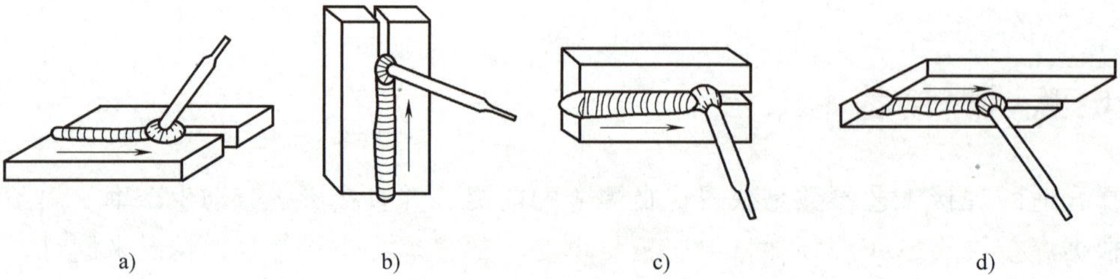

图 4-10 焊接位置

a) 平焊 b) 立焊 c) 横焊 d) 仰焊

(1) 平焊 处于水平位置或倾斜度不大的焊缝焊接称为平焊。由于焊缝处于水平位置，熔滴主要靠自重过渡，操作技术比较容易掌握，可以选择较大直径的焊条和焊接电流，生产效率高，因此在生产中应用较普遍。如果焊接参数选择不当，容易造成根部焊瘤或未焊透。

(2) 立焊 立焊是在竖直的方向上焊接焊缝。由于重力作用，焊条熔化所形成的熔滴会向下掉落，所以焊缝形成会比较困难，从而影响焊接质量。因此，立焊时选用的焊条直径和焊接电流要相应减小（相对平焊减小 10%～15%），并尽量采用短弧焊接，弧长一般不大于焊条直径。

(3) 横焊 横焊是指在竖直面上焊接水平位置焊缝。横焊时由于重力作用，形成的熔滴容易向下流而产生各种缺陷。因此，应采用短弧焊接，并选较小直径的焊条和较小的焊接电流以及适当的运条方法。

(4) 仰焊 仰焊是焊缝位于燃烧电弧的上方进行焊接的一种方式，即操作人员在仰视位置进行焊接。仰焊劳动强度大，一定要采用较细直径焊条和较小的焊接电流，采用最短的电弧长度。

3. 焊接参数

为了保证焊接质量，所选定的各物理量的总称称为焊接参数。焊条电弧焊的焊接参数主要包括焊条直径、焊接电流、电弧电压和焊接速度等。

(1) 焊条直径 焊条直径的选择主要取决于工件的厚度，工件薄选择小直径焊条，工件厚选择大直径焊条。可按表 4-1 进行选取。

表 4-1 平焊低碳钢时焊条直径与工件厚度的关系

工件厚度/mm	2	3	4~5	6~12	>12
焊条直径/mm	1.6~2.5	2.5~3.2	3.2~4	4~5	5~6

(2) 焊接电流 根据焊条直径选择焊接电流。焊接低碳钢时，按照下面经验公式选择焊接电流：

$$I=(30\sim50)d$$

式中，I 为焊接电流，单位为 A；d 为焊条直径，单位为 mm。

平焊低碳钢时焊条直径和焊接电流的参考值，见表 4-2。

表 4-2 平焊低碳钢时焊条直径和焊接电流的参考值

焊条直径/mm	2.5	3.2	4.0
焊接电流/A	70~90	100~130	170~190

需要指出，表 4-2 仅提供了一个大概的焊接电流范围，在实际生产中，还要根据焊件厚度、接头形式、焊接位置、焊条种类等因素，通过试焊来调整和确定焊接电流的大小。电流过小，容易引起夹渣和未焊透；电流过大，容易产生咬边、烧穿等缺陷。

(3) 电弧电压 电弧电压是指电弧两端（两极）之间的电压降。电弧电压由电弧长度决定，电弧长，电弧电压高；电弧短，电弧电压低；电弧过长，电弧燃烧不稳定，熔深小，并容易产生焊接缺陷；若电弧太短，熔滴过渡时可能发生短路，容易黏焊条，使操作困难。因此，正常的电弧长度是不超过焊条直径，即短弧焊。

(4) 焊接速度 焊接速度即为焊条沿焊接方向移动的速度。焊条电弧焊时，焊接速度一般由操作人员凭经验掌握。焊接速度增加时，焊缝厚度和焊缝宽度都会明显下降。焊接参数选择是否合适，会直接影响焊接质量。焊接参数对焊缝成形产生影响，焊接电流和焊接速度合适，焊缝外形尺寸符合要求，形状规则，焊波均匀并呈椭圆形，焊缝到母材过渡平滑。焊接电流太小时，电弧不易引出，燃烧不稳定，焊波呈圆形，而且余高增大，熔宽和熔深都减小。焊接电流太大时，飞溅增多，焊条往往变得红热，焊波变尖，熔宽和熔深增加，焊薄板时，有烧穿的可能。焊接速度太慢时，焊波变圆而且余高、熔宽和熔深增加，焊薄板时有烧穿的可能。焊接速度太快时，焊波变尖，焊缝形状不规则而且余高、熔宽和熔深都减小。

4.5　气焊

气焊是利用可燃气体与助燃气体混合燃烧生成的火焰为热源，熔化焊件和焊接材料使之达到原子间结合的一种焊接方法。一般生产中使用的气焊为氧乙炔焊，由乙炔瓶、氧气瓶、减压器、导管、焊炬、回火保险器组成（图 4-11）。乙炔瓶提供乙炔，氧气瓶提供氧气，乙炔气体通过减压器减压，然后经过导管，和同样经过导管的氧气在焊枪中混合，通过焊炬调节气体混合比例。

通过改变氧气和乙炔气的混合比例，可得到三种不同性质的火焰，即中性焰、氧化焰和碳化焰，如图 4-12 所示。

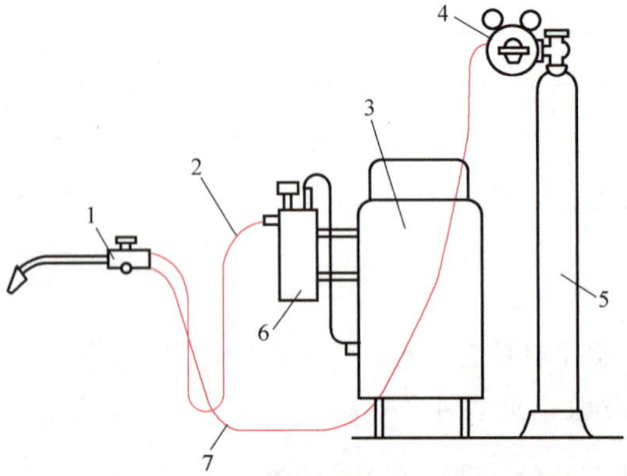

图 4-11　气焊的工具组成

1—焊炬　2—乙炔导管（通常是红色）　3—乙炔发生器（乙炔瓶）
4—减压器　5—氧气瓶　6—回火保险器　7—氧气导管（通常是黑色）

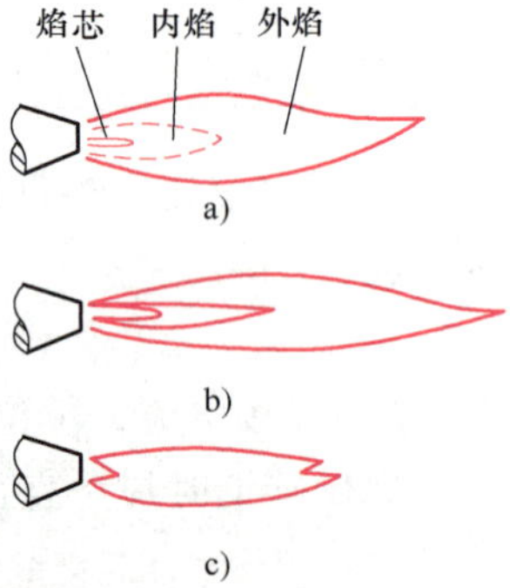

图 4-12　氧气和乙炔气在不同比例下的火焰结构

a）中性焰　b）碳化焰　c）氧化焰

（1）中性焰　氧和乙炔的混合比为 1.1~1.2 时燃烧所形成的火焰称为中性焰。它由焰芯、内焰和外焰三部分组成。中性焰各部分的温度分布如图 4-13 所示。焰芯与外焰温度较低，在焰芯前 2~4mm 内焰区温度最高可达到 3150℃。中性焰是应用最广泛的气焊火焰，适于焊接低碳钢、中碳钢、合金结构钢、纯铜和铝合金等金属。

（2）氧化焰　氧和乙炔的混合比大于 1.2 时燃烧所形成的火焰称为氧化焰。氧化焰比中性焰短，分为焰芯和外焰两部分。由于氧化焰中有剩余的氧气，因此燃烧剧烈，温度较高。氧化焰对熔池有氧化作用，使焊缝处产生过多的气孔和氧化夹杂物。焊缝质脆，质量变坏。

氧化焰一般很少采用，只适合于焊接黄铜（氧可与锌形成氧化锌薄膜，覆盖在熔池表面，抑制锌进一步蒸发）。

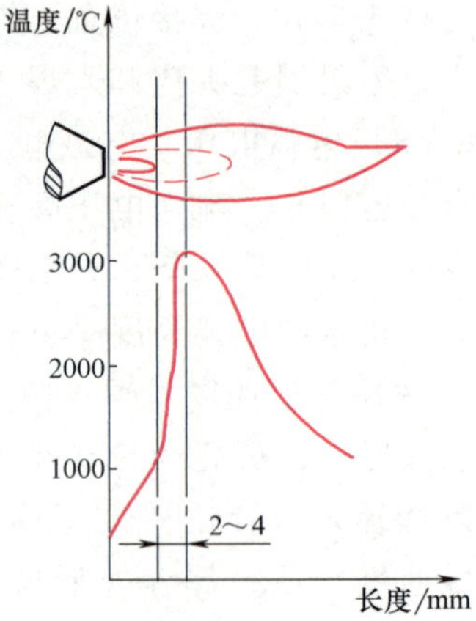

图 4-13　中性焰温度分布图

（3）碳化焰　氧和乙炔的混合比小于 1.1 时的火焰称为碳化焰。碳化焰比中性焰长，也分为焰芯、内焰和外焰三部分。由于氧气较少，燃烧不完全，碳化焰温度较低，火焰中含有游离碳，具有较强的还原性和一定的渗碳作用。

碳化焰适用于焊接高碳钢、铸铁和硬质合金等材料。

4.6 焊接质量与检验

1. 焊缝外观形状尺寸检验

焊缝外观形状检验是用肉眼或借助样板，或用低倍放大镜（不大于5倍）观察焊件外形尺寸的检验方法。焊缝外观形状尺寸检验包括直接和间接外观检验。直接外观检验是用眼睛直接观察焊缝的形状尺寸，检验过程中可采用适当的照明，利用反光镜调节照射角度和观察角度，或借助低倍放大镜进行观察；间接外观检验必须借助工业内窥镜等工具进行观察，用于眼睛不能接近被焊结构件，如直径较小的管子及焊制的小直径容器的内表面焊缝等。

2. 焊缝内部缺陷的检验

焊缝内部缺陷常用的检验方法有射线检验、超声波探伤、磁粉探伤、渗透探伤和声发射探伤等。射线检验和超声波探伤主要是检验焊缝内部的焊接缺陷，磁粉探伤和渗透探伤主要检验焊缝表面或贯穿表面的缺陷，声发射探伤属于动态状况下的焊缝质量检测方法。

3. 焊接成品密封性检验

锅炉、压力容器、管道及储罐等焊接结构件焊完后，要求对焊缝进行致密性检验。检验方法有煤油试验、水压试验和气压试验等。

4.7 安全操作规程

1. 训练前首先对电、气焊设备各部件进行检查，符合安全要求后再进行操作。
2. 电焊机必须牢固接地，焊钳必须绝缘，严防触电，在阴天或潮湿处操作时，注意用电安全。
3. 进行电焊操作必须戴面罩，以防电弧光伤害面部和眼睛，气焊操作应戴保护镜。
4. 操作时要穿较厚训练服，防止金属和火星飞溅烫伤。
5. 气焊设备附近严禁明火，不准用沾油污的手或工具接触氧气瓶和乙炔瓶。
6. 使用气焊时必须使操作场地距乙炔瓶和氧气瓶5m以外。
7. 不得将焊钳放在工作台上，以免短路烧坏焊机。停止焊接时，应关闭电源。
8. 在使用电焊和气焊设备时，如发现异常现象，应立即断电、断气，并通知指导教师。
9. 训练完毕，必须消灭火种，拉下电闸，清扫环境卫生，指导教师同意后方可离开。

思 考 题

1. 常用的焊接方法有哪些？
2. 常见的焊接接头形式有哪些？
3. 焊条由哪几部分组成，作用分别是什么？
4. 影响焊接的工艺参数有哪些？
5. 请简述焊条电弧焊操作步骤。
6. 气焊有哪几种火焰结构？分别举例适合焊接哪种材料。
7. 焊接常见的缺陷主要有哪几种？

第5章

车削加工

【训练目的】

1. 了解车床的特点及加工范围。
2. 了解常用的刀具材料、车刀的种类及用途。
3. 掌握切削用量三要素与切削用量的选择。
4. 掌握车削外圆、台阶、端面以及倒角的基本操作要领。
5. 掌握游标卡尺和千分尺读数原理和读数方法。

5.1 概述

在车床上用车刀对工件进行的切削加工称为车削加工。车削加工是机械加工中最基本、最常用的加工方法。通常，车床占到机床总数近一半，所以它在机械加工中占有重要的位置。车削时，工件的旋转运动为主运动，刀具的移动为进给运动。刀具的这种相对运动关系决定了车削特别适合加工具有回转表面的零件。车床的种类很多，常用的有卧式车床、立式车床、转塔车床、自动及半自动车床、仪表车床和数控车床等。

车床依其类型和规格，可按照类、组、型三级编成不同的型号，根据国家标准 GB/T 15375—2008 规定，车床型号由汉语拼音字母和数字组成，现以 C6136 卧式车床为例，其字母与数字的含义如下：

C 6 1 36

- 36——主参数代号，表示车床车削工件最大直径为 360mm
- 1——机床型别代号，表示卧式车床型
- 6——机床组别代号，表示落地及卧式车床组
- C——机床类别代号，表示车床类

车床使用的刀具主要是车刀，还有钻头、铰刀、丝锥和滚花刀等。车床主要用来加工各种回转表面，如内、外圆柱面，内、外圆锥面，端面，内、外沟槽，内、外螺纹，内、外成形表面。另外还可以用于钻孔，扩孔，铰孔，镗孔，攻螺纹，套螺纹，滚花等，如图 5-1 所示。

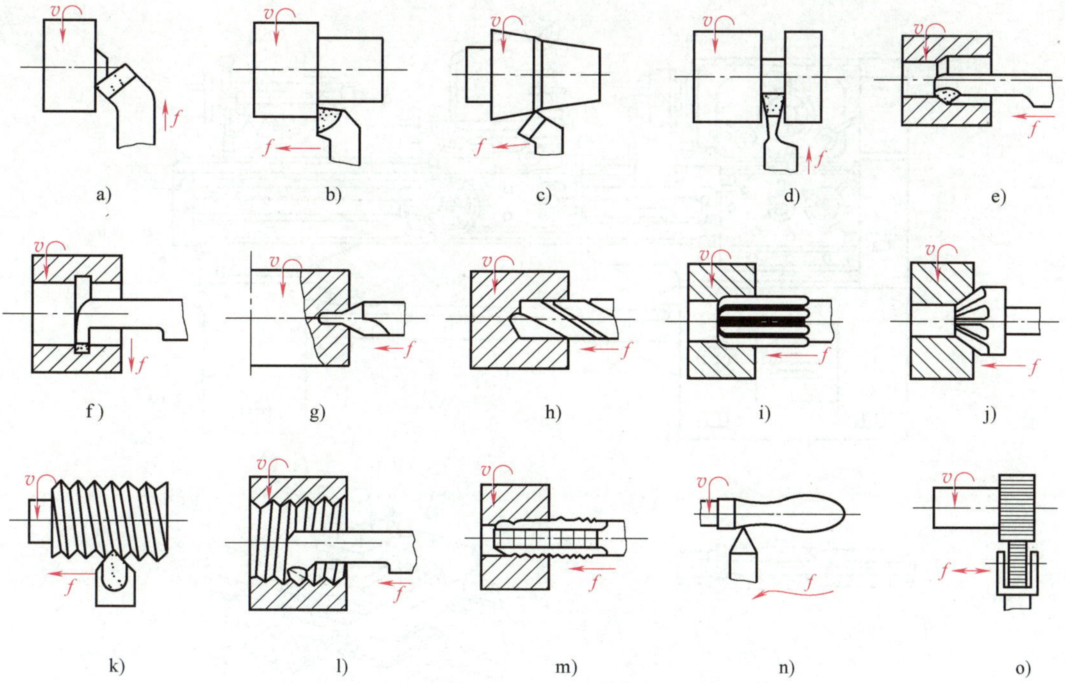

图 5-1　车床加工范围

a）车端面　b）车外圆　c）车圆锥面　d）切槽、切断　e）镗孔　f）切内槽　g）钻中心孔　h）钻孔　i）铰孔　j）锪锥孔　k）车外螺纹　l）车内螺纹　m）攻螺纹　n）车成形面　o）滚花

5.2　车床结构

图 5-2 所示为 C6136 车床的结构外形图。它由主轴箱、进给箱、溜板箱、光杠、丝杠、刀架、尾座、床身、床腿等部分组成。

（1）主轴箱　又称床头箱，内装主轴和变速机构。车削时，车床主电动机起动后通过带轮的带传动将运动传递给箱体内主轴，由主轴带动卡盘做旋转运动。通过改变在主轴箱上面板的手柄位置，可使主轴获得不同的转速（32～2000r/min），同时将运动传给进给箱。主轴是空心结构，能通过长棒料，右端有外螺纹，用以连接卡盘、拨盘等附件。

（2）进给箱　又称走刀箱，它是进给运动的变速机构，位于主轴箱的下部。它将主轴箱内的旋转运动传递给光杠或丝杠，同时通过变换进给箱上的手柄位置，可使光杠或丝杠获得不同的转速，以改变进给量的大小或车削不同螺距的螺纹。

（3）溜板箱　又称拖板箱，溜板箱是进给运动的操纵机构。它使光杠或丝杠的旋转运动，通过齿轮齿条传动和丝杠开合螺母传动，推动车刀做进给运动。溜板箱上有大、中、小三层滑板。大滑板与溜板箱牢固相连，可沿床身导轨做纵向移动；中滑板装置在大滑板上的横向导轨上，可做横向移动；小滑板位于转盘上面的燕尾槽内，可沿导轨做短距离的纵向移动。

（4）光杠与丝杠　光杠和丝杠将进给箱的运动传至溜板箱。接通光杠时用于普通车削，接通丝杠并闭合开合螺母时可车削螺纹。溜板箱内设有互锁机构，使光杠、丝杠两者不能同

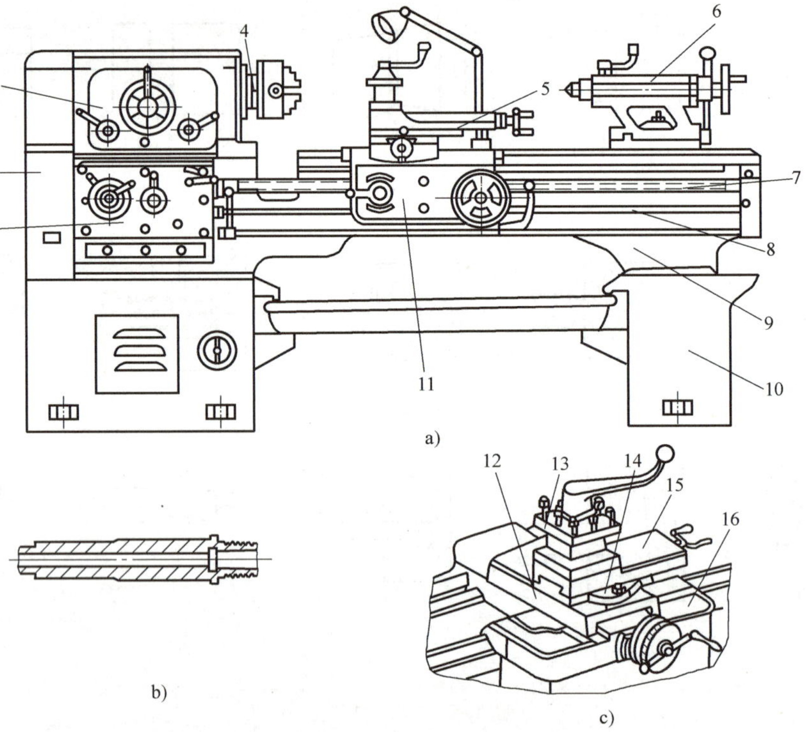

图 5-2　C6136 普通卧式车床

a）外形图　b）主轴结构　c）刀架结构

1—进给箱　2—挂轮罩　3—主轴箱　4—主轴　5—刀架　6—尾座　7—丝杠　8—光杠　9—床身　10—床腿　11—溜板箱　12—中滑板　13—方刀架　14—转盘　15—小滑板　16—大滑板

时使用。

（5）刀架　刀架位于小滑板的上方，用来装夹车刀。松开锁紧手柄，即可转动刀架，把所需的车刀更换到工作位置上。刀架下方是转盘，松开紧固螺母可转动转盘，使它和床身导轨成工作所需要的角度，而后再拧紧螺母，以进行车削锥面等工作。

（6）尾座　尾座由套筒、尾座体和底板三部分组成，用于安装顶尖，以支持较长工件进行加工，或安装钻头、铰刀等刀具进行孔加工。偏移尾座可以车较长工件的锥面。

（7）床身与床腿　它是车床的基础件，用来连接各主要部件并保证各部件在运动时有正确的相对位置。在床身上有供溜板箱和尾座移动用的导轨。床腿是用来支承和连接车床各零部件的基础构件，床腿用地脚螺栓紧固在地基上。

5.3　车削刀具

1. 刀具材料

常用的刀具材料主要有高速钢和硬质合金两大类。

（1）高速钢　高速钢俗称白钢，是一种加入较多钨、钼、铬、钒元素的高合金工具钢，制造简单，刃磨方便。其强度、冲击韧度、工艺性很好，是制造复杂形状刀具的主要材料，如成形车刀、麻花钻头、铣刀、齿轮刀具等。高速钢的耐热性不高，切削速度不高。

（2）硬质合金　硬质合金由高硬度、难熔的金属碳化物（WC、TiC）的粉末用Co、Mo、Ni做黏结剂高温高压烧结而成，因此其硬度、耐磨性和耐热性都很高，但抗弯强度和韧性较差，适用于切削塑性材料，切削速度较高。在车削过程中，由于零件的形状、大小和加工要求不同，采用的硬质合金车刀也不相同。

2. 车刀种类

车刀的种类很多，用途各异。现介绍几种常用车刀，如图5-3所示。

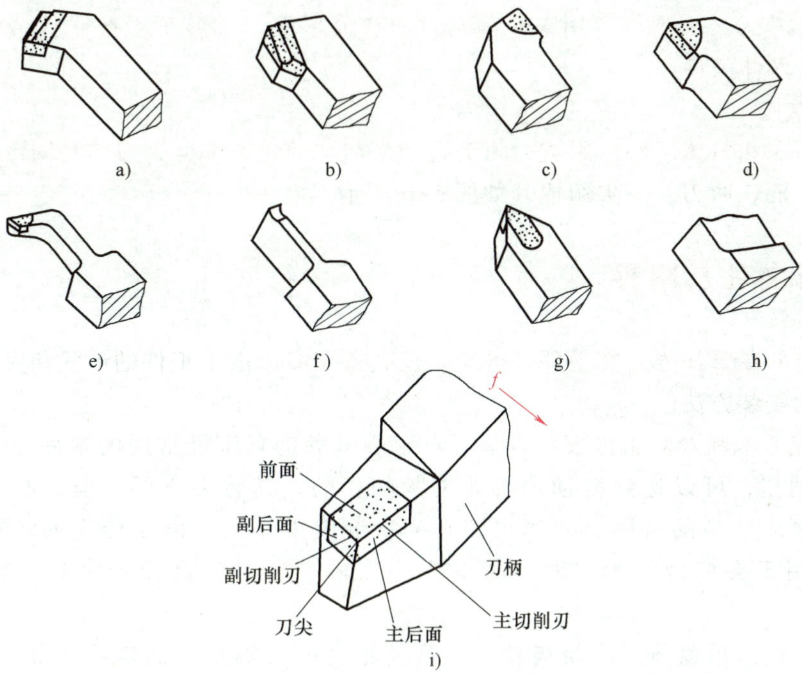

图5-3　车刀的种类及结构

a）45°弯头车刀　b）75°弯头车刀　c）90°左偏刀　d）90°右偏刀
e）切断刀　f）45°镗孔刀　g）螺纹车刀　h）成形车刀　i）车刀结构

（1）外圆车刀　外圆车刀主要用于车削外圆、平面和倒角。一般分为三种形状：

1）直头尖刀。直头尖刀的主偏角与副偏角基本对称，一般在45°左右，前角可在5°~30°选用，后角一般为6°~12°。

2）45°弯头车刀。45°弯头车刀主要用于车削不带台阶的光轴，它可以车外圆、端面和倒角，使用比较方便，刀头和刀尖部分强度高。

3）75°弯头车刀。75°弯头车刀的主偏角为75°，适用于粗车加工余量大、表面粗糙、有硬皮或形状不规则的零件，它能承受较大的冲击力，刀头强度高，寿命长。

（2）偏刀　偏刀的主偏角为90°，用来车削工件的端面和台阶，有时也用来车外圆，特别是用来车削细长工件的外圆，可以避免把工件顶弯。偏刀分为左偏刀和右偏刀两种，常用的是右偏刀，它的切削刃向左。

（3）切断刀　切断刀的刀头较长，其切削刃亦较长，这是为了减少工件材料消耗和切断时能切到中心的缘故。因此，切断刀的刀头长度必须大于工件的半径。

（4）镗孔刀　镗孔刀用来加工内孔，分为通孔镗孔刀和不通孔镗孔刀两种。通孔镗孔刀的主偏角小于90°，一般为45°~75°，副偏角为20°~45°，镗孔刀的后角应比外圆车刀稍大，一般为10°~20°。不通孔镗孔刀的主偏角应大于90°，刀尖在刀杆的最前端，为了使内孔底面车平，刀尖与刀杆外端距离应小于内孔的半径。

（5）螺纹车刀　螺纹按牙型不同有三角形、方形和梯形等，相应使用三角形螺纹车刀、方形螺纹车刀和梯形螺纹车刀等。螺纹的种类很多，其中以三角形螺纹应用最广。若刀具材料为硬质合金，采用三角形螺纹车刀车削米制螺纹时，其刀尖角必须为60°，前角取0°。

（6）成形车刀　成形车刀用来车削圆弧面和成形面，成形车刀按照其结构和形状分为平体、棱体、圆体三种。

3. 车刀结构

车刀由刀头和刀体两部分组成，刀头是用来切削的切削部分，刀体是固定在刀架上的部分。刀头由三面、两刃、一尖组成。如图5-3i所示。

5.4　车床夹具及附件

工件安装的主要任务是使工件准确定位及夹持牢固。由于工件的形状和大小不同，所以有各种不同的安装方法。

（1）自定心卡盘及其工件安装方法　自定心卡盘是车床最常用的附件。自定心卡盘上的三爪同时动作，可以达到自动定心兼夹紧的目的。其装夹方便，但定心精度不高，工件上同轴度要求较高的表面，应尽可能在一次装夹中车出。由于传递的转矩不大，故自定心卡盘适用于夹持圆柱形、六角形等中小工件。当安装直径较大的工件时，可使用“反爪”。

自定心卡盘由爪盘体、小锥齿轮、大锥齿轮（另一端是平面螺纹）和三个卡爪组成，如图5-4所示。三个卡爪上有与平面螺纹相同螺牙与之配合，三个卡爪在爪盘体中的导槽中呈120°均布。爪盘体的锥孔与车床主轴前端的外锥面配合，起对中作用，通过键来传递转矩，最后用螺母将卡盘体锁紧在主轴上。

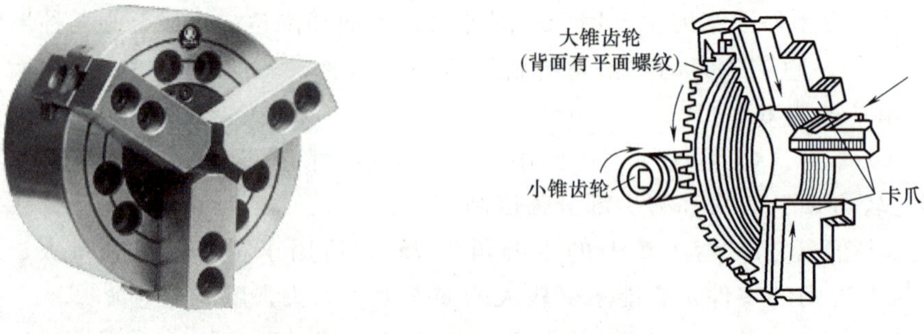

图5-4　自定心卡盘及其结构

当转动其中一个小锥齿轮时，即带动大锥齿轮转动，其上的平面螺纹又带动三个卡爪同时向中心或向外移动，从而实现自动定心。定心误差为0.05~0.15mm。三个卡爪有正爪和反爪之分，有的卡盘可将卡爪反装即成反爪，当换上反爪即可安装较大直径的工件。装夹方法如图 5-5 所示，当直径较小时，工件置于三个正爪之间装夹；此外也可将三个卡爪伸入工件内孔中，利用正爪的径向张力装夹盘、套、环状零件；而当工件直径较大，用正爪不便装夹时，可将三个正爪换成反爪进行装夹；当工件长度大于 4 倍直径时，应在工件右端用尾座顶尖支承。

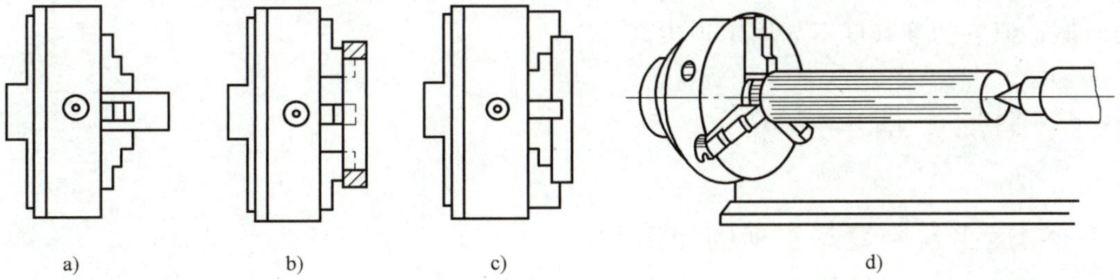

图 5-5　自定心卡盘的装夹

a）正爪　b）正爪装夹盘、套、环类　c）反爪　d）与顶尖配合使用

（2）用顶尖安装工件　顶尖是支承固定工件的工具，分为固定顶尖和回转顶尖，如图 5-6 所示。

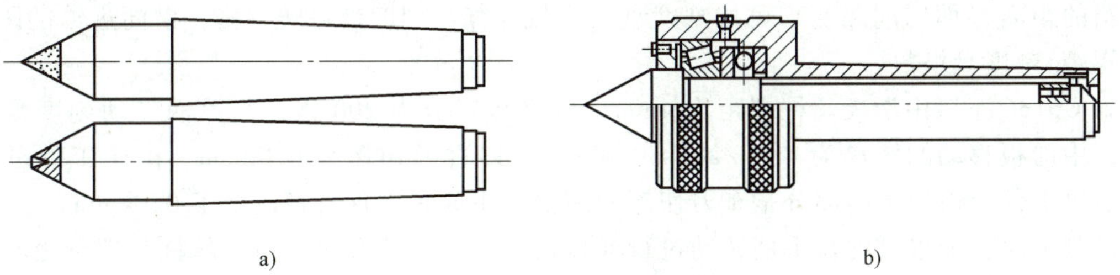

图 5-6　顶尖

a）固定顶尖　b）回转顶尖

较长或加工工序较多的轴类工件，为保证工件同轴度要求，常采用两顶尖的装夹方法，如图 5-7a 所示。工件支承在前、后两顶尖间，由卡箍、拨盘带动旋转。前顶尖采用固定顶

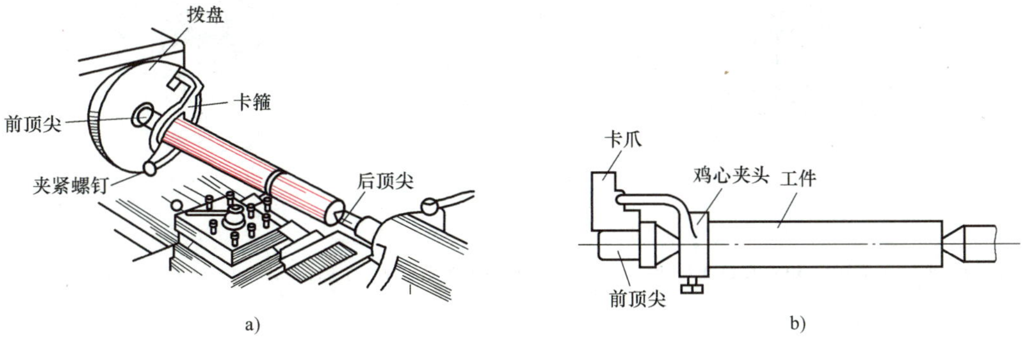

图 5-7　两顶尖安装工件

a）用拨盘两顶尖安装工件　b）用自定心卡盘代替拨盘安装工件

尖，装在主轴锥孔内，与主轴一起旋转。它安装稳固，刚性较好，但由于工件和顶尖之间有相对运动，顶尖容易磨损，在接触面上要加润滑油，适用于低速车削和工件精度要求较高的场合。后顶尖装在尾座锥孔内固定不转。有时亦可用自定心卡盘代替拨盘，如图 5-7b 所示，此时前顶尖用一段钢棒车成，夹在自定心卡盘上，卡盘的卡爪通过鸡心夹头带动工件旋转。

高速车削时，为了防止后顶尖与中心孔因摩擦过热而发生损坏或烧坏，常采用回转顶尖，由于回转顶尖内部有轴承，在车削时顶尖与工件一起旋转，可避免工件中心孔与顶尖之间的摩擦，但它的准确度不如固定顶尖高。

5.5　车削加工基本操作

5.5.1　刻度盘及刻度盘手柄的使用

车削时，为了能够正确和迅速地掌握切削要素，必须熟练使用中滑板和小滑板上的刻度盘。

1. 中滑板上的刻度盘

中滑板上的刻度盘紧固在中滑板丝杠轴上，丝杠螺母固定在中滑板上，当手柄带着刻度盘转一周时，中滑板丝杠也转一周，这时丝杠螺母带动中刀架移动一个螺距，所以中滑板横向进给的距离（即切削深度）可按刻度盘的格数计算。刻度盘每转一格，横向进给的距离=丝杠螺距/刻度盘格数。

如 C6136 车床中滑板丝杠螺距为 4mm，刻度盘等分为 200 格，当手柄带动刻度盘每转一格，中滑板移动的距离为 4mm/200=0.02mm，即进刀切深为 0.02mm。由于工件是旋转的，所以工件上被切下的部分是车刀切深的两倍，也就是工件直径改变了 0.04mm。

进刻度时，如果刻度盘手柄转动过量或试切后发现尺寸有误，由于丝杠与螺母之间有间隙存在，绝不能将刻度盘直接退回到所需的刻度，而应反转约一周后再转至所需刻度，如图 5-8 所示。

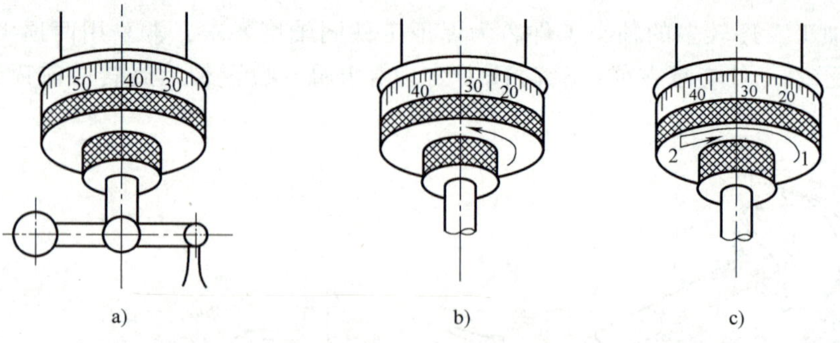

图 5-8　手柄摇过头后的纠正方法

a）要求手柄转至 30 但摇过头成 40　b）错误：直接退至 30　c）正确：反转约一周后，再转至 30

2. 小滑板刻度盘

小滑板刻度盘每转一格，则带动小滑板纵向移动的距离为 0.05mm。刻度盘主要用于控制工件长度方向的尺寸，与横向进给不同的是小滑板移动了多少，工件长度就改变了多少。

5.5.2　试切的方法与步骤

工件在车床上安装后，需根据工件的加工余量决定走刀次数和每次走刀的切深。由于刻度盘和丝杠均有间隙误差，半精车和精车时不能仅靠刻度盘读数进刀，需采用试切的方法，方法与步骤如图 5-9 所示。

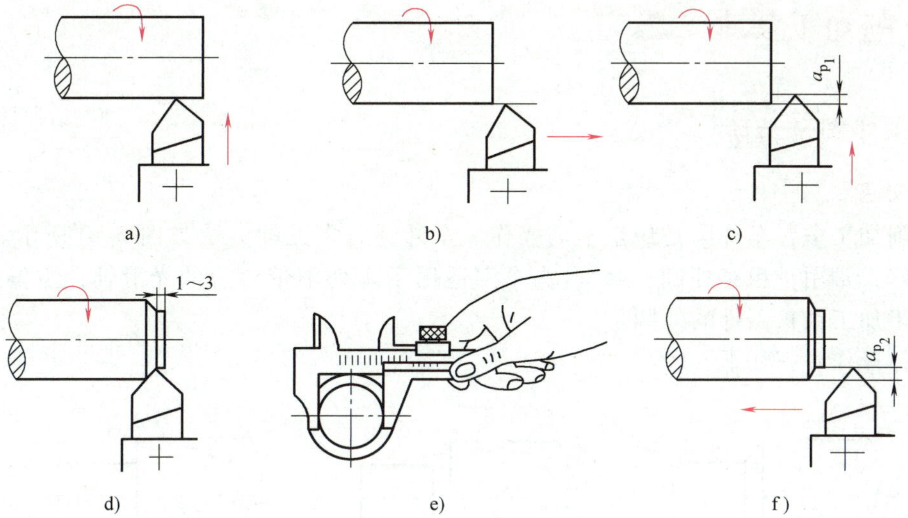

图 5-9　试切的步骤

1）开机对刀，使车刀与工件表面轻微接触，如图 5-9a 所示。

2）向右退出车刀，如图 5-9b 所示。

3）横向进刀 a_{p_1}，如图 5-9c 所示。

4）车削纵向长度 1～3mm，如图 5-9d 所示。

5）退出车刀，进行直径测量，如图 5-9e 所示。

6）如果未到尺寸，再横向进刀 a_{p_2}，如图 5-9f 所示。

以上是试切的一个循环，若仍未到尺寸，则按以上的循环再进行试切。

5.5.3　粗车和精车

车削加工往往要多次车削才能完成。为了提高生产效率，保证加工质量，车削加工分为粗车和精车。若零件精度要求很高时，车削又可分为粗车、半精车和精车。

粗车是尽快地从工件上切去大部分加工余量，使工件接近最后的形状和尺寸。粗车要给精车留有合适的加工余量，而精度和表面质量等技术要求都较低。

粗车和半精车为精车留的加工余量一般为 0.5～2mm。

精车是要保证零件的尺寸精度和表面粗糙度等技术要求，其尺寸公差等级可达 IT9～IT7，表面粗糙度值 Ra 达 1.6～0.8μm。精车的切削用量见表 5-1。

表 5-1　精车切削用量

		a_p/mm	f/(mm/r)	v/(mm/min)
车削铸铁件		0.1~0.15	0.05~0.2	60~70
车削钢件	高速	0.3~0.50		100~120
	低速	0.05~0.10		3~5

5.6　车削加工基本工艺

5.6.1　车外圆及台阶

1. 车外圆

在车削加工中，车外圆是最基本的操作。车外圆时常见的方法如图 5-10 所示。直头车刀强度较好，常用于粗车外圆；45°弯头车刀适用于车削不带台阶的光滑轴；主偏角为 90°的偏刀适于加工细长工件的外圆。

其具体操作步骤如下：

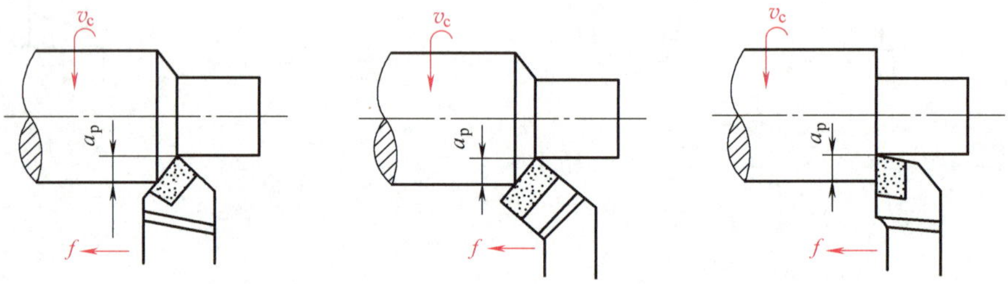

图 5-10　车外圆

1）正确安装工件和车刀。

2）选择合理的切削用量。

3）对刀试切，并调整背吃刀量。开机使工件旋转，转动横向进给手柄，使车刀与工件表面轻微接触，完成对刀。之后通过之前选择的背吃刀量，计算刻度格数，进刀。试切一小段，进行测量，调整背吃刀量。

4）重新进刀车削，当自动进给车削到所需长度后，改为手动运行，退刀之后停机。

2. 车台阶

（1）低台阶车削方法　较低的台阶面可用偏刀一次走刀时同时车出，车刀的主切削刃要垂直于工件的轴线，如图 5-11a 所示。同时可用角尺对刀或以车好的端面来对刀，如图 5-11b 所示，使主切削刃和端面贴平。

（2）高台阶车削方法　车削高于 5mm 台阶的工件时，因肩部过宽，会引起振动。因此高台阶工件可先用外圆车刀把台阶车成大致形状，然后将偏刀重新安装，使其主切削刃与工件端面呈 5°左右的间隙，分层进行切削，如图 5-11c 所示，但最后一刀必须用横向走刀完成。

为使台阶长度符合要求，可用刀尖预先刻出线痕，以此作为加工界线。

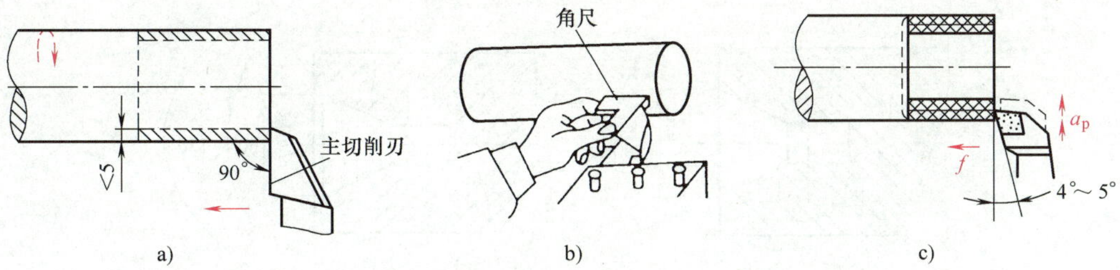

图 5-11 车台阶

a）低台阶一次车出 b）用角尺对刀 c）高台阶多刀车出

5.6.2 车端面

车端面一般采用弯头刀或右偏刀。

图 5-12a 所示为弯头刀车端面示意图。弯头刀应用广泛，刀尖强度大，适用于车削较大的端面。图 5-12b 所示为右偏刀由外向里车端面时，若切削深度较大则会使车刀扎入工件之中，从而出现凹面，因此进刀方向需改为由里向外。图 5-12c 则会克服上述缺点，因而适用于精车。有时，端面也用左偏刀车削，如图 5-12d 所示。

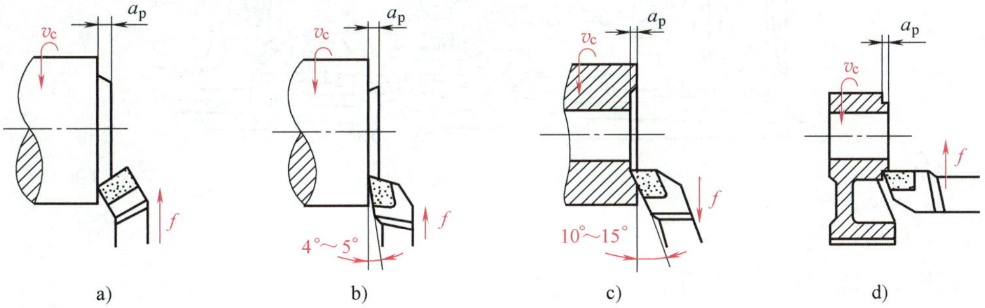

图 5-12 车端面

5.6.3 孔加工

在车床上加工圆柱孔时，可以用钻头、扩孔钻、铰刀和镗刀进行钻孔、扩孔、铰孔和镗孔工作。

1. 中心孔和中心钻的类型及作用

中心孔按照形状和作用分为四种，即 A 型、B 型、C 型以及 R 型。其中 A 型和 B 型为常用的中心孔，如图 5-13 所示。

1）A 型中心孔的锥孔为 60°，一般适用于不需要多次安装或不保留中心孔的零件。

2）B 型中心孔是在 A 型中心孔的端部多一个 120°的圆锥孔，目的是保护 60°的锥孔，避免其被碰伤，一般适用于多次装夹加工的零件。

常用的中心钻有两种：

1）A 型不带护锥中心钻，适用于加工 A 型中心孔。

2）B 型带护锥中心钻，适用于加工 B 型中心孔。

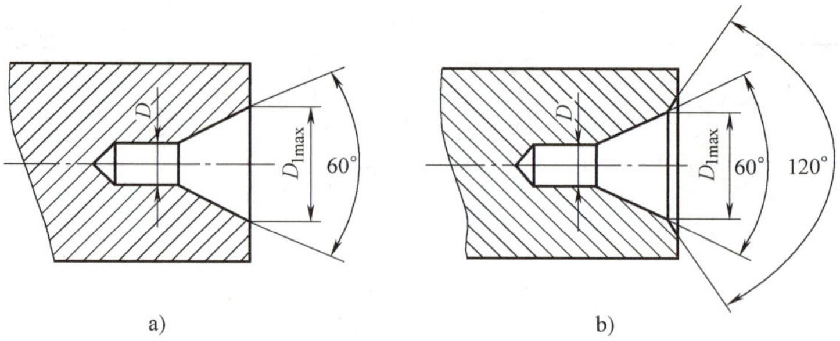

图 5-13　中心孔

a）A 型中心孔　b）B 型中心孔

2. 钻孔、扩孔和铰孔

（1）钻孔方法　在车床上钻孔如图 5-14 所示。装夹好工件与端面车刀，并准备好中心钻和钻头，开动车床，车平端面，换尾座钻头，摇动尾座手柄使钻头慢慢进给完成钻孔。钻孔较深时注意经常退出钻头，排出切屑。

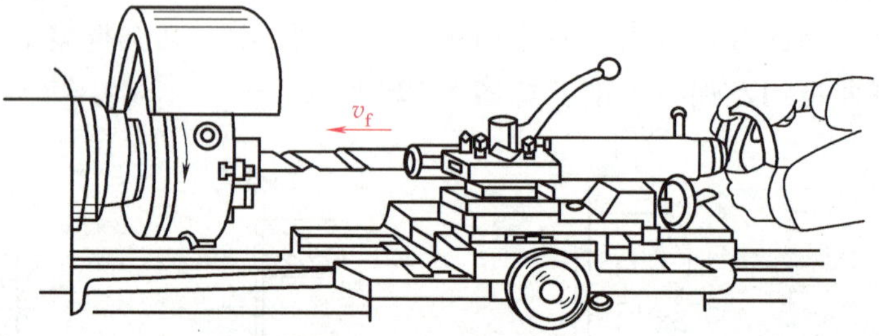

图 5-14　在车床上钻孔

（2）注意事项

1）钻钢料时需不断注入切削液。

2）钻孔进给不能过快，以免折断钻头，一般钻头越小，进给量也越小，但切削速度可加快。

3）钻大孔时，进给量可大些，但切削速度应放慢。

4）当孔即将钻透时，因钻头横刃不参加切削，此时应减小进给量，否则易损坏钻头。

5）孔钻通后应把钻头退出后再停机。

6）钻孔的精度较低、表面粗糙，多用于对孔的粗加工。

扩孔常用于铰孔前或磨孔前的预加工，常使用扩孔钻作为钻孔后的预精加工。

为提高孔的精度和降低表面粗糙度值，常用铰刀对钻孔或扩孔后的工件再进行精加工。

当加工直径较小、精度要求较高和表面粗糙度值要求较低的孔时，通常采用钻、扩、铰结合的加工工艺来进行。

5.7　车削加工质量与检验

5.7.1　零件加工质量

要保证零件的加工质量就必须要保证其加工过程达到零件图样上所提出的各项技术要求。技术要求包括下列具体内容。

- 技术要求
  - 加工精度
    - 尺寸精度
    - 形状精度
    - 位置精度
  - 表面质量
    - 表面粗糙度
    - 表面物理、力学性能

加工精度是指零件加工完成后，经过测量所达到的精确程度，若加工精度在图样上所规定的公差范围内，则为合格零件，否则为不合格。图样上所提出的技术要求，是设计人员根据零件的使用性能要求以及零件所采用的加工方法，再依照国家标准而确定的。因此，作为设计人员必须要有广泛的加工工艺知识，以便为设计工作打下良好的工艺基础。对于一般的零件，都应有尺寸精度和表面粗糙度值的要求；对要求较高或较低的零件，就必须提出形状精度和位置精度的要求。

5.7.2　质量缺陷分析及防范

1. 车外圆（表 5-2）

表 5-2　车外圆质量缺陷分析及防范措施

质量缺陷	产 生 原 因	防 范 措 施
尺寸超差	看错进刀刻度	看清并记住刻度盘读数，记住手柄转过圈数
	盲目进刀	根据余量计算背吃刀量，并通过试切法进行调整
	量具有误差或错误使用；量具未校零；测量读数不准	使用前检查量具和校零，掌握正确的测量和读数方法
圆度超差	主轴轴线漂移	调整主轴组件
	毛坯余量或材质不均	多次走刀
	质量偏心引起离心惯性力	加平衡块
圆柱度超差	刀具磨损	合理选用刀具，使用切削液
	工件变形	使用顶尖、中心架、跟刀架，减小刀具主偏角
	尾座偏移	调整尾座
	主轴轴线角度摆动	调整主轴组件
阶梯轴同轴度超差	定位基准不统一	用中心孔定位或减少装夹次数
表面粗糙度不合格	切削用量选择不当	调整切削速度、进给量和背吃刀量
	刀具几何参数不当	增大前角和后角，减小副偏角
	出现积屑瘤	使用切削液
	切削振动	提高工艺系统刚性
	刀具磨损	更换新刀或重新刃磨刀具

2. 车端面（表 5-3）

表 5-3　车端面质量缺陷分析及防范措施

质量缺陷	产 生 原 因	防 范 措 施
平面度超差	主轴轴向窜动引起端面不平	调整主轴组件
	主轴轴线角度摆动引起端面内凹或外凸	

（续）

质量缺陷	产生原因	防范措施
垂直度超差	二次装夹引起工件轴线偏斜	采用一次装夹加工或二次装夹时严格找正
阶梯轴同轴度超差	定位基准不统一	用中心孔定位或减少装夹次数
表面粗糙度不合格	切削用量选择不当	调整切削速度、进给量和背吃刀量
	刀具几何参数不当	增大前角和后角，减小副偏角，右偏刀由中心向外进给

3. 镗孔（表 5-4）

表 5-4　镗孔缺陷分析及防范措施

质量缺陷	产生原因	防范措施
尺寸超差	看错进刀刻度	看清并记住刻度盘读数，记住手柄转过圈数
	盲目进刀	根据余量计算背吃刀量，并通过试切法进行调整
	镗孔刀刀杆与孔壁发生运动干涉	重新装夹刀具并空行程试走刀，选择合适的刀杆直径
	工件热胀冷缩	粗加工之后相隔足够时间再进行精加工，或使用切削液
	量具有误差或错误使用；量具未校零；测量读数不准	使用前检查量具和校零，掌握正确的测量和读数方法
圆度超差	主轴轴线漂移	调整主轴组件
	毛坯余量或材质不均	多次走刀
	质量偏心引起离心惯性力	加平衡块
	卡爪装夹工件时引起变形	采用多点夹紧，工件增加法兰
圆柱度超差	刀具磨损	合理选用刀具，使用切削液
	主轴轴线角度摆动	调整主轴组件
与外圆同轴度超差	二次装夹引起工件轴线偏移	二次装夹时严格找正或一次装夹加工出外圆和内孔
表面粗糙度不合格	切削用量选择不当	调整切削速度、进给量和背吃刀量
	刀具几何参数不当	增大前角和后角，减小副偏角
	出现积屑瘤	使用切削液
	切削振动	减少镗孔刀刀杆悬伸量，提高刚性
	刀具磨损	更换新刀或重新刃磨刀具
	刀具装夹高度不合格造成扎刀或与孔壁摩擦	调整刀具高度，减少刀头尺寸

5.8　安全操作规程

1. 着装要求：要穿紧身训练服，袖口扣紧，上衣下摆不能敞开，严禁戴手套，不得在起动的机床旁穿、脱或换衣服，防止机器绞伤。长发学生必须戴好安全帽，长发应放入帽内。不得穿裙子、拖鞋、高跟鞋。必须佩戴护目镜，以防铁屑飞溅伤眼。

2. 车床开始工作前要预热，低速空载运行 2~3min，检查车床运转是否正常。

3. 车床运转时，严禁用手触摸车床的旋转部分，严禁在车床工作时隔着车床传送物件。

装卸工件、更换刀具、加油以及打扫切屑时，均应停机进行。清除铁屑应用刷子或钩子，禁止用手清理。不准在车床运转时测量工件，不准用手让转动的卡盘制动。

4. 加工工件必须按机床技术要求选择切削用量，以免发生意外事故。

5. 停机时应将刀退出。切削长轴类工件必须使用回转顶尖，防止工件弯曲变形伤人。伸入主轴箱的棒料长度不应超出箱体主轴之外。

6. 高速切削时，应有防护罩，选择合理的转速和刀具，同时工件和刀具的装夹要牢固。

7. 机床运转时，操作者不能离开机床，发现机床运转不正常时，应立即停机，并报告指导老师进行检查修理。当突然停电时，要立即关闭机床，并将刀具退出工作部位。

8. 工作时必须侧身站在操作位置，禁止身体正面对着转动的工件。

9. 车床运转过程中如出现有异响或轴承温度过高等异常现象，要立即停机并报告指导教师。

10. 训练结束后，需要清除切屑、擦拭机床，使机床与环境保持清洁状态。检查润滑油、切削液的状态，及时添加或更换。依次关掉机床的电源和总电源。

思 考 题

1. 普通车床常用附件有哪些？
2. 光杠和丝杠的作用是什么？二者有何区别？
3. 车床操作过程中需要注意哪些安全操作事项？
4. 车削时为什么要开机对刀？
5. 主轴转速提高时，刀架运动速度加快，进给量是否增加？
6. 用车刀粗车加工铸铁件时，常出现崩刃现象，这是怎么回事？如何解决？
7. 车床适合加工哪几类零件？
8. 高速车削时，使用回转顶尖，其准确度不如固定顶尖高，为什么？

第6章

铣削加工

【训练目的】

1. 了解铣削加工的基本知识。
2. 了解铣床的种类、组成、应用范围及加工特点。
3. 了解常用铣刀的种类和用途。
4. 掌握常用铣床附件的功能及应用。
5. 掌握平面铣削操作方法。

6.1 概述

铣削是指在铣床上利用旋转的多齿刀对移动的工件进行切削加工的方法。铣削是以铣刀的旋转运动为主运动，以工件的移动为进给运动的一种切削加工方法。

铣削使用旋转的多切削刃刀具，不但可以提高生产率，而且还可以使工件表面获得较小的表面粗糙度值。在正常生产条件下，铣削加工的尺寸公差等级可达 IT9~IT7，表面粗糙度值 *Ra* 可达 6.3~1.6μm。因此，在机械制造业中，铣削加工占有相当大的比重。

铣削加工范围很广，它可以加工平面、台阶、斜面、各类沟槽、凸台、凹槽、离合器等，还可以加工成形面、齿轮以及切断等（图 6-1）。在铣床上还能钻孔和镗孔。

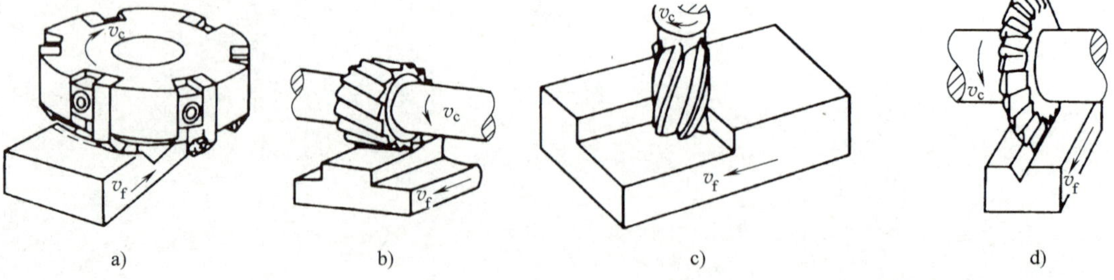

图 6-1 铣削加工的应用范围

a) 面铣刀铣大平面 b) 圆柱铣刀铣平面 c) 立铣刀铣台阶面 d) 角度铣刀铣槽

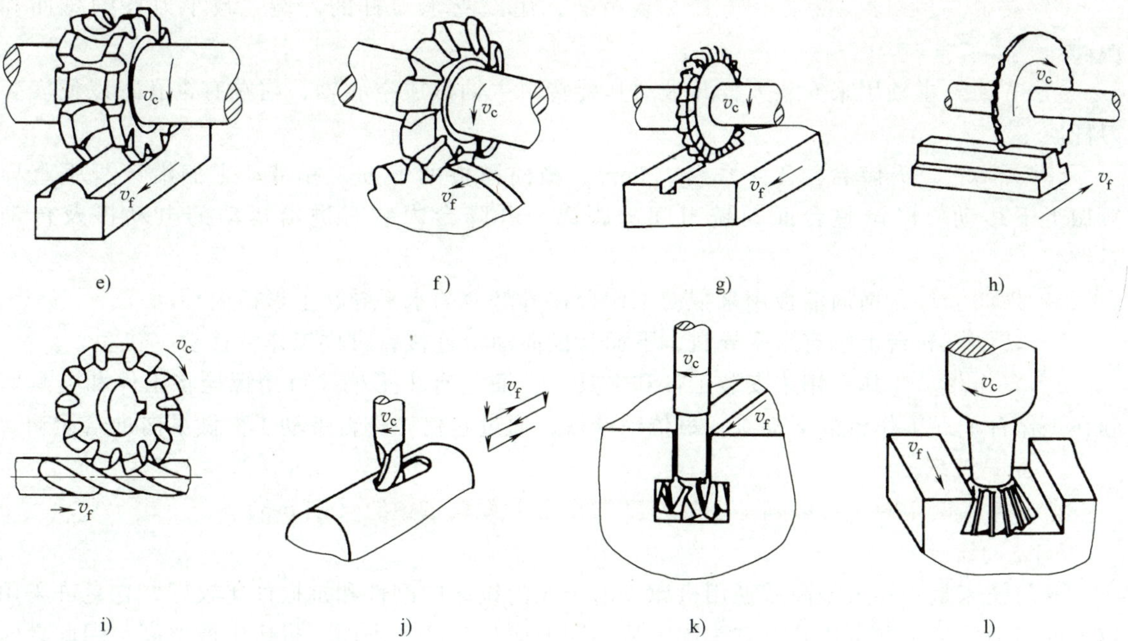

图 6-1 铣削加工的应用范围（续）

e）成形铣刀铣凸圆弧 f）齿轮铣刀铣齿轮 g）三面刃铣刀铣直槽 h）锯片铣刀切断 i）成形铣刀铣螺旋槽 j）键槽铣刀铣键槽 k）T形槽铣刀铣T形槽 l）燕尾槽铣刀铣燕尾槽

6.2 铣床结构

根据结构、用途及运动方式不同，铣床可分为不同的种类。常用的有卧式铣床、立式铣床和龙门铣床等。

1. 卧式铣床

卧式铣床是主轴与工作台面平行布置的一类铣床。下面以X6132型卧式万能升降台铣床为例（图6-2）介绍其特点、型号及组成。

（1）特点 工作台可以在水平面内左右扳转±45°，以便铣削加工斜槽、螺旋槽等表面，扩大了铣床的加工范围。

（2）型号 X6132型卧式万能升降台铣床的型号X6132含义如下：

X 6 1 32

- 32——主参数代号，表示工作台工作面宽度的1/10，即320mm
- 1——机床型别代号，表示万能升降台铣床型
- 6——机床组别代号，表示卧式铣床组
- X——机床类别代号，表示铣床类

（3）组成 铣床由下列几部分组成：

1）床身。床身是机床的骨干部分，用来支承、连接和固定铣床各部件。

2）底座。底座用以支承、安装、固定铣床的各个部件。

3）横梁（吊架）。横梁上装有安装吊架，用以支承刀杆的外端，减小刀杆的弯曲和振动。

4）主轴。主轴用来安装刀杆并带动其旋转。主轴做成空心轴，前端有锥孔，以便安装刀杆。

5）升降台。升降台位于工作台、转台、横向溜板的下方，并带动它们沿床身垂直导轨做上下移动，以调整台面与铣刀间的距离。升降台内装有进给运动的电动机及传动系统。

6）横向溜板。横向溜板用来带动工作台在升降台的水平导轨上做横向移动。

7）转台。转台上端有水平导轨，下面与横向溜板连接，可供工作台移动、转动。

8）工作台。工作台用来安装工件和夹具。台面上有T形槽，可用螺栓将工件和夹具紧固在工作台上。工作台的下部有一根传动丝杠，通过它使工作台带动工件做纵向进给运动。

2. 立式铣床

它与卧式铣床的主要区别是主轴与工作台面是垂直布置的（图6-3）。

3. 龙门铣床

龙门铣床是一种大型高效通用机床。由于龙门铣床的刚性和抗振性比较好，它允许采用较大的切削用量，并可用几个铣头同时从不同方向加工几个表面，机床生产率高，因此在成批和大量生产中得到广泛应用，如图6-4所示。

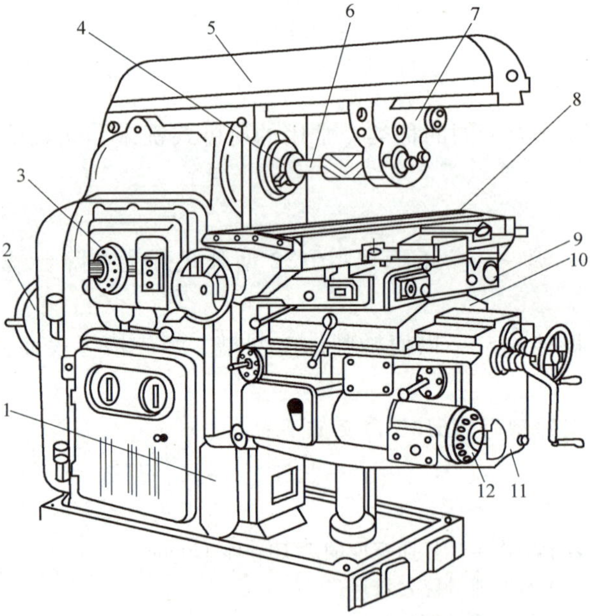

图6-2　X6132型卧式万能升降台铣床外观图

1—床身底座　2—主传动电动机　3—主轴变速机构　4—主轴　5—横梁　6—刀杆　7—吊架　8—工作台　9—转台　10—横向溜板　11—升降台　12—进给变速机构

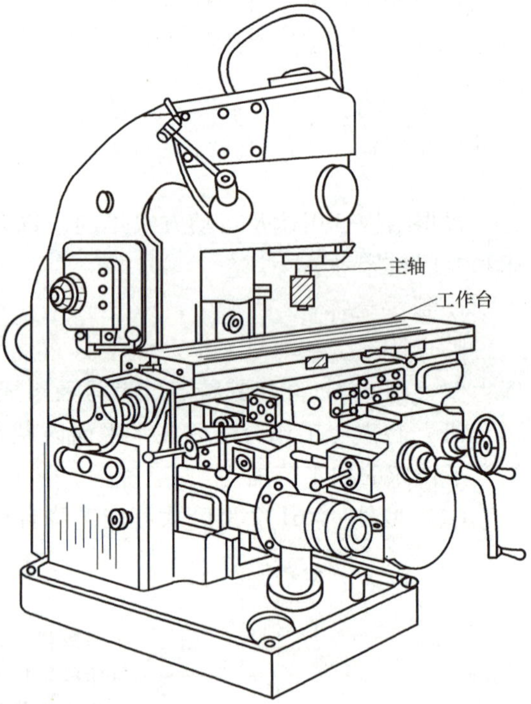

图6-3　立式升降台铣床外观图

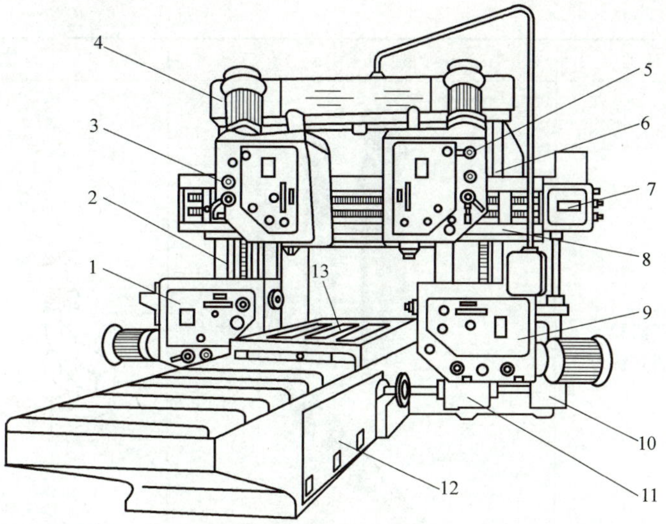

图 6-4 龙门铣床外形

1—左水平铣头 2—左立柱 3—左垂直铣头 4—连接梁 5—右垂直铣头 6—右立柱 7—垂直铣头进给箱 8—横梁 9—右水平铣头 10—进给箱 11—右水平铣头进给箱 12—床身 13—工作台

6.3 铣削刀具

1. 铣刀切削部分材料的基本要求

在切削过程中，刀具切削部分会由于受切削力、切削热和摩擦力而磨损，所以刀具不仅要锋利而且要耐用，不易磨损变钝。因此刀具材料必须具备以下几个基本要求：

1）高硬度和耐磨性。

2）良好的耐热性。

3）高强度和好韧性。

2. 铣刀的种类和用途

铣刀的种类很多，用途也各不相同。按材料不同，铣刀分为高速工具钢铣刀和硬质合金铣刀两大类；按刀齿与刀体是否为一体，又分为整体式铣刀和镶齿式铣刀两类；按铣刀的安装方法不同，分为带孔铣刀和带柄铣刀。常用铣刀的种类及用途见表 6-1。

表 6-1 常用铣刀的种类及用途

用途	种类	铣刀图示	铣削示例
铣削平面用铣刀	圆柱铣刀		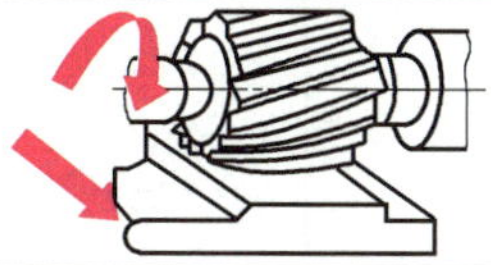
	面铣刀		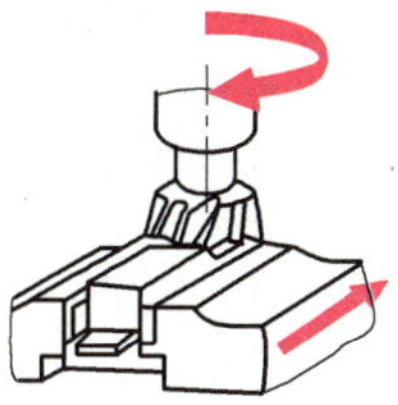

（续）

用途	种类	铣刀图示	铣削示例
铣削直角沟槽和台阶用铣刀	直柄和锥柄立铣刀		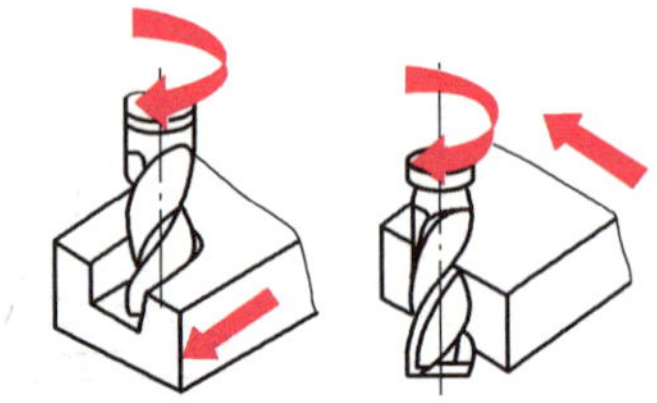
	直齿和错齿三面刃铣刀		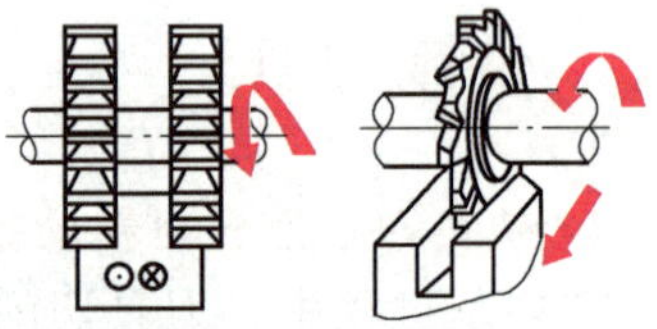
	键槽铣刀		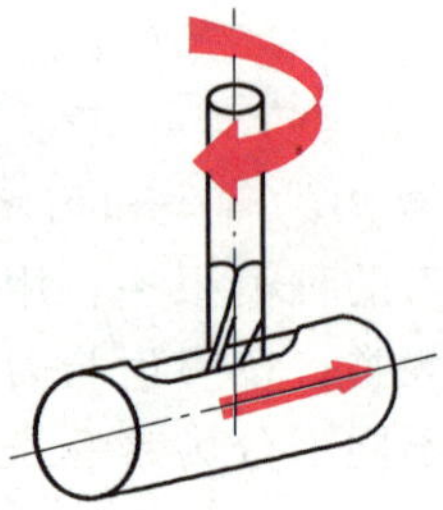
切断及铣窄槽用铣刀	锯片铣刀		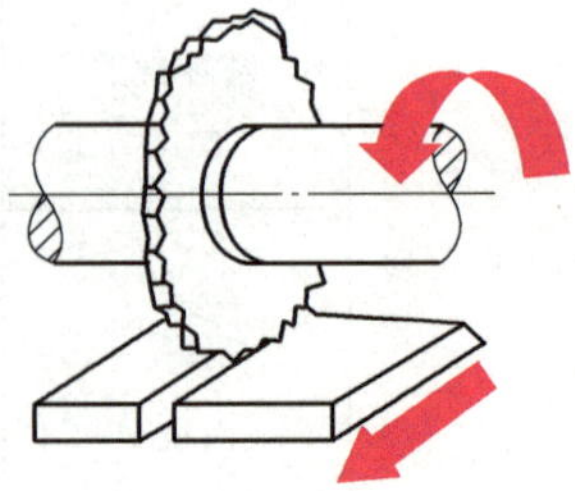

（续）

用途	种类	铣 刀 图 示	铣 削 示 例
	T形槽铣刀	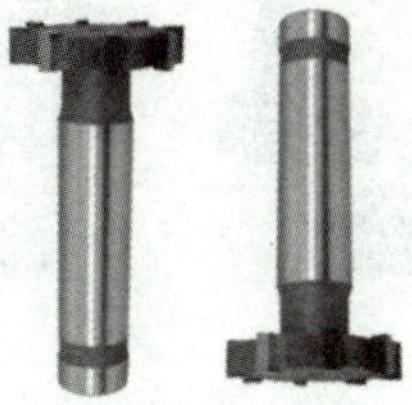	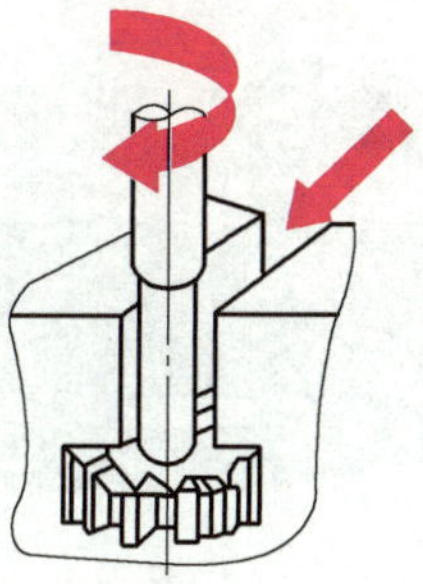
铣削特形沟槽用铣刀	燕尾槽铣刀		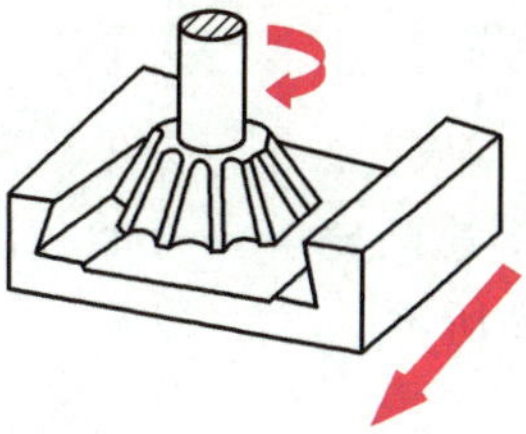
	角度铣刀	 	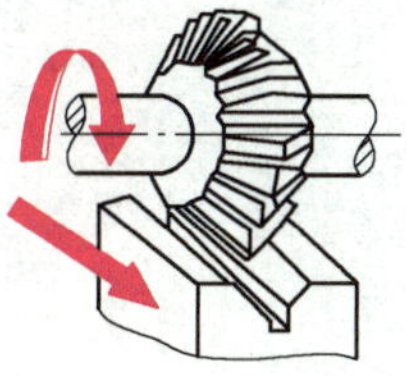

6.4　铣床附件

铣床常用的附件有机用虎钳、万能立铣头、回转工作台和万能分度头等。

1. 机用虎钳

机用虎钳是一种通用夹具，主要用于安装尺寸小、形状规则的零件，如图 6-5 所示。

2. 万能立铣头

万能立铣头外形如图 6-6 所示，铣头主轴可在空间扳转出任意角度。在卧式铣床上装上万能铣头后，不仅能完成各种立式铣床的工作，还能在一次装夹中对工件进行各种角度的铣削。

3. 回转工作台

回转工作台又称转台或圆形工作台，是立式铣床的重要附件，如图 6-7 所示。回转工作台内部为蜗轮蜗杆传动，工作时，摇动手轮可使转台做旋转运动，转台周围有刻度来确定转台位置，转台中央的孔用来找正和确定工件的回转中心。回转工作台适用于对较大工件进行分度和非整圆弧槽、圆弧面的加工。

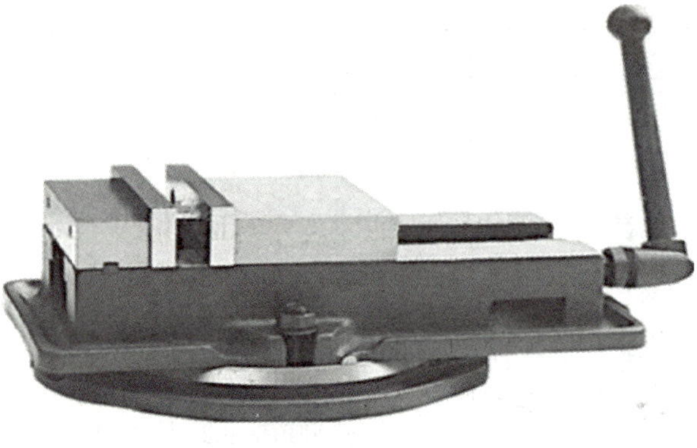

图 6-5　机用虎钳

图 6-6　万能立铣头

4. 万能分度头

铣削加工中，要求工件铣好一个面或槽后，能转过一定角度，继续加工下一个面或槽，这种转角称为分度。万能分度头就是用来进行分度的装置，它可以铣削齿轮、螺旋槽、等速凸轮等。万能分度头是安装在铣床上用于将工件分成任意等分的机床附件，如图 6-8 所示。

图 6-7　回转工作台

图 6-8　万能分度头

6.5　铣削加工基本操作

6.5.1　铣平面

1. 铣平面的方法

铣床上铣削平面时选择不同铣刀，其安装方法与铣削方法均有所不同。通常选择圆柱铣刀、面铣刀或立铣刀在铣床上进行平面铣削加工。

（1）圆柱铣刀铣平面　圆柱铣刀铣平面一般在卧式铣床上进行。利用刀齿分布在圆周表面的铣刀铣削平面的方式称为周铣法。根据铣刀的旋转方向与工件进给方向的关系，又将周铣法分为顺铣与逆铣两种方式。顺铣时，铣刀的旋转方向与工件的进给方向相同；逆铣时，铣刀的旋转方向与工件的进给方向相反。

逆铣时，铣刀的切削刃开始接触工件后，将在表面滑行一段距离后才真正切入金属。这就使得切削刃容易磨损，而且铣刀对工件有上抬的切削分力，影响工件的稳固性，如图 6-9a 所示。

顺铣时，铣削的水平分力与工件的进给方向相同，工件的进给会受工作台传动丝杠与螺母之间间隙的影响，工作台的窜动和进给量不均匀，因此切削力忽大忽小，严重时会损坏刀具与机床，如图 6-9b 所示，因此用圆柱铣刀铣平面时一般用逆铣法加工。

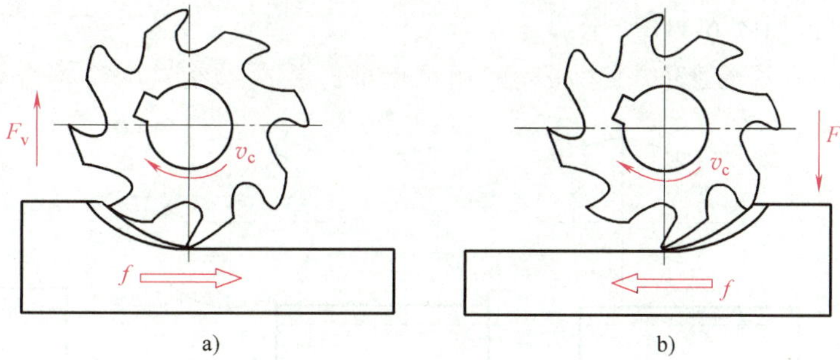

图 6-9　逆铣法与顺铣法

a）逆铣法　b）顺铣法

（2）面铣刀铣平面　采用面铣刀铣平面在立式铣床或卧式铣床上进行，如图 6-10 所示。利用铣刀端面上的刀齿进行加工的铣削平面的方法又称为端铣法。

面铣刀大多镶有硬质合金刀头，其刀杆比较短，刚性好，铣削过程更为平稳，所以加工时可以采用较大的铣削用量切削，加工效率高。另外端铣时面铣刀的切削刃又起修光作用，因此表面粗糙度值较小。端铣法既提高了生产率，又提高了表面质量，因此端铣已成为在大批量生产中加工平面的主要方式之一。

（3）立铣刀铣平面　立式铣床上还可以采用立铣刀加工平面，如图 6-1c 所示。与面铣刀相比，由于它的回转直径相对面铣刀的回转直径较小，因此，加工效率较低，加工较大平面时，有接刀纹，表面粗糙度值较大，但其加工范围广泛，可进行各种内腔表面的加工。

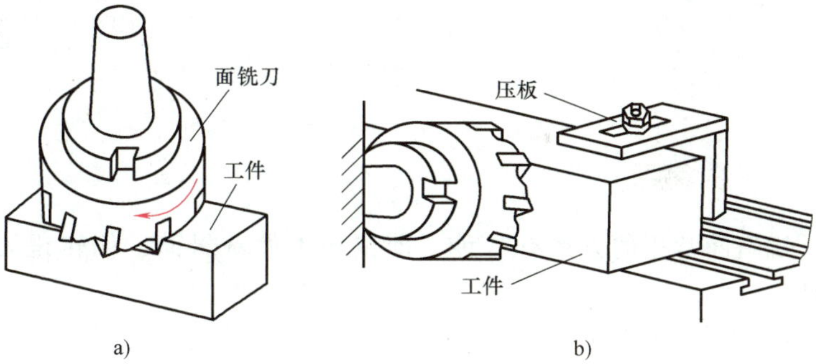

图 6-10　面铣刀铣平面

a）用面铣刀在立式铣床铣平面　b）用面铣刀在卧式铣床铣平面

2. 铣削平面实例

铣削平面的操作步骤如图 6-11 所示。

1）移动工作台对刀。刀具接近工件时起动机床，铣刀旋转，缓慢移动工作台，使工件和铣刀接触，将垂直进给刻度盘的零线对准，如图 6-11a 所示。

2）对刀后先下降工作台然后纵向退出，使工件离开铣刀（图 6-11b）并停机。

3）调整铣削深度。利用刻度盘的标志，将工作台升高到规定的铣削深度位置，然后，将升降台和横向溜板紧固，如图 6-11c 所示。

4）切入。先手动使工作台纵向进给，当切入工件后，改为自动进给，如图 6-11d 所示。

5）下降工作台，退回。铣完一遍后停机，下降工作台，如图 6-11e 所示，并将工作台退回，如图 6-11f 所示。

6）检查工件尺寸和表面粗糙度值，依次继续铣削至符合要求。

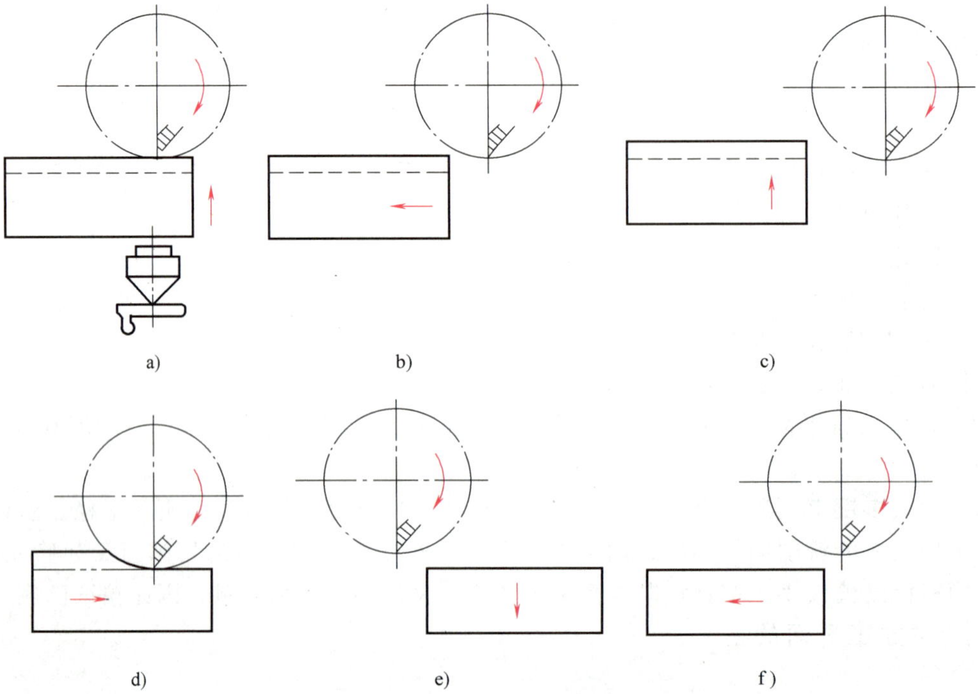

图 6-11 铣削平面的操作步骤

6.5.2 铣斜面

铣斜面常用的方法有三种，即偏转工件铣斜面、偏转铣刀铣斜面和用角度铣刀铣斜面三种。

1. 偏转工件铣斜面

（1）划线校正工件角度 如图 6-12a 所示，铣削斜面时，先按图样要求划出斜面的轮廓线。对于尺寸不大的工件，可用机用虎钳装夹。工件装夹后，用划线盘校正，使所划的线与工作台平行，然后夹紧，进行铣削，就可得到所需要的斜面。这种方法因为需要划线与校正，步骤复杂，只适合单件或小批量生产。

（2）垫铁调整工件角度 如图 6-12b 所示，在零件基准的下面垫一块倾斜的垫铁，则铣出的平面就与基准面成倾斜位置。改变倾斜垫铁的角度，可加工不同角度的斜面。用倾斜垫铁装夹工件比较方便，因而在小批量生产中常用这种加工方法。

（3）万能分度头调整工件角度 如图 6-12c 所示，在一些圆柱形和特殊形状的零件上加工斜面时，可利用万能分度头将工件调整到所需位置再铣出斜面。

2. 偏转铣刀铣斜面

在铣头可回转的立式铣床上加工斜面时可以调整立铣头的角度，使铣刀角度倾斜到与工件斜面角度相同后再铣削斜面，如图 6-13 所示。此方法铣削时，由于工件必须做横向进给

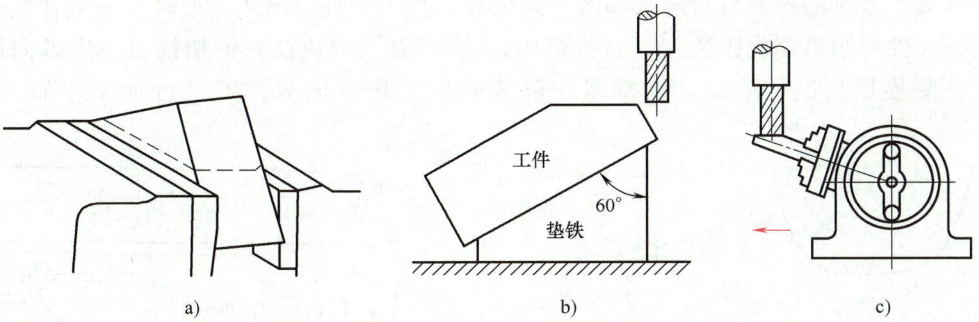

图 6-12　偏转工件铣斜面

才能铣出斜面，因此受工作台行程等因素限制，不宜铣削较大的斜面。

3. 用角度铣刀铣斜面

较小的斜面可以直接用角度铣刀铣出，如图 6-14 所示，其铣出斜面的倾斜角由铣刀的角度保证。

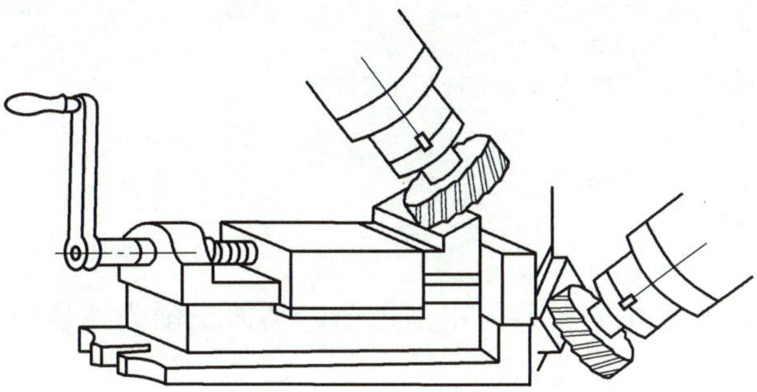

图 6-13　偏转铣刀铣斜面

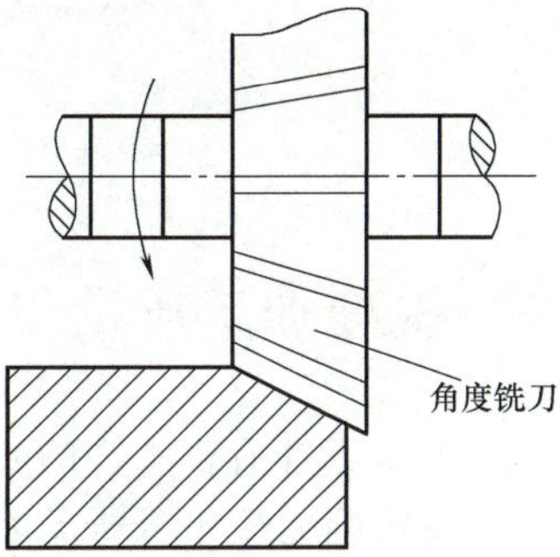

图 6-14　用角度铣刀铣斜面

6.5.3　铣沟槽

铣床上能加工的沟槽种类很多，如直角沟槽、V 形槽、T 形槽、燕尾槽和键槽等。本书只介绍直角沟槽和键槽的铣削加工。

1. 铣直角沟槽

加工敞开式直角沟槽，当尺寸较小时，一般都选用三面刃铣刀加工，成批生产时采用盘形槽铣刀，成批生产、尺寸较大的直角沟槽则选用合成铣刀；加工封闭式直角沟槽，一般采用立铣刀或键槽铣刀在立式铣床上加工，需要注意的是，在采用立铣刀铣削沟槽时，特别是铣窄而深的沟槽时，由于排屑不畅，散热面小，所以在铣削时采用较小的铣削用量，此时可以加注切削液，并调整主轴转速及切削深度。同时，由于立铣刀中央无切削刃，不能向下进刀，因此必须在工件上钻一落刀孔以便其进刀，如图 6-15 所示。

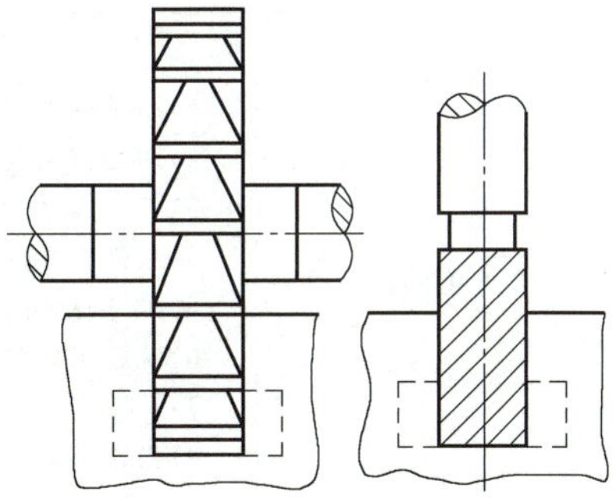

图 6-15　铣直角沟槽

2. 铣键槽

在铣削键槽时，首先需要做好对刀工作，以保证键槽的对称度。常见的键槽有封闭式和敞开式两种。加工单件封闭式键槽时，一般在立式铣床上进行，工件可用机用虎钳装夹，如图 6-16a 所示，加工时应注意键槽铣刀一次轴向进给不能太大，要逐层切削；敞开式键槽多在卧式铣床上用三面刃铣刀进行加工，如图 6-16b 所示。

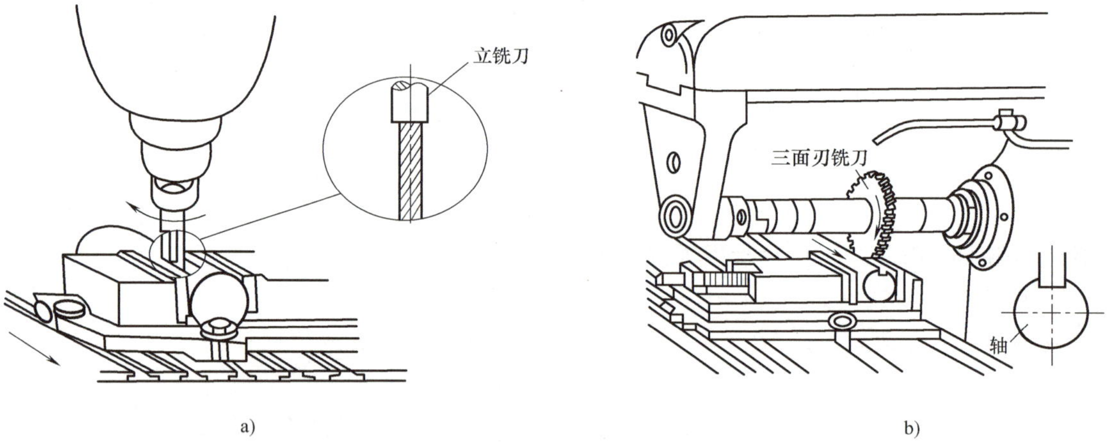

图 6-16　铣键槽

a）在立式铣床上铣封闭式键槽　b）在卧式铣床上铣敞开式键槽

6.6　铣削加工质量与检验

加工完工件后，工件的质量与检验是至关重要的环节。本书主要以平面铣削为例进行分析，平面铣削的质量分析见表 6-2。

表 6-2　平面铣削的质量分析

项　　目	原　　因
影响表面粗糙度的因素	1)进给量太大,铣削余量太多,这样会使振动加剧,产生明显的波纹 2)铣刀不锋利 3)有表面“深啃”现象 4)铣削时有振动 5)铣刀参数选择不当 6)切削液使用不当 7)铣刀跳动偏大
影响平面度的因素	1)用圆柱铣刀铣削时,平面不平的主要原因是铣刀的圆柱度差 2)用面铣刀铣削时,平面不平的主要原因是机床主轴轴线与进给方向不垂直 3)工件在受夹紧力和铣削力后产生变形 4)工件存在内应力,在表层切除后产生变形 5)工件在铣削过程中,由铣削热而产生变形 6)铣床工作台进给运动的直线性差 7)铣床主轴轴承的轴向和径向间隙大 8)当铣刀的宽度不够而多次加工同一平面时,由于接刀而产生的刀痕

（续）

项　　目	原　　因
影响平面垂直度或平行度的因素	1）工件基准面与工作台面没有擦干净或贴合不紧 2）夹具和垫铁等的垂直度或平行度不高而产生误差 3）立铣头与工作台面不垂直而产生误差 4）铣刀和刀杆有问题 5）机床的精度不够

6.7　安全操作规程

1. 训练时应穿好训练服，袖口要扎紧或戴袖套。戴训练帽，留长发者将头发全部纳入帽内，防止衣角或头发被铣床转动部分卷入而发生安全事故。

2. 严禁戴手套操作铣床，以免发生事故。

3. 铣床机构比较复杂，操作前必须熟悉铣床性能及其调整方法。

4. 操作时，头不能过度靠近铣削部位，防止切屑划伤眼睛或皮肤，高速铣削时要戴好防护镜。

5. 装拆铣刀时要用揩布垫衬，不要用手直接接触铣刀。

6. 使用扳手时，用力方向应尽量避开铣刀，以免扳手打滑而造成不必要的损伤。

7. 合理选用铣削用量、铣削刀具及铣削方法，正确使用各种工、夹具。

8. 铣削前须将导轨、丝杠等部件的表面进行清洁并添加润滑油；不要把工、夹、量具放置在导轨面或工作台表面上，以防使其精度降低；听从指导教师安排站在安全位置，依次检查自动手柄是否处在“停止”位置，其他手柄是否处在所需位置；工件、刀具要夹牢，限位挡铁要锁紧。

9. 铣削操作过程中不准变速或做其他调整工作，不准用手触摸铣刀及其他旋转的部件；不得度量正在加工的工件尺寸；不准离开机床做其他事情，不得玩手机，并应站在适当的位置；发现异常现象应立即停机，并报告指导教师；不能用手触摸工件和清理切屑，以免铣刀损伤手指。铣削完毕，要用毛刷清除铁屑，不要用手抓或用嘴吹。

10. 训练完毕后，一定要清除铁屑和油污，擦拭干净机床，并在各运动部位适当加润滑油，做好机床保养以防生锈。

思　考　题

1. 归纳铣削特点。
2. 铣削加工可以加工哪些表面？
3. 试分析切削中造成“振动”切削不稳的原因。
4. 简述铣削刀具材料的基本要求。
5. 常见的铣平面加工方法有哪些？请列表比较各自特点。

第7章

钳　　工

【训练目的】

1）了解钳工的工艺特点与应用范围。
2）了解钻床的组成、运动和用途。
3）掌握锯削、锉削、孔加工操作要领。
4）了解划线的步骤与工具。

7.1　概述

钳工主要是利用虎钳、各种手用工具和一些机械工具对工件进行加工的方法，是切削加工的重要工种之一，它可分为普通钳工、模具钳工、装配钳工和机修钳工等。钳工的基本操作有划线、凿削、锯削、锉削、钻孔、扩孔、锪孔、铰孔、攻螺纹、套螺纹、刮削、研磨、矫正、弯曲、铆接以及做标记等。钳工应用范围较广，担负着零件加工前的准备工作，如清理毛坯、在工件上划线等；完成一般零件的某些加工工序，如钻孔、攻螺纹和去除毛刺等；进行某些精密零件的加工，如配刮、研磨、锉制样板、制作模具以及机器设备的装配、调试和维修等。

钳工的常用设备主要由钳工工作台和虎钳、钻床、砂轮机等组成。虎钳是夹持工件的主要工具，分台虎钳和手虎钳两种，最常用的是台虎钳。锤子是钳工操作中的重要工具，用来锤击施力，其规格用锤头质量来表示。锤柄安装紧固与否是非常重要的，松动的锤头在挥击时会发生锤头飞出伤人事故，也会影响锤击落点的准确性。

7.2　钳工常用设备

1. 台虎钳

台虎钳用来夹持工件，其规格以钳口的宽度来表示，常用的有 100mm、125mm 和 150mm 几种。台虎钳的结构如图 7-1 所示。

使用台虎钳时应注意下列事项：

1）工件应夹在钳口中部，使工件受力均匀。

2）当转动夹紧手柄夹紧工件时，夹紧手柄上不准加套管扳紧或用锤子敲击，以免损坏台虎钳丝杠和螺母的螺纹部分。

3）夹持工件已加工表面时，应垫铜皮或铝皮加以保护。

2. 钳工工作台

钳工工作台如图 7-2 所示，用于安装台虎钳，以便钳工操作。钳工工作台一般由硬质木材或钢材制成，有单人用和多人用两种。钳工工作台要求坚实、平稳，台面高度为 800~900mm。根据需要，台面前方装有防护网。

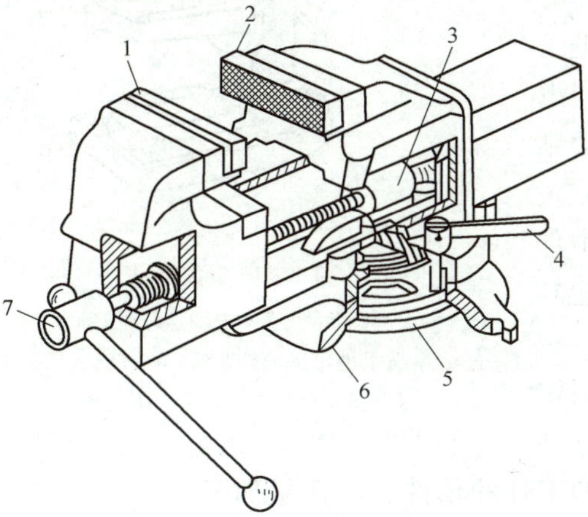

图 7-1　台虎钳

1—活动钳口　2—固定钳口　3—螺母
4—夹紧手柄　5—夹紧盘　6—转盘座　7—丝杠

图 7-2　钳工工作台

3. 砂轮机

砂轮机用来刃磨钻头、錾子、刃具等工件和工具，由电动机、砂轮和机体组成，如图 7-3 所示。砂轮机又分为立式砂轮机和手用砂轮两种。前者用于刃磨刀具，后者用于打磨工件。

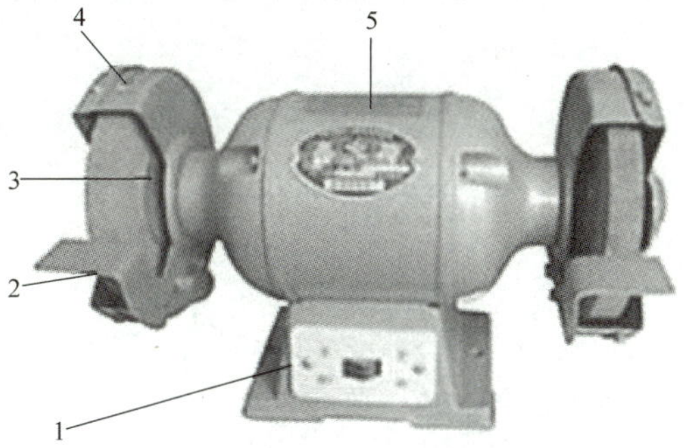

图 7-3　砂轮机

1—底座　2—托架　3—砂轮片　4—防护罩　5—电动机

4. 钻床

钻床是用于孔加工的机械设备，常用的钻床有台式钻床、立式钻床和摇臂钻床。

（1）台式钻床　台式钻床是放在钳工工作台上使用的钻床，其钻孔直径一般在 13mm 以下，最小可加工 1mm 的孔。由于加工的孔径较小，因此为了达到一定的切削速度，台式钻床的主轴转速一般较高，最高时可达 1000r/min 以上，如图 7-4 所示。

底座用以支承台式钻床的立柱、主轴等部分，同时也是装夹工件的工作台。立柱用以支承主轴架及变速装置，同时也是主轴架上下移动和旋转的导柱。主轴架前端装有主轴和进给操作手柄，后端装有电动机。主轴与电动机之间为带传动，主轴的转速可通过改变带在塔形带轮上的位置调节。台式钻床的进给运动由手动进给手柄使主轴轴向移动实现；主轴下端带有锥孔，用来安装钻夹头。

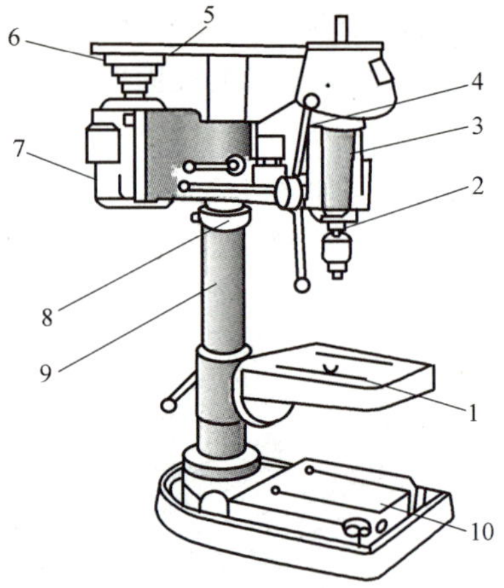

图 7-4　台式钻床

1—工作台　2—主轴　3—主轴架
4—进给操纵手柄　5—传动带　6—带轮　7—电动机
8—保险台　9—立柱　10—底座

（2）立式钻床　立式钻床的规格可用最大钻孔直径来表示，常用的有 25mm、35mm、40mm 和 50mm 等。立式钻床的结构如图 7-5 所示。

立式钻床主要由底座、立柱、主轴变速箱、主轴、工作台和进给箱等组成。主轴变速箱固定在立柱顶部，内装变速机构、操纵机构和电动机。进给箱内有主轴、进给变速机构及进给操纵机构。在电动机的驱动下，动力经主轴变速箱传给主轴带动钻头旋转，同时也经过进给箱传给主轴进给机构使主轴做轴向自动进给，也可用手柄做手动进给。工件安装在工作台上，工作台和进给箱都可以沿立柱导轨上下移动，以适应不同高度的工件加工需要。在水平方向立式钻床的主轴位置相对于工作台是固定的，为了使钻头与工件上孔的中心重合，必须移动工件，因而操作不便，生产率不高，常用于小型工件的单件、小批量加工。

（3）摇臂钻床　摇臂钻床结构如图 7-6 所示，主要由底座、工作台、立柱、主轴箱和主轴等组成。摇臂钻床的主轴箱可以沿摇臂的横向导轨做水平移动，摇臂又能绕立柱回转和上下移动。这样便于调整主轴的位置，使刀具对准工件上被加工孔的中心，尤其是加工同一工件上的组孔时更加方便，可无须移动工件。如工件较大，还可移走工作台，将工件直接安装在底座上。因此，摇臂钻床适用于各种批量的大、中型工件和多孔工件的加工。

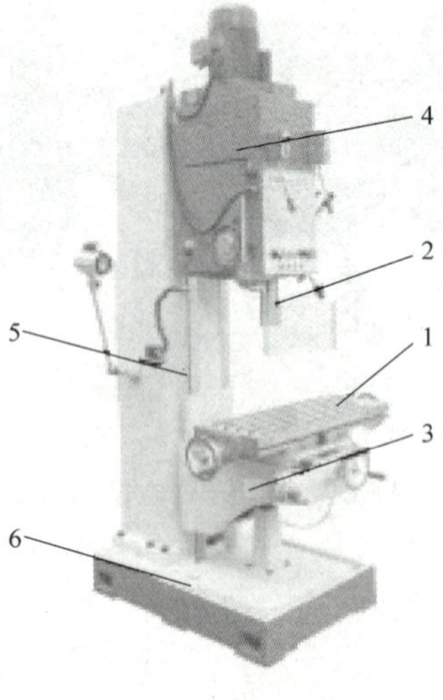

图 7-5　立式钻床

1—工作台　2—主轴　3—进给箱
4—主轴变速箱　5—立柱　6—底座

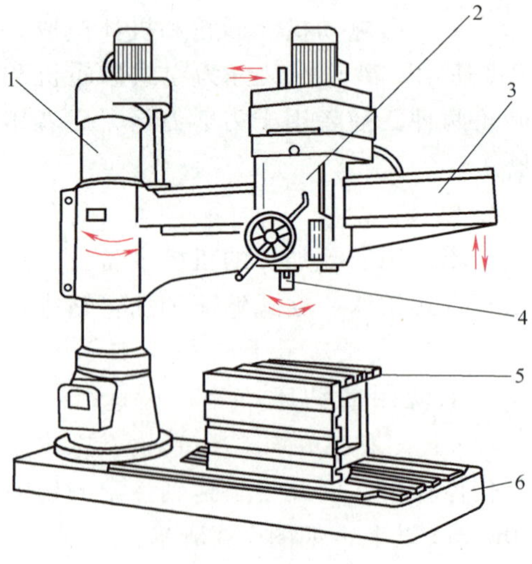

图 7-6　摇臂钻床

1—立柱　2—主轴箱　3—摇臂
4—主轴　5—工作台　6—底座

7.3 钳工基本操作

7.3.1 划线

划线是根据图样要求，在毛坯或半成品上划出加工界线的一种操作。

1. 划线的作用

划线的作用是：

1）准确、清晰地在毛坯或半成品表面上划出加工位置的线，它可作为加工工件和安装工件的依据。

2）根据所划线条可以检查毛坯的形状和尺寸是否合格。若合格，则可合理分配各表面的加工余量；若不合格，则及早剔除，可避免造成后续加工的浪费。

3）在板料上合理排料划线，可节约材料。划线可分为平面划线和立体划线两种。

① 平面划线。在工件或毛坯的一个表面上划线，如图 7-7a 所示。

② 立体划线。在工件的长、宽、高三个方位上划线，如图 7-7b 所示。

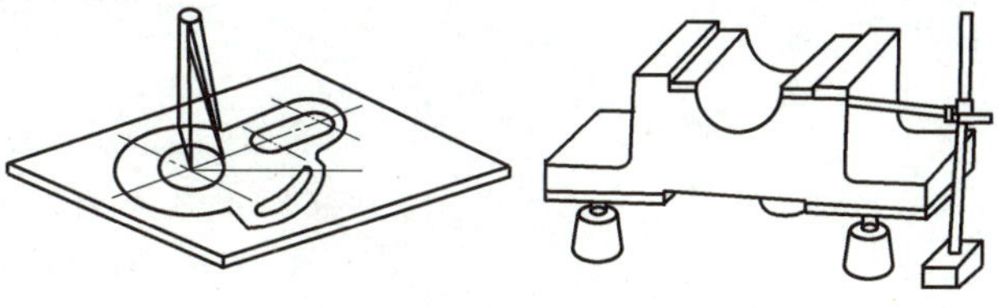

a)　　b)

图 7-7　平面划线和立体划线

2. 划线工具

（1）划线平板　划线平板是划线的基准工具，如图 7-8 所示，它是用铸铁制成的。其上平面是用作划线的基准平面（根据平面的平面度和表面粗糙度值不同，又有不同的级别），使用时，应根据工件的精度要求选择相应的平板。避免对平板碰撞和敲击，以免使其精度降低。

（2）千斤顶　千斤顶是放在平板上用来支承工件的工具，它的高度通过转动丝杠来调准，以便找正工件。通常用 3 个千斤顶支承一个工件，如图 7-9 所示。

图 7-8　划线平板

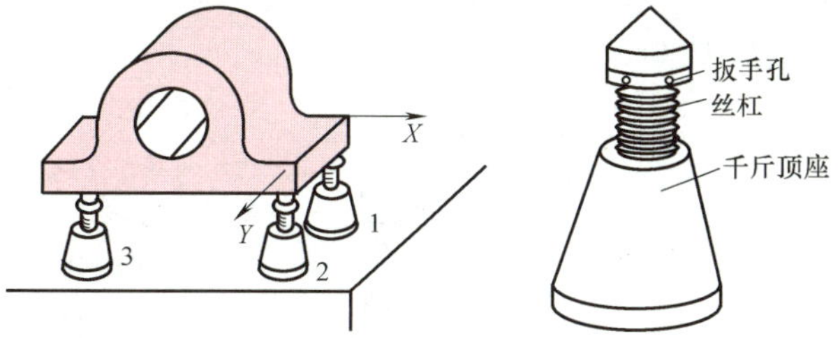

图 7-9　用千斤顶支承工件

（3）V 形铁　V 形铁用来支承圆形工件，可使工件轴线与平板平行，如图 7-10 所示。

（4）方箱　方箱是划线的基准工具，如图 7-11 所示，它是用铸铁制成的空心正六面体，6 个面都像平板一样经过精密加工，相邻面的垂直度和相对面的平行度精度很高，其上设有 V 形槽和压紧装置，可用来夹持工件。通过翻转方箱可以在工件表面划出相互垂直的线。

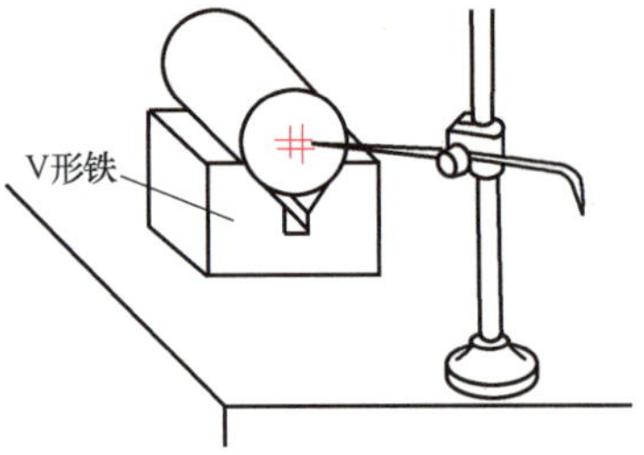

图 7-10　用 V 形铁支承圆形工件

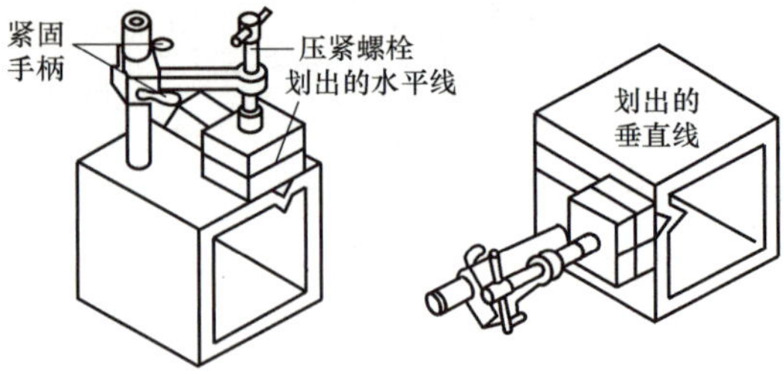

图 7-11　方箱的应用

(5) 划针　划针是用来在工件表面划线的基本工具，常用 $\phi3 \sim \phi6$mm 的划针，它由工具钢或弹簧钢丝制成，其端部经淬火磨尖，如图 7-12a 所示。划线方法如图 7-12b 所示。

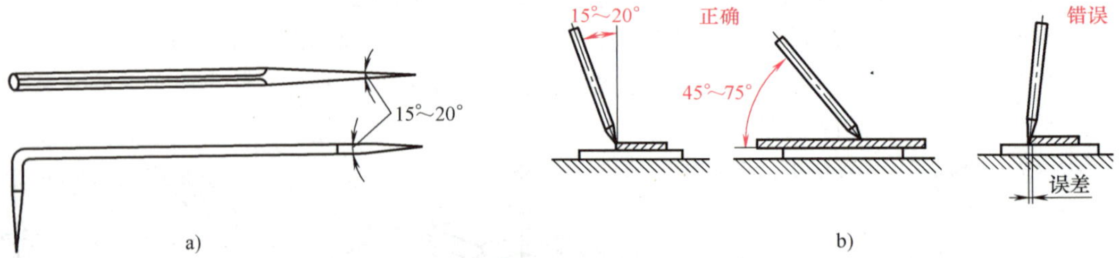

图 7-12　划针及划线方法

a) 划针　b) 划线方法

(6) 划规　划规可以用来对圆、圆弧划线，还可用来等分线段和量取尺寸，常见的划规有普通划规、定距划规和弹簧划规，如图 7-13 所示，其用法与制图中的圆规用法相同。

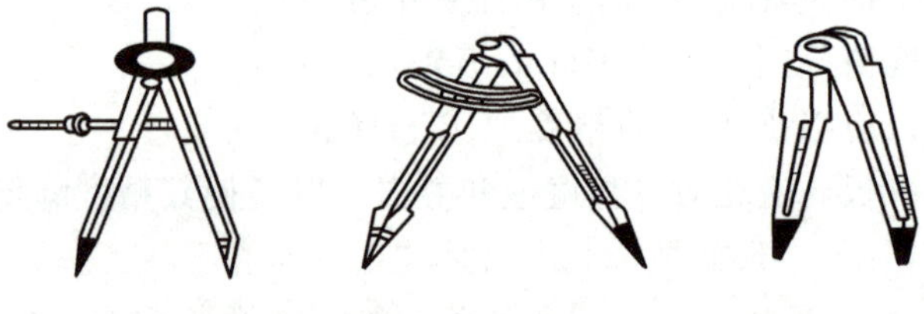

图 7-13　划规

(7) 划卡　划卡又称单脚规，是用来确定轴和孔的中心位置的工具，如图 7-14 所示。

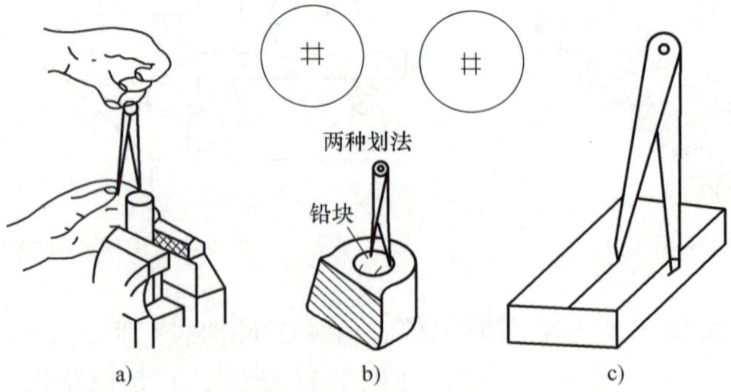

图 7-14　划卡及其应用

a) 定中心　b) 定孔心　c) 划直线

（8）划线盘　划线盘是在工件上进行立体划线和校正工件位置的工具，主要分为普通划线盘和可调划线盘，如图 7-15 所示。调整夹紧螺母可将划针固定在立柱上的任何位置，划针的直头端为硬质合金，用来划线，弯头用来校正工件位置。

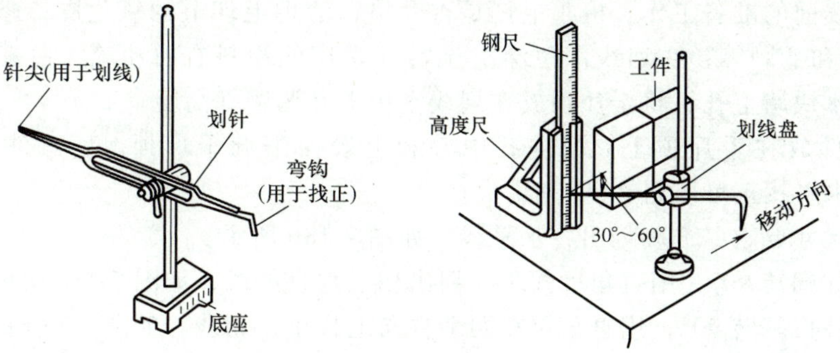

图 7-15　划线盘

（9）样冲　用样冲在划出的线条上打出小而均匀的样冲眼作为标记，样冲眼可以帮助确定加工位置。样冲的尖端须经淬火热处理以保证它的硬度。样冲如图 7-16 所示。

3. 划线基准

划线时，应在工件上选择一个或几个面（或线）作为划线的依据，这样的面（或线）称为划线基准。

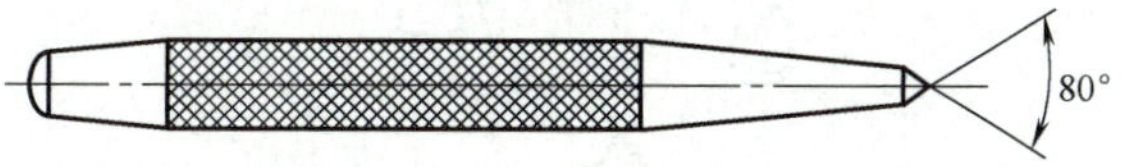

图 7-16　样冲

（1）划线基准的选择原则

1）以设计基准（零件图上标注的主要基准）作为划线基准。

2）若工件各表面都为毛坯，应以较平整的大平面作为划线基准。

3）若工件上有一个已加工面，应以已加工面作为划线基准。

4）若工件有孔或凸台，应以它们的中心线作为划线基准。

（2）常用划线基准

1）以互相垂直的两个已加工面为划线基准（图 7-17a）。

2）以互相垂直的两条中心线为划线基准（图 7-17b）。

3）以一个平面和一条中心线为划线基准（图 7-17c）。

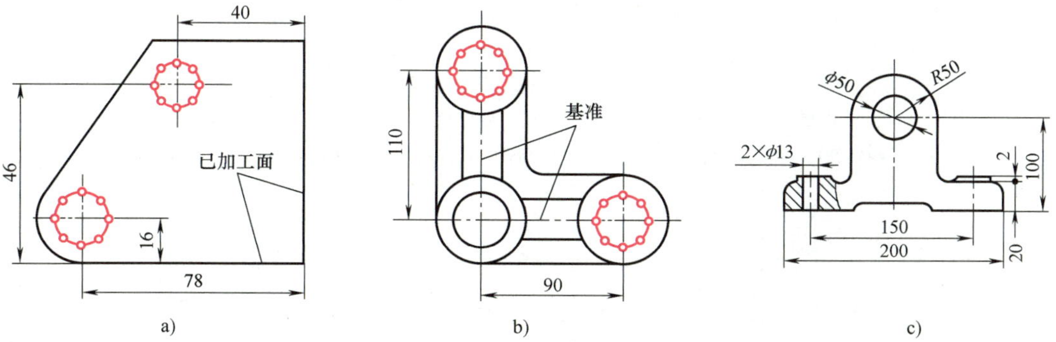

图 7-17　划线基准

4. 划线操作

现以轴承座为例，说明立体划线的步骤和方法。

1）研究零件图，选择并确定划线基准。

2）做划线前的准备工作。检查毛坯是否合格；清理毛坯上的氧化皮，修磨去除浇、冒口留下的疤痕和毛刺等；在划线部位涂上涂料（常用的涂料有白粉笔、白灰浆、蓝油及硫酸铜等）；用木块堵上孔；将千斤顶放在划线平板上并调整好高度。

3）将工件放在千斤顶上，根据孔中心和上表面细调千斤顶，使工件成水平，如图7-18a所示，水平找正可用划针盘完成。

4）根据尺寸要求，准确划出各水平线，如图7-18b所示。

5）将工件翻转90°，用直角尺找正，划出相互垂直的线，如图7-18c所示

6）将工件再翻转90°，用直角尺在两个方向上找正，划线，如图7-18d所示。

7）检查所划线条是否正确，若有误则及时纠正，无误则打样冲眼。

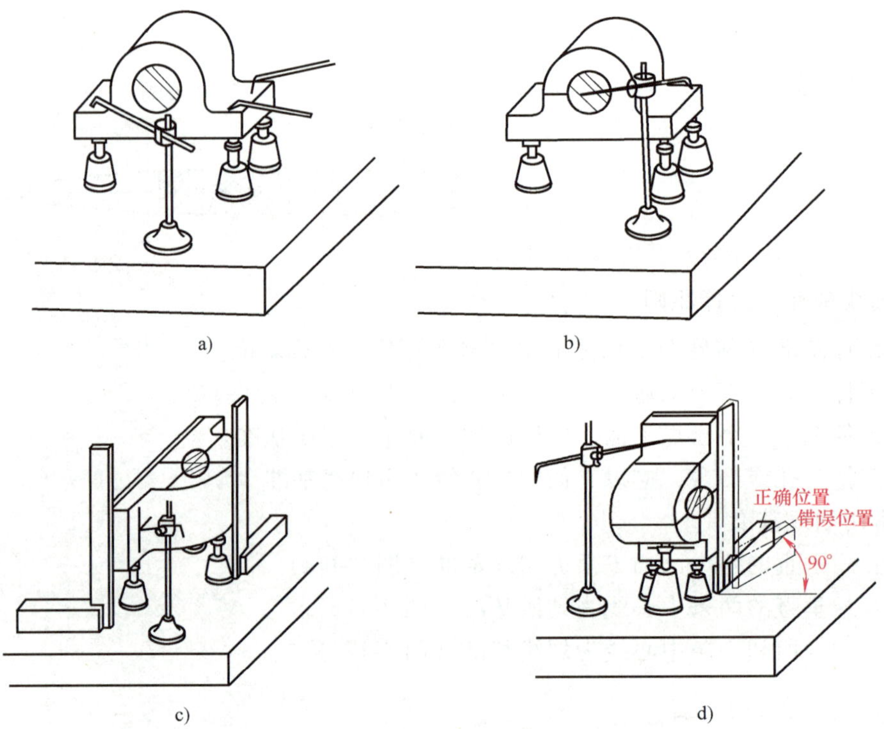

图7-18　轴承座的划线方法与步骤

a）根据孔中心及上表面调节千斤顶，使工件水平　b）划出各水平线
c）翻转90°，用直角尺找正，划线　d）翻转90°，用直角尺在两个方向找正，划线

7.3.2　锯削

用手锯或机锯把原材料或工件锯断或锯出沟槽的操作，称为锯削。

1. 锯削工具

手锯由锯弓和锯条两部分组成，如图7-19所示。

(1) 锯弓　锯弓用于安装和张紧锯条，可分为固定式和可调式两种，可调式锯弓最为常用。

(2) 锯条　锯条由碳素工具钢制成，淬火后硬度较高、锯齿锋利，但易脆断。

常用锯条约长300mm、宽12mm、厚0.8mm，锯条规格以两端安装孔的中心距表示。

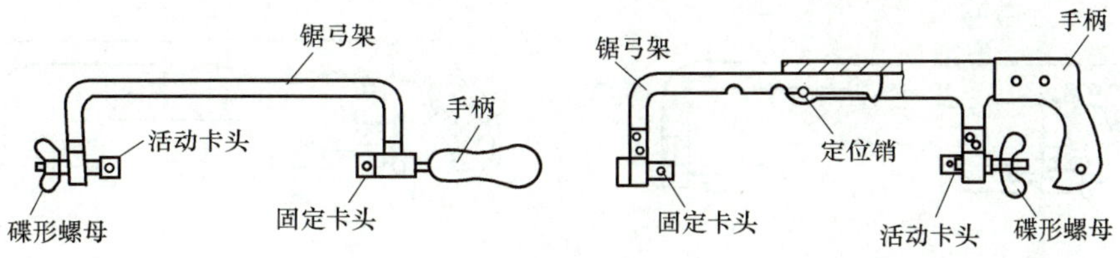

图 7-19　手锯

锯条的切削部分由众多的锯齿排列成，每个锯齿相当于一把刀具，起切削作用。锯齿按齿距的大小可分为粗齿（p = 1.6mm）、中齿（p = 1.2mm）、细尺（p = 0.8mm）三种。粗齿锯条适用于锯切铜、铝等软金属或厚大工件；细齿锯条适用于锯切硬度较大金属、板料或薄壁管等；加工低碳钢、铸铁及中等厚度的工件多用中齿锯条。

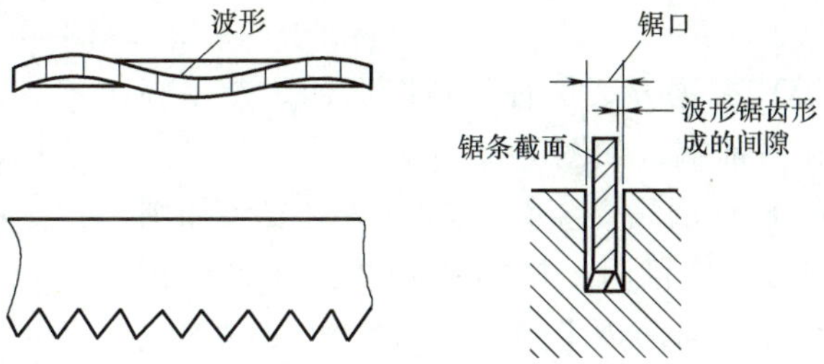

图 7-20　锯齿波形排列

锯齿排列为波形，以减少锯口两侧与锯条间的摩擦，如图7-20所示。锯齿粗细对锯切的影响如图7-21所示。

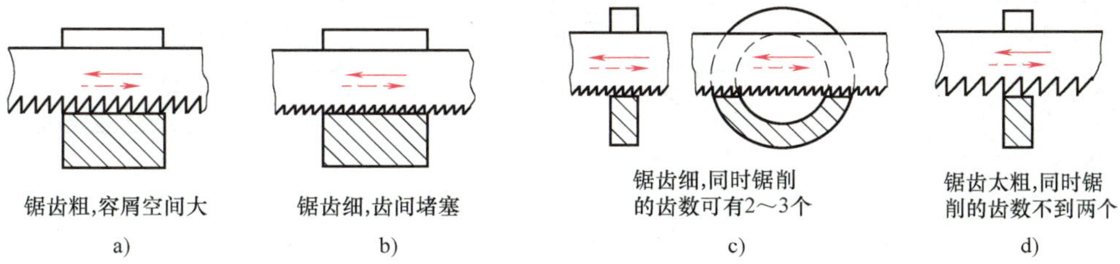

图 7-21　锯齿粗细要合适

a)、c) 正确　b)、d) 错误

2. 锯削操作

(1) 锯条的安装　手锯是在向前推进时进行切削的，所用锯条安装时要保证锯齿的方向正确，锯齿尖部向前。如果装反了，则锯齿前角为负值，切削很困难，不能正常锯削，如

图 7-22 所示。

（2）工件夹持

1）夹持要牢固，不可有抖动。

2）工件夹持在台虎钳左侧，以方便操作。

3）锯削线应与锯口垂直，离钳口不应太远（一般为 5~10mm）。

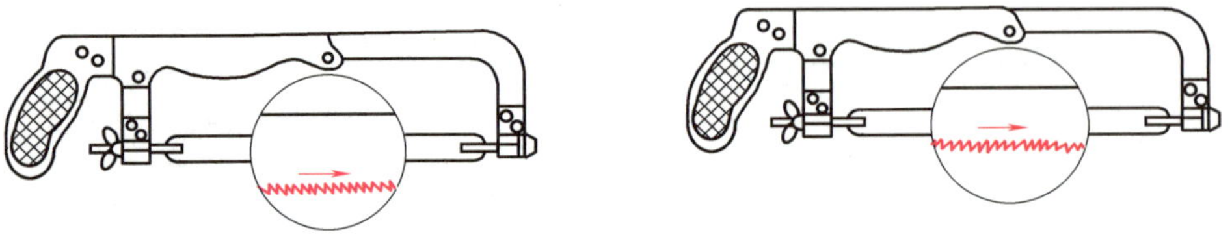

a)　　　　b)

图 7-22　锯条的安装

a）正确装法　b）错误装法

（3）握锯方法　右手满握据柄，左手轻抚在锯弓前端，如图 7-23 所示。

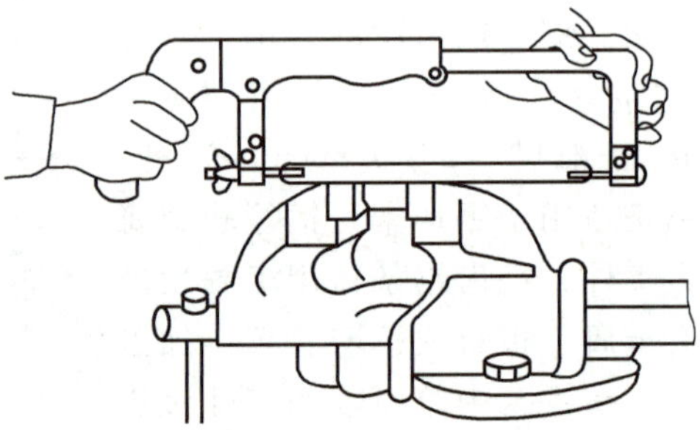

图 7-23　握锯方法

（4）锯削站立姿势　锯削站立姿势如图 7-24 所示，锯削时，操作者应站立在台虎钳左侧，左脚向前迈半步，与台虎钳的中轴线成 30°，右脚在后，与台虎钳中轴线成 75°，两脚间的间距与肩同宽，身体与台虎钳中轴线成 45°。

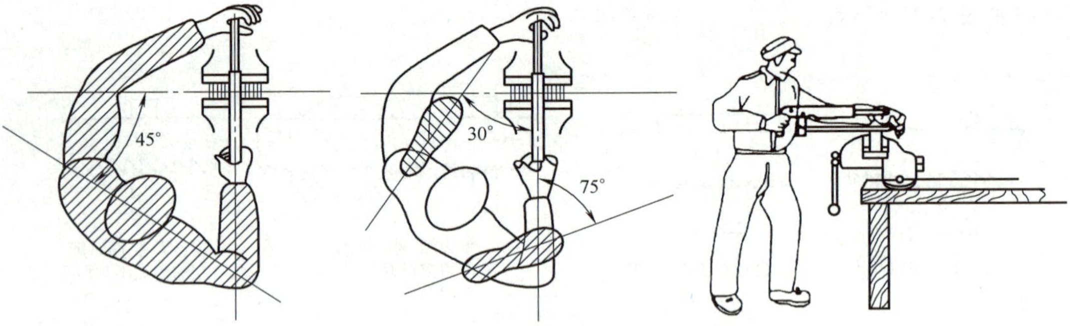

图 7-24　锯削站立姿势

（5）起锯　如图 7-25 所示，应注意：

1）起锯方式有远起锯和近起锯两种，一般采用远起锯。

2）起锯角 θ 以 15°左右为宜，为了使起锯的位置正确和平稳，可用左手拇指挡住锯条来定位。

3）起锯压力要小，往返行程要短，速度要慢，这样可使起锯平稳。

4）当起锯出锯口后，锯条应逐渐改为水平直线往复运动。

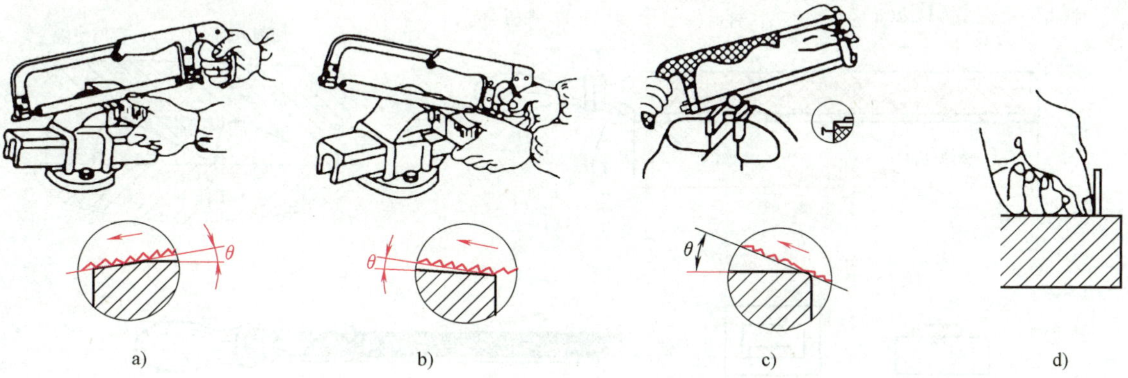

图 7-25　起锯

a）远起锯　b）近起锯　c）起锯角太大　d）拇指挡住锯条起锯

（6）锯削

1）推锯。开始进锯时，用力要均匀，左手扶锯，右手掌推动锯子向前运动，上身倾斜跟着一起运动，右腿伸直向前倾，操作者的重心在左腿，且左膝盖弯曲；锯子行至 3/4 锯子长度时，身体停止向前运动，但两臂继续将锯子送到头，尽可能使全部锯齿参与切削。

2）回锯。左手要把锯弓略微抬起，右手向后拉动锯子，让锯条从工件轻轻滑过，不应加压或摆动，身体逐渐回到原来位置，大约往复 40 次/min。

3）接近锯断时，缓慢地控制锯条来切断材料。

（7）结束　锯削结束后，应把锯条放松。

业内小提示：

① 在先前的划线外侧并平行于划线的位置开始锯削。

② 在起锯开始点锉一个 V 字形痕迹，以便使锯条从正确的点开始锯削。

③ 如果锯条在锯削时发生断裂或者变钝，应该换新锯条并且翻转工件，使工件上先前的锯削部分朝下，再重新起锯，因为新的锯条在先前的锯削位置继续工作，将会很快变钝。

7.3.3　锉削

锉削是用锉刀对工件表面进行切削加工的操作，它是钳工的主要操作之一，加工后的表面粗糙度值 Ra 可达 1.6～0.8mm。

1. 锉刀的构造及种类

锉刀由工作部分和锉柄组成，结构如图 7-26 所示，其大小以工作部分的长度表示。锉刀多用碳素工具钢制造。锉刀的锉齿多是在剁锉机上剁出的，然后经淬火、回火处理，其齿形如图 7-27 所示。锉刀的锉纹多制成双纹，以便锉削时省力，锉面不易堵塞。

锉刀的粗细是以每 10mm 长的锉面上锉齿的齿数来划分的。粗锉刀（4～12 齿/cm）的齿间大，不易堵塞，适于粗加工或锉铜、铝等软金属；细锉刀（13～24 齿/cm）适于锉钢和铸铁等；细齿锉刀（30～40 齿/cm）适于精锉表面；油光锉刀（50～62 齿/cm）只用来最后修光表面。锉刀越细，锉出工件的表面越光，但生产率也越低。根据形状不同，锉刀可分为平锉、半圆锉、方锉、三角锉及圆锉等（图 7-28），以平锉用得最多。

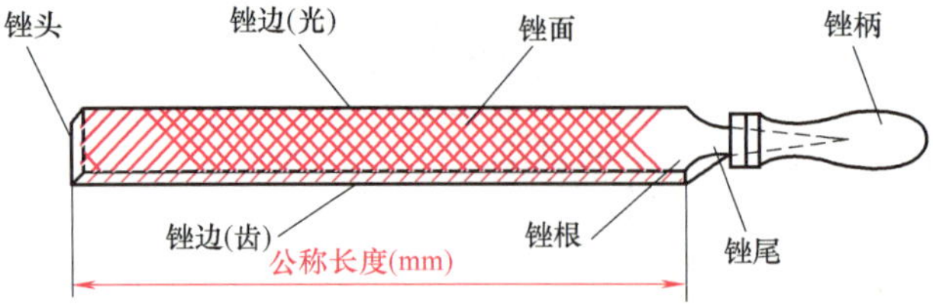

图 7-26　锉刀

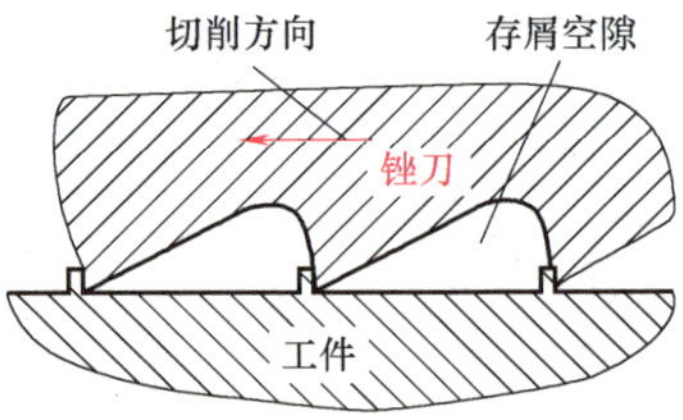

图 7-27　锉齿的形状

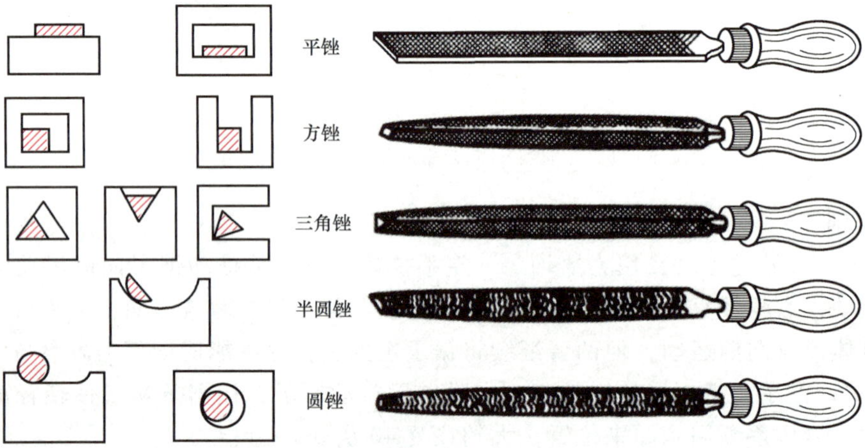

图 7-28　锉刀的种类和用途

2. 锉削注意事项

锉削时必须正确掌握握锉的方法以及施力变化。使用大的平锉时，左手压在锉端上，使锉刀保持水平（图 7-29a）；用中型平锉时，因用力较小，左手大拇指和食指捏着锉端，引导锉刀水平移动（图 7-29b）。锉削时，锉刀前推时加压，并保持水平；返回时，不宜紧压工件，以免磨钝锉齿和损伤已加工表面。

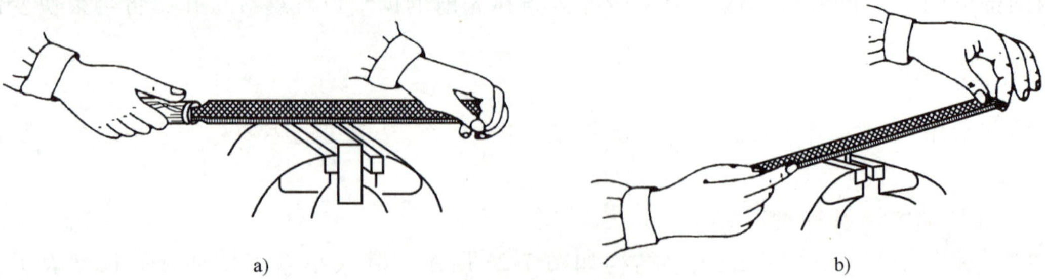

图 7-29　握锉方法

a）大平锉握法　b）中等平锉握法

3. 锉平面的步骤和方法

（1）选择锉刀　锉削前，应根据金属的软硬、加工表面和加工余量的大小、工件的表面粗糙度要求等来选择锉刀。加工余量小于 0.2mm 时，宜用细锉。

（2）工件夹持　工件应牢固地夹在台虎钳钳口中部，并略高于钳口。夹持已加工表面时，应在钳口与工件间垫以铜制或铝制垫片。

（3）锉削　粗锉时可用交叉锉法（图 7-30a）。此法的锉痕是交叉的，故去屑较快，并容易判断锉削表面的不平程度，有利于把表面锉平。交叉锉削后，再用顺向锉法（图 7-30b）进一步锉光平面，平面基本锉平后，在余量很少的情况下，可用细锉或光锉用推锉法修光（图 7-30c）。推锉法一般用于锉光较窄的平面。

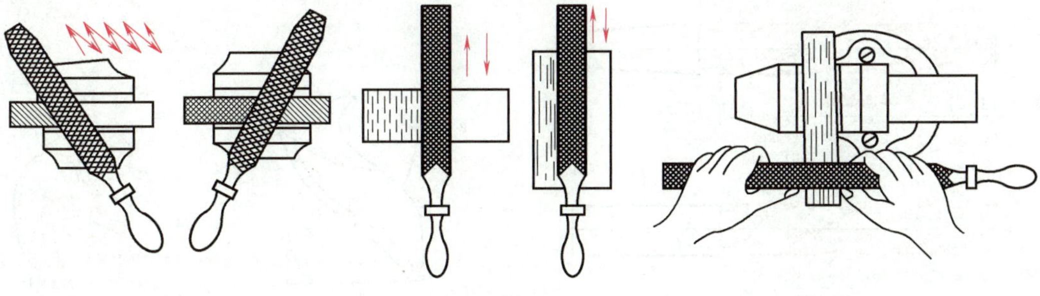

图 7-30　平面锉削法

a）交叉锉法　b）顺向锉法　c）推锉法

（4）检验　锉削时，工件的尺寸可用钢直尺、卡钳或游标卡尺测得。工件的平直度及直角可用 90°角尺根据其是否能透过光线来检查，如图 7-31 所示。

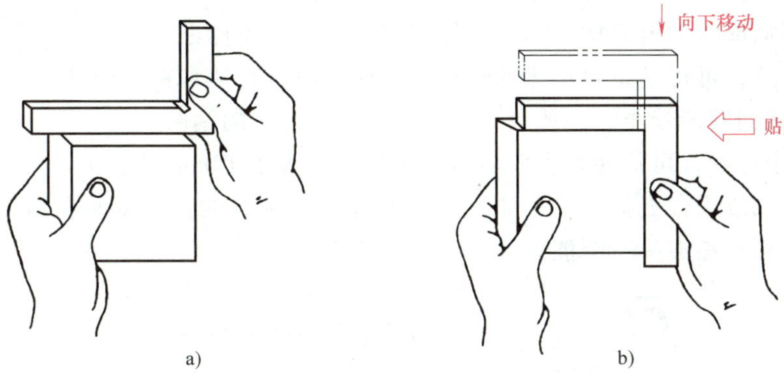

图 7-31　检查平直度和直角

a）检查平直度　b）检查直角

7.3.4　钻孔、扩孔和铰孔

工件上孔的加工，大部分由钳工利用各种钻床和钻孔工具来完成。钳工加工孔的方法一般指钻孔、扩孔和铰孔等，属钻削加工。

1. 钻孔

用钻头在实心工件上加工出孔的操作称为钻孔。钻孔的尺寸公差等级低，一般为 IT12 左右，表面粗糙度值 Ra 为 50～12.5μm。

（1）麻花钻及装夹　普通钻孔操作使用的刀具是麻花钻，一般用高速工具钢制造。麻花钻由工作部分、颈部和柄部三部分构成，如图 7-32 所示。

工作部分又包括切削部分和导向部分。切削部分包括两条主切削刃、两条副切削刃、一条横刃、两个前面、两个主后面、两个副后面（即棱边）和两个刀尖，相当于两个直头外圆车刀在空间相互缠绕并连接在一起，如图 7-33 所示。标准麻花钻的顶角一般为 $2\varphi=118°\pm2°$，螺旋角 $\omega=18°\sim30°$。

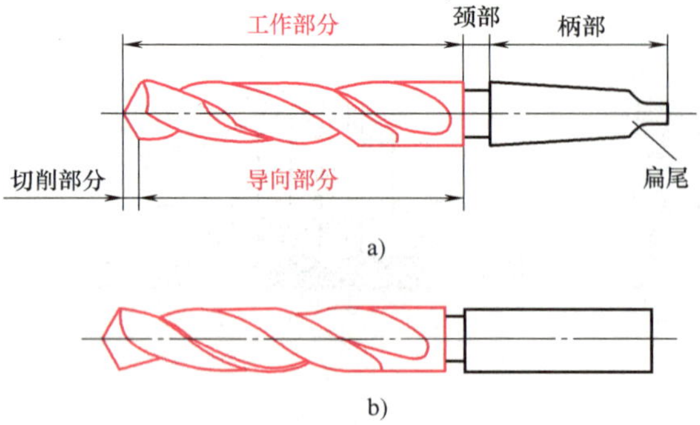

图 7-32　麻花钻的结构

a）锥柄　b）直柄

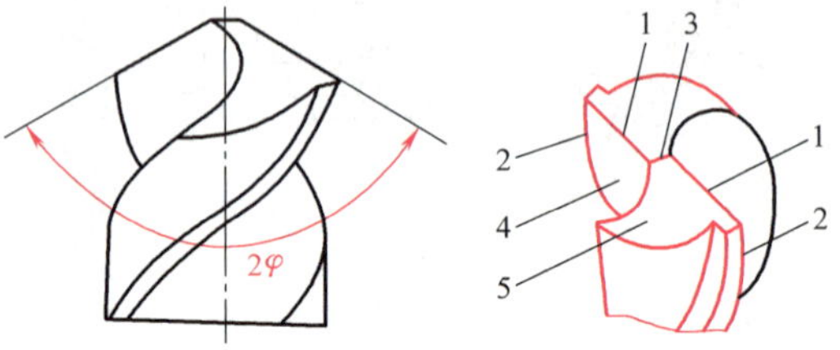

图 7-33　麻花钻切削部分的结构

1—主切削刃　2—副切削刃　3—横刃　4—前面　5—主后面

导向部分由经过铣、磨或轧制而成的两条对称螺旋槽组成，用于形成切削刃和前角，起排屑和通过冷却液的作用；导向部分还有两条细长的棱边，略带倒锥，用于形成副偏角和引导钻头方向的作用，还可减小与孔壁的摩擦。

颈部是磨削柄部时的退刀槽，其上一般打有厂家的有关标记。

柄部用于夹持，可传递来自机床的转矩。钻柄一般有直柄和锥柄两种。

1）直柄传递的转矩较小，一般用于直径在 12mm 以下的钻头。

2）锥柄对中性好，可传递较大的转矩，用于直径大于 12mm 的钻头。

直柄麻花钻一般用钻夹头装夹，如图 7-34 所示。钻夹头的锥柄安装在钻床主轴锥孔中，麻花钻的直柄装夹在钻夹头三个能自动定心的夹爪中。

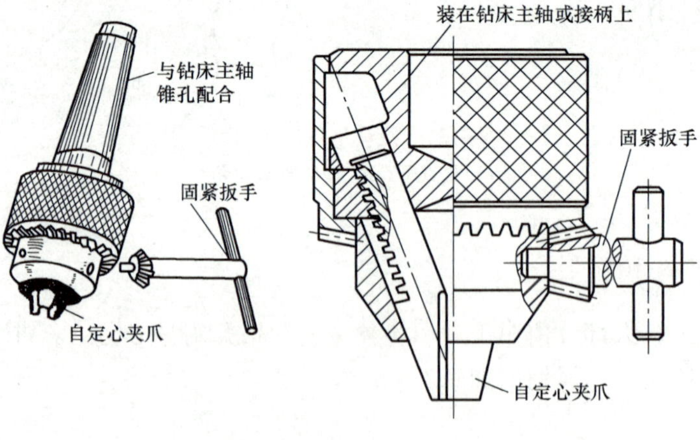

图 7-34　钻夹头

a）外形　b）结构

锥柄麻花钻一般用过渡套筒安装，如图 7-35 所示。如用一个过渡套筒仍无法与主轴锥孔配合，还可用两个或两个以上套筒做过渡连接。

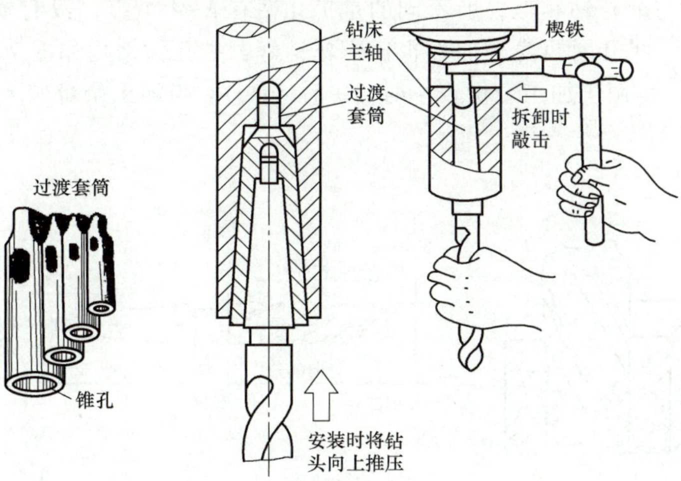

图 7-35　用过渡套筒安装钻头

（2）工件的安装　工件安装的方法与工件的形状、大小、生产批量及孔的加工要求等因素有关。单件小批量生产或者孔的加工要求不高时，可以用划线来确定孔的中心位置，然后采用通用夹具安装。例如，在薄板、小工件上钻削直径小于 8mm 的孔时，可以用手虎钳装夹工件；形状规则的小型工件可以用机用虎钳装夹；较大的工件可以用压板、螺栓直接装夹在钻床工作台上；圆柱形工件上沿半径方向钻孔时可使用 V 形铁，如图 7-36 所示。

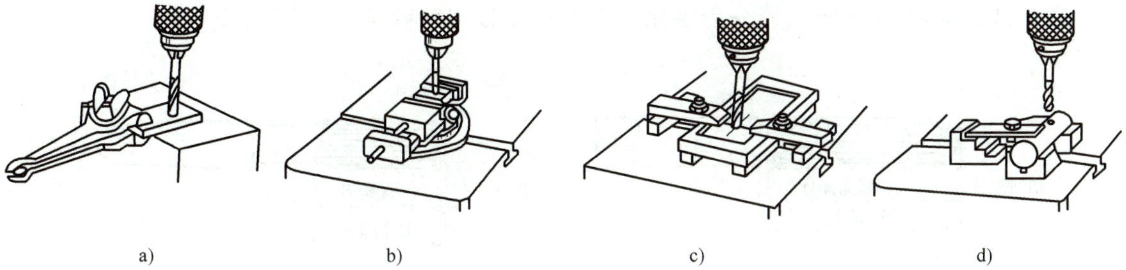

图 7-36　各种工件的装夹

a）手虎钳装夹　b）机用虎钳装夹　c）压板、螺栓装夹　d）V 形铁装夹

（3）钻孔　钻削时，应先对准中心试钻一个浅坑，检查孔的位置是否正确，如果孔轴线偏了，可以用样冲纠正，然后再钻削。钻孔的进给速度要均匀，将要钻通时要减小进给量，以防止卡住或折断钻头。钻较深的孔（深径比大于 5）时，由于轴向力和转矩过大，一般应分多次钻出并加冷却液。当孔径较大时，应先钻一个直径小一些的孔，然后再用所需孔径的钻头进行扩孔。

钻削的切削用量应根据工件材料、钻头条件及钻孔直径等因素来选择。

2. 扩孔

用扩孔钻或钻头扩大工件上已有孔的加工方法称为扩孔。扩孔常作为孔的半精加工，也通常用作铰孔前的预加工。扩孔的质量比钻孔高，一般尺寸精度可达 IT10～IT9，表面粗糙度值 *Ra* 为 6.3～3.2μm。

扩孔钻的形状与麻花钻相似，所不同的是扩孔钻有 3～4 个齿，没有横刃，螺旋槽较浅，钻心粗大，刚性好，扩孔时自身导向性也比麻花钻好，扩孔钻结构如图 7-37 所示。

用扩孔钻扩孔，多用于加工余量较小时（0.5～4mm）。当加工余量较大时，需用大麻花钻扩孔。

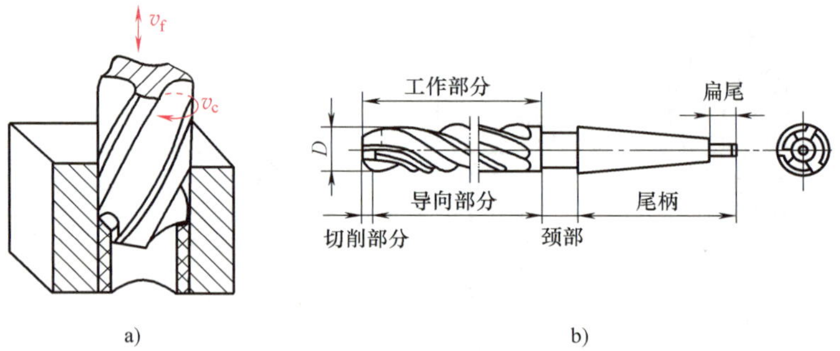

图 7-37　扩孔钻结构图

a）扩孔加工　b）扩孔钻

3. 铰孔

铰孔是用铰刀对孔进行最后精加工的方法。铰孔的尺寸公差等级可达 IT7～IT6，表面粗糙度值 *Ra* 可达 1.6～0.8μm。铰孔的加工余量很小，粗铰为 0.15～0.25mm，精铰为 0.05～0.15mm。

铰刀结构如图 7-38 所示，分为手用铰刀和机用铰刀两种。

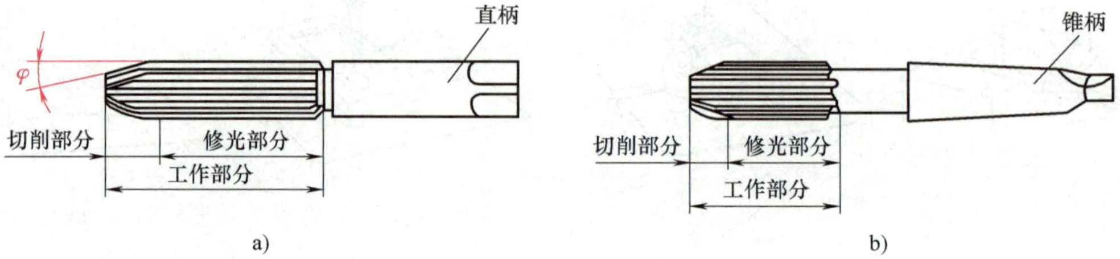

图 7-38　铰刀结构

a）手用铰刀　b）机用铰刀

1）手用铰刀。手用铰刀为直柄，柄尾有方头，工作部分较长，刀齿数较多，用于手用铰刀。

2）机用铰刀。机用铰刀多为锥柄，装夹在钻床、镗床主轴上或车床尾座轴上进行铰孔。

铰孔注意事项：

① 合理选择铰孔余量。

② 铰孔时要选用合适的切削液进行润滑和冷却。铰削钢件一般用乳化液，铰削铸铁一般用煤油。

③ 铰孔时，要选择较低的切削速度，较大的进给量。

④ 铰孔时，铰刀在孔中绝对不能倒转，否则铰刀和孔壁之间易挤住切屑，造成孔壁划伤；机铰时，要在铰刀退出孔后再停车，否则孔壁有拉毛痕迹；铰通孔时，铰刀修光部分不可全部露出孔外，否则出口处会被划伤。

7.3.5 攻螺纹和套螺纹

用丝锥在圆孔的内表面上加工内螺纹称为攻螺纹（图 7-39a），用板牙在圆杆的外表面上加工外螺纹称为套螺纹（图 7-39b）。

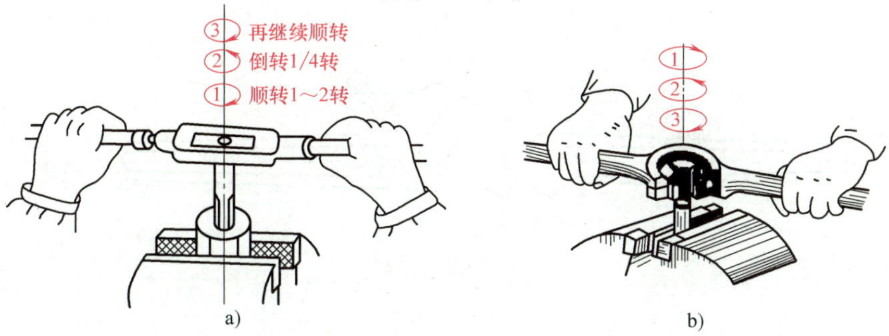

图 7-39 攻螺纹和套螺纹

a）攻螺纹 b）套螺纹

1. 攻螺纹

（1）丝锥 丝锥是专门攻螺纹的刀具。丝锥由切削部分、修光部分（定位部分）、容屑槽和柄部构成。切削部分在丝锥的前端，呈圆锥状，切削负荷分配在几个切削刃上。定位部分具有完整的齿形，用来校准和修光已切出的螺纹，并引导丝锥沿轴向运动。容屑槽是沿丝锥纵向开出的 3~4 条槽，用来容纳攻螺纹时所产生的切屑。柄部有方榫，用来安放攻螺纹扳手、传递转矩，丝锥及其应用如图 7-40 所示。

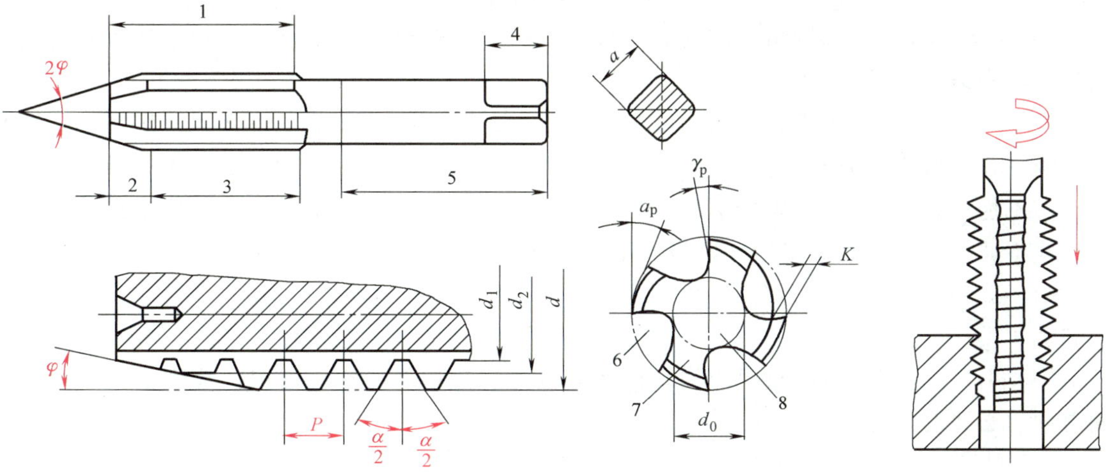

图 7-40 丝锥及其应用

1—工作部分 2—切削部分 3—校准部分 4—方头 5—柄部 6—容屑槽 7—齿 8—心部

攻螺纹时，为了减少切削力，提高丝锥的寿命，将攻螺纹的整个切削量分配给几支丝锥来担负。这种配合完成攻螺纹工作的几支丝锥称为一套。先用来攻螺纹的丝锥称头锥，其次为二锥，再次为三锥。一般攻 M6~M24 以内的丝锥，每套有两支；攻 M6 以下或 M24 以上的螺纹，每套丝锥为三支。

（2）铰杠　铰杠是夹持和扳转丝锥的专用工具，如图 7-41 所示。铰杠是可调式的，转动右手柄，可调节方孔的大小，以便夹持不同规格的丝锥。

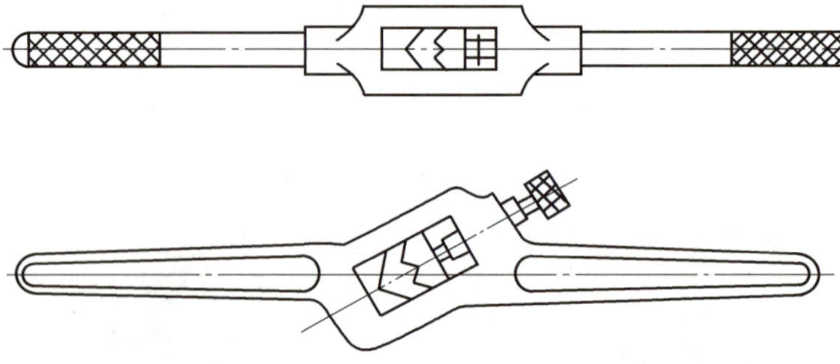

图 7-41　铰杠

（3）攻螺纹方法

1）钻螺纹底孔，底孔的直径通过查表或用经验公式计算得出。

对于钢料及韧性材料，计算公式为：

$$d=D-P$$

对于铸铁及脆性材料，计算公式为：

$$d=D-(1.05\sim1.1)P$$

式中，d 为螺纹底孔直径；D 为螺纹大径（外径），即工件螺纹公称直径；P 为螺距。

在不通孔中加工内螺纹时，由于丝锥不能在孔底部切出完整螺纹，因此底孔深度 H 应大于螺纹的有效长度 L，计算公式为：

$$H=L+0.7D(\text{螺纹大径})$$

2）倒角。在孔口部倒角，倒角处的直径可略大于螺纹大径，以利于丝锥切入，并防止孔口螺纹崩裂。

3）攻螺纹。将丝锥垂直放入工件螺纹底孔内，用铰杠轻压旋入 1~2 周，用目测或直角尺在两个互相垂直的方向上检查，使丝锥与端面保持垂直。当丝锥切入 3~4 周后，可以只转动，不加压，每转 1~2 周倒转 1/4 周，以使切屑断落。攻通孔螺纹时，只用头锥攻穿即可；攻不通孔时，应做好记号，以防丝锥触及孔底。

4）用二锥、三锥攻螺纹先将丝锥放入孔内，用手旋入几周后，再用铰杠转动，转动时无需加压。

5）润滑。对钢件攻螺纹时应加乳化液或机油润滑；对铸铁、硬铝件攻螺放时一般不加润滑油，必要时可加煤油润滑。

2. 套螺纹

（1）套螺纹工具

1）板牙。板牙一般由合金工具钢制成。常用的圆板牙如图 7-42a 所示，可调式圆板牙在圆柱面上开有 0.5~1.5mm 的窄缝，使板牙螺纹孔直径可以在 0.5~0.25mm 范围内调节，圆板牙螺孔的两端有 40°的锥度部分。是板牙的切削部分。圆板牙轴向的中间段为校准部分，也是套螺纹时的导向部分。

2）板牙架。它是夹持圆板牙的工具，如图 7-42b 所示。

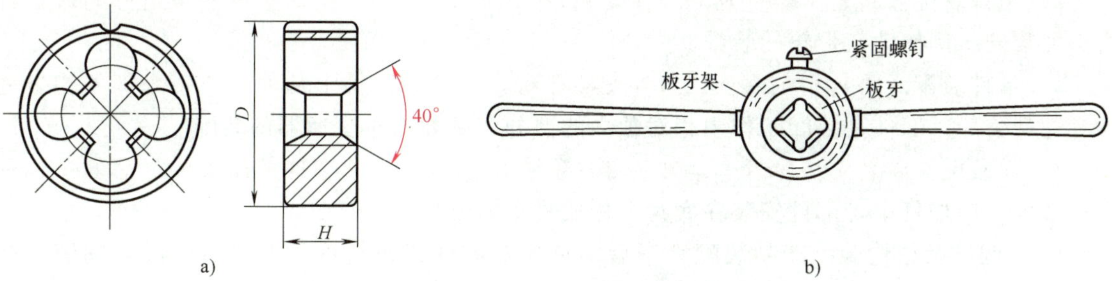

图 7-42 圆板牙及板牙架

a）圆板牙 b）板牙架

（2）套螺纹方法

1）套螺纹前需先确定套螺纹圆杆的直径。由于套螺纹时有明显的挤压作用，因此圆杆直径应略小于螺纹大径，具体数值可以查阅相关的手册，或者用下列经验公式计算：

$$d = D - 0.13P$$

式中，d 为圆杆直径；D 为螺纹大径，即工件螺纹公称直径；P 为螺距。

2）圆杆的端部必须先做出合适的倒角。圆板牙端面与圆杆应保持垂直，避免套出的螺纹有深有浅。

3）板牙开始切入工件时转动要慢，压力要大，套入 3~4 周后，即可只转动、不加压。要时常反转来断屑。

7.4 装配

装配是将合格的零件按装配工艺组装起来，调试使之成为合格产品的过程，它是产品制造过程中的最后环节。

1. 装配的概念

组成产品的零件加工质量很好，但整机却有可能是不合格品，其原因就是装配工艺不合理或装配操作不正确。因此，产品质量的好坏，不仅取决于零件的加工质量，而且还取决于装配质量。装配质量差的产品，精度低、性能差、寿命短，将造成很大的损失。在整个产品制造过程中，装配工作占的比重很大。大批量生产中，装配工时约占机械加工工时的 20%，而在单件小批量生产中，装配工时约占机械加工工时的 40%以上。

2. 装配的过程

（1）装配前的准备

1）研究和熟悉产品装配图、工艺文件和技术要求，了解产品的结构、各零部件的作用以及相互连接关系。

2）确定装配方法、顺序并准备所需要的工具。

3）对装配的零件进行清理和清洗，去除零件上的毛刺、铁锈和油污等。

4）检查零件加工质量，对某些零件进行必要的平衡试验或密封性试验等。

（2）装配　装配分为组件装配、部件装配和总装配。

1）组件装配。将若干零件及分组件安装在一个基础零件上从而构成一个组件的过程称为组件装配，例如轴与带轮的装配。

2）部件装配。将若干个零件、组件安装在另一个基础零件上从而构成一个部件的过程称为部件装配。部件是装配工作中相对独立的部分，例如汽车变速器的装配。

3）总装配。将若干个零件、组件、部件安装在产品的基础零件上而构成产品的过程称为总装配，例如货车各部件安装在底盘上构成货车的装配。

（3）调试及精检验　产品装配完毕后，首先对零件或机构的相互位置、配合间隙、结合松紧进行调整，然后进行全面的精度检验，最后进行试车，检验包括运转的灵活性，工作时的温升、密封性、转速、功率等各项性能指标。

（4）涂油、装箱　机器的加工表面应涂防锈油，贴标签，装入说明书、合格证、清单等，最后装箱。

7.5　钳工质量与检验

1. 锯削的质量分析与检验（表 7-1）

表 7-1　锯削质量分析与检验

<table>
<tr><th>锯条损坏形式</th><th>产生原因</th><th>工件质量问题</th><th>产生原因</th></tr>
<tr><td rowspan="2">折断</td><td rowspan="2">锯条安装过紧或过松
工件抖动
锯缝产生歪斜，靠锯条强行纠正
推力过大
更换锯条后，新锯条在旧锯缝中锯削</td><td>工件尺寸不对</td><td>划线不正确
锯削时未留余量</td></tr>
<tr><td>锯缝歪斜</td><td>锯条安装过松或扭曲
工件未安装
锯削时，顾前未顾后</td></tr>
<tr><td>崩齿</td><td>锯条粗细选择不当
起锯角过大
铸件内有砂眼、杂物等</td><td rowspan="2">表面锯痕多</td><td rowspan="2">起锯角度过小
锯条未靠左手大拇指指定位置</td></tr>
<tr><td>磨损过快</td><td>锯削速度过快
未加切削液</td></tr>
</table>

2. 锉削质量分析与检验（表 7-2）

表 7-2　锉削质量分析与检验

锉削质量	检验工具	检验方法	产 生 原 因
形状、尺寸不准确	游标卡尺	测量法	划线不准确或锉削时未及时检验尺寸
平面不平直	直角尺或刀口形直尺	透光法	锉刀选择不合理，锉削时施力不当

（续）

锉削质量	检验工具	检验方法	产生原因
平面互相不垂直	直角尺	透光法	锉刀选择不合理，锉削时施力不当
表面粗糙	表面粗糙度样板	对照法	锉刀粗细选择不当或锉屑堵塞锉刀表面，锉屑未及时处理

3. 钻孔质量分析（表 7-3）

表 7-3 钻孔质量分析

质量问题	产生原因
孔径扩大	两主切削刃长度、角度不相等；钻头轴线与钻床主轴轴线不重合
孔壁粗糙	钻头已磨损或后角过大；进给量过大，断屑不良，排屑不畅；切削液选择不当
轴线歪斜	钻头轴线与加工面不垂直；钻头磨削不当，钻削时轴线歪斜；进给量过大，钻头弯曲
轴线偏移	工件划线不正确；钻头轴线未对准孔的轴线；工件未夹紧；钻头横刃太长，定心不准
钻头折断	孔将钻穿时，未及时减小进给量；切屑堵塞未及时排出；钻头磨损严重仍继续钻削；钻头轴线歪斜，钻头弯曲
钻头磨损加剧	切削用量过大；钻头刃磨不当，后角过大；工件有硬质点；未加切削液

4. 攻螺纹质量分析（表 7-4）

表 7-4 攻螺纹质量分析

质量问题	产生原因
螺孔攻歪	手动攻螺纹时，丝锥与工件不垂直；用机器攻螺纹时，丝锥未对准孔的中心
滑牙	螺孔攻歪，用丝锥强行纠正；丝锥碰到较大砂眼打滑
螺纹牙深不够	螺纹底孔太大
螺孔中径太大	机器攻螺纹时，丝锥晃动

7.6 安全操作规程

1）进入车间，须穿好训练服，扎好袖口。

2）实习学生必须在指定工位操作，未经指导教师同意，不得随意触摸、起动各种电源开关和设备。

3）工具、量具应分别放置整齐。

4）加工前应检查锤子或锉刀等工具的手柄是否牢固。

5）用手锯锯削材料时，用力要均匀，不能重压或强扭，接近锯断时用力要小而慢。

6）划线工具、台虎钳等，不能击打，刻划、用后要清洁整理，工件及工具要轻拿轻放，以防损坏平板。

7）钻削时必须戴训练帽，不能戴手套，钻屑只能用毛刷去除。

8）钻削工件必须牢固装夹在台虎钳中或用压板固定在工作台上，严禁用手握持工件进行钻削。

9）训练完毕后，清洁并收好放好工具、量具，清理设备、工作台及工作场所，精密量具应仔细擦净后放在盒子里。

思　考　题

1. 划线的作用是什么？
2. 划线前需要做哪些准备工作？
3. 什么叫划线基准？如何选择划线基准？
4. 交叉锉、顺锉和推锉法各适用于什么场合？
5. 常用钻床有哪几种？它们的结构和用途有何不同？
6. 扩孔和铰孔的用途是什么？
7. 装配前需要做哪些准备？

第8章

数控加工技术

【训练目的】

1. 了解数控加工的基本原理，数控机床基本结构和控制方式。
2. 熟悉数控车削加工的手工编程通用格式及主要指令。
3. 掌握简单零件车削加工的手工编程，独立完成代码输入和数控加工。
4. 了解数控铣削加工主要对象、常用刀具。
5. 了解数控加工中心的主要功能、主要加工对象及手工编程的主要指令。

8.1 概述

数控机床是一种按照输入的数字程序信息进行自动加工的机床。数控加工泛指在数控机床上进行零件加工的工艺过程。数控加工技术是指高效、优质地实现产品零件，特别是复杂形状零件加工的有关理论、方法与实现的技术，它是自动化、柔性化、敏捷化和数字化制造加工的基础与关键技术。该技术集传统的机械制造、计算机、现代控制、传感检测、信息处理、光机电技术于一体，是现代机械制造技术的基础。它的广泛应用，给机械制造业的生产方式及产品结构带来了深刻的变化。数控技术的水平和普及程度，已经成为衡量一个国家综合国力和工业现代化水平的重要标志。

一般来说，数控加工涉及数控编程技术和数控加工工艺两大方面。数控加工过程包括按给定的零件加工要求（零件图样、CAD 数据或实物模型）进行加工的全过程。

数控编程技术涉及制造工艺、计算机技术、数学、计算几何、微分几何、人工智能等众多学科领域知识，它所追求的目标是如何更有效地获得满足各种零件加工要求的高质量数控加工程序，以便更充分地发挥数控机床的性能，获得更高的加工效率与加工质量。数控编程是实现数控加工的重要环节，特别是对于复杂零件加工，编程工作的重要性甚至超过数控机床本身。在现代生产中，由于产品形状及质量信息往往需通过坐标测量机或直接在数控机床上测量来得到，测量运动指令也有赖于数控编程，因此数控编程对于产品质量控制有着重要的作用。

根据零件复杂程度的不同，数控加工程序可通过手工编程或计算机自动编程获得。

8.2　数控加工基础知识

8.2.1　数控机床组成及特点

1. 数控机床的组成

数字控制技术简称数控（NC，Numerical Control），是一种采用数字化信息实现加工自动化的控制技术。

NC 机床：用数字化信号对机床的运动及其加工过程进行控制的机床。

CNC（Computer-Numerical Control）机床：采用微处理器或专用微型计算机作为数控系统，由系统程序来实现对机床的运动及其加工过程进行控制的机床。

数控机床一般由机床本体、CNC 装置（或称 CNC 单元）、伺服单元、驱动装置（或称执行机构）、可编程控制器 PLC 及电气控制装置、测量装置及辅助装置组成。图 8-1 是数控机床的组成框图。除机床本体之外的部分统称为计算机数控（CNC）系统。

（1）机床本体　CNC 机床由于切削用量大、连续加工发热量大等因素对加工精度有一定影响，加之在加工中是自动控制，不能像在普通机床上那样由人工进行调整、补偿，所以其设计要求比普通机床更严格，制造要求更精密，采用了许多新的加强刚性、减小热变形、提高精度等方面的措施。

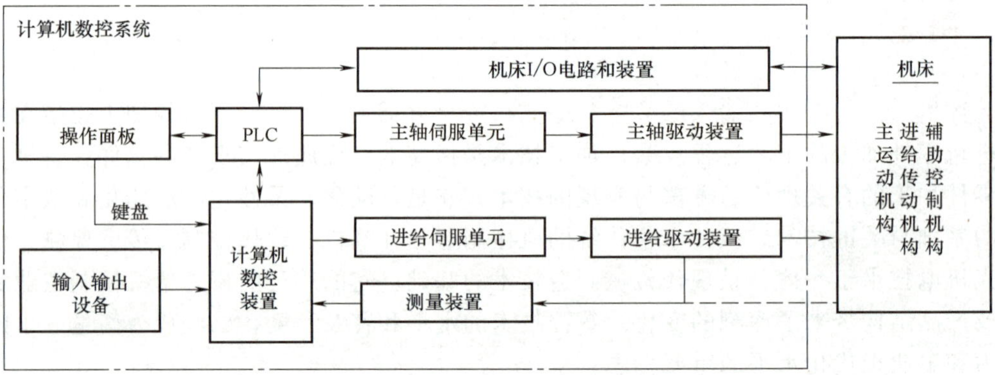

图 8-1　数控机床的组成框图

（2）CNC 装置　CNC 装置是 CNC 系统的核心，主要包括计算机系统、位置控制板、PLC 接口板、通信接口板、特殊功能模块以及相应的控制软件。数控机床的 CNC 系统完全由软件处理数字信息，因而具有真正的柔性化，可处理逻辑电路难以处理的复杂信息，使数字控制系统的性能大大提高。

键盘、磁盘机、232 接口、网络接口等是数控机床的典型输入设备。

现代数控系统一般配有彩色 LED 显示器，显示信息较丰富，并能显示图形。操作人员通过显示器获得必要的信息。

（3）伺服单元　伺服单元是 CNC 和机床本体的联系环节，它把来自 CNC 装置的微弱指令信号放大成控制驱动装置的大功率信号。根据接收指令不同，伺服单元可分为脉冲式和模拟式，而模拟式伺服单元按电源种类又可分为直流伺服单元和交流伺服单元。

（4）驱动装置 驱动装置把经放大的指令信号变为机械运动，通过简单的机械连接部件驱动机床，使工作台精确定位或按规定的轨迹做严格的相对运动，最后加工出图样所要求的零件。和伺服单元相对应，驱动装置有步进电动机、直流伺服电动机和交流伺服电动机等。

伺服单元和驱动装置合称为伺服驱动系统，它是机床工作的动力装置，CNC 装置的指令要靠伺服驱动系统付诸实施，所以伺服驱动系统是数控机床的重要组成部分。从某种意义上说，数控机床功能的强弱主要取决于 CNC 装置，数控机床性能的好坏主要取决于伺服驱动系统。

（5）可编程控制器 可编程控制器（PC，Programmable Controller）是一种以微处理器为基础的通用型自动控制装置，专为在工业环境下应用而设计的。由于最初研制这种装置的目的是为了解决生产设备的逻辑及开关控制，故把它称为可编程逻辑控制器（PLC，Programmable Logic Controller）。当 PLC 用于控制机床顺序动作时，也可称之为编程机床控制器（PMC，Programmable Machine Controller）。

PLC 已成为数控机床不可缺少的控制装置。CNC 和 PLC 协调配合，共同完成对数控机床的控制。用于数控机床的 PLC 一般分为两类：一类是 CNC 的生产厂家为实现数控机床的顺序控制，而将 CNC 和 PLC 综合起来设计，称为内装型（或集成型）PLC，内装型 PLC 是 CNC 装置的一部分；另一类是以独立专业化的 PLC 生产厂家的产品来实现顺序控制功能，称为外装型（或独立型）PLC。

（6）机床 I/O 电路和装置 实现 I/O 控制的执行部件（继电器、电磁阀、行程开关、接触器等）组成逻辑电路，其功能是接受 CNC 的 M、S、T 指令，对其进行译码并转换成对应的控制信号，控制辅助装置完成机床相应的开关动作；接受操作面板和机床侧的 I/O 信号，送给 CNC 装置，经其处理后，输出指令控制 CNC 系统的工作状态和机床的动作。

（7）测量装置 测量装置又称反馈元件，通常安装在机床的工作台或丝杠上，相当于普通机床的刻度盘和人的眼睛，它把机床工作台的实际位移转变成电信号反馈给 CNC 装置，供 CNC 装置与指令值比较，产生误差信号，以控制机床向消除该误差的方向移动。按有无检测装置，CNC 系统可分为开环与闭环数控系统，而按测量装置的安装位置，又可分为闭环与半闭环数控系统。开环数控系统的控制精度取决于步进电动机和丝杠的精度，闭环数控系统的控制精度取决于检测装置的精度。因此，测量装置是高性能数控机床的重要组成部分。此外，由测量装置和显示环节构成的数显装置，可以在线显示机床移动部件的坐标值，大大提高了工作效率和工件加工精度。

数控机床的品种和规格繁多，分类方法不一。根据数控机床的功能和组成，其分类见表 8-1。

数控机床的加工过程，就是将加工过程所需的各种操作（如主轴变速、松夹刀具、进刀退刀、自动关停冷却液、程序的启停等）、步骤和工件的形状尺寸用数字化代码表示，然后通过控制介质（磁盘、串口、网络）送入数控装置，并对输入的信息进行处理与运算，发出相应的控制信号，控制机床的伺服系统或其他驱动元件，使机床自动加工出所需要的工件。

表 8-1 数控机床类型

分类方法	机床类型
按坐标轴数分类	2 轴,2.5 轴,3 轴,多轴
按系统控制特点分类	点位控制数控机床,直线控制数控机床,轮廓控制数控机床
按有无测量装置分类	开环数控系统,半闭环数控系统,闭环数控系统
按功能水平分类	经济型、普及型、高级型
按工艺用途分类	数控钻,数控磨,数控车,数控铣,加工中心,车铣中心,铣车中心,数控电火花及线切割,数控激光加工,数控冲床等

2. 数控机床的特点

(1) 适应性强，具有高柔性 适应性即所谓的柔性，是指数控机床随生产对象变化而变化的适应能力。在数控机床上改变加工零件时，只需重新编制程序，输入新的程序后就能实现对新零件的加工；而无须改变机械部分和控制部分的硬件，生产过程自动完成。这就为复杂结构零件的单件、小批量生产以及试制新产品提供了极大的方便。适应性强是数控机床最突出的优点，也是数控机床得以生产和迅速发展的主要原因。

(2) 加工精度高，产品质量稳定 数控机床是按数字形式给出的指令进行加工，一般情况下工作过程无须人工干预，这就消除了操作者人为产生的误差。在设计制造数控机床时，采取了许多措施，使数控机床的机械部分达到了较高的精度和刚度。数控机床工作台的移动当量普遍达到了 0.01~0.0001mm，而且进给传动链的反向间隙与丝杠螺距误差等均可由数控装置进行补偿，高档数控机床采用光栅尺进行工作台移动的闭环控制。数控机床的加工精度由过去的±0.01mm 提高到±0.005mm，甚至更高。20 世纪 90 年代初定位精度已达到±(0.002~0.005)mm。此外，数控机床的传动系统与机床结构都具有很高的刚度和热稳定性。通过补偿技术，数控机床可获得比本身精度更高的加工精度，尤其提高了同一批零件生产的一致性，产品合格率高，加工质量稳定。

(3) 自动化程度高，劳动强度低（改善劳动条件） 数控机床加工前经调整好后，输入程序并起动，机床就能自动连续地进行加工，直至加工结束。操作者主要是进行程序的输入、编辑，装卸零件、刀具准备、加工状态的观测和零件的检验等工作，使人的劳动强度极大降低，劳动趋于智力型工作。另外，机床一般是封闭式加工，既清洁，又安全。

(4) 生产效率高，减少辅助时间和机动时间 零件加工所需的时间主要包括机动时间和辅助时间两部分。数控机床主轴的转速和进给量的变化范围比普通机床大，因此数控机床每一道工序都可选用最有利的切削用量。由于数控机床结构刚性好，因此允许大切削用量的强力切削，这就提高了数控机床的切削效率，节省了机动时间。数控机床的移动部件空行程运动速度快，工件装夹时间短，刀具可自动更换，辅助时间比一般机床大为减少。

数控机床更换被加工零件时几乎不需要重新调整机床，节省了零件安装调整时间。数控机床加工质量稳定，一般只做首检验和工序间关键尺寸的抽样检验，因此节省了停机检验时间。在加工中心机床上加工时，一台机床实现了多道工序的连续加工，生产效率提高更为显著。

(5) 良好的经济效益 数控机床虽然设备昂贵，加工时分摊到每个零件上的设备折旧费较高，但在单件、小批量生产的情况下，数控机床加工可节省划线工时，减少调整、加工和检验时间，节省直接生产费用。数控机床加工零件一般无须制作专用夹具，节省了工艺装备费用。数控机床加工精度稳定，减少了废品率，使生产成本进一步下降。此外，数控机床可实现一机多用，节省厂房面积和建厂投资。因此使用数控机床可获得良好的经济效益。

（6）有利于生产管理的现代化　数控机床使用数字信息与标准代码处理和传递信息，特别是在数控机床上使用计算机控制，为计算机辅助设计、制造以及管理一体化奠定了基础。

8.2.2　数控机床编程基础

数控加工是把编好的加工程序输入数控装置，数控装置再将输入的信息进行运算处理后转换成驱动伺服机构的指令信号，最后由伺服机构控制机床的各种动作，自动加工出零件。因此，用数控机床加工零件，程序编制是一项重要的工作，它对有效利用数控机床起主要作用。数控加工的程序编制又称数控编程。数控编程时，必须对零件进行分析，将加工零件的全部工艺过程、工艺参数、位移数据等以规定的代码、程序格式写出。学习数控编程的基本知识（坐标系的确定、数控刀具的选择、基本数控指令、指令格式等）后，还必须对该数控机床的规格、性能、切削范围、CNC 系统所具备的功能、编程指令及指令格式等有较全面的了解，并将机床的运动过程、零件的工艺过程、切削用量和走刀路线等参数都确定以后，才能编写程序，最后在机床上通过模拟加工、试切加工等来验证程序的正确性、合理性。

因此，数控编程是集工艺于程序之中，且其实践性很强。通过数控编程的学习，要求掌握数控编程的一般步骤、基本方法和常用编程技巧，学会数控机床的调整、参数设置和数控系统的基本操作等。

1. 数控机床的坐标系

对于数控机床坐标和运动方向，不论是工件静止、刀具运动或是工件运动、刀具静止，在确定坐标系时一律看作是刀具相对静止的工件运动，且刀具远离工件的方向为坐标轴的正方向。机床的直线运动 *X*、*Y*、*Z* 采用右手笛卡尔直角坐标系，通常取 *Z* 轴平行于机床主轴，*X* 轴水平且平行工件装夹面，+*Y* 轴按右手定则判定；*X*、*Y*、*Z* 的正向是使工件尺寸增大的方向；机床的 3 个运动 *A*、*B*、*C* 的转轴分别平行于 *X*、*Y*、*Z* 坐标轴，取右旋螺纹前进方向为正向。

如图 8-2 所示，大拇指方向为 *X* 轴正方向，食指为 *Y* 轴正方向，中指为 *Z* 轴正方向。

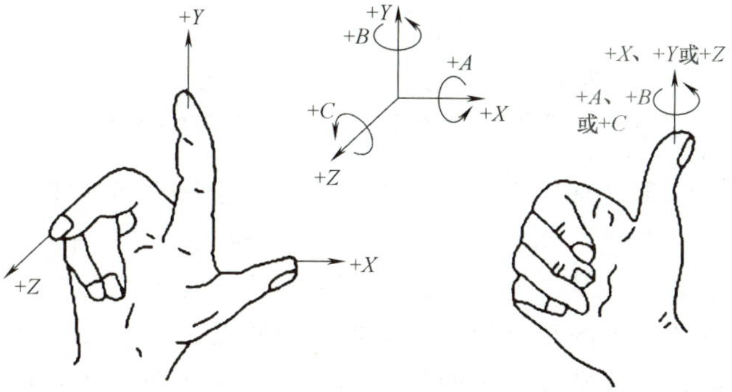

图 8-2　右手笛卡尔坐标系

平行于机床主轴的刀具运动方向为 Z 轴，取刀具远离工件的方向为正方向（$+Z$）。

（1）数控车床的坐标系　数控车床的坐标系以主轴中心线为 Z 轴方向，刀架远离主轴端面方向是 Z 轴的正方向；主轴直径方向为 X 轴方向，以刀架远离主轴中心线方向为 X 轴正方向，如图 8-3 所示。

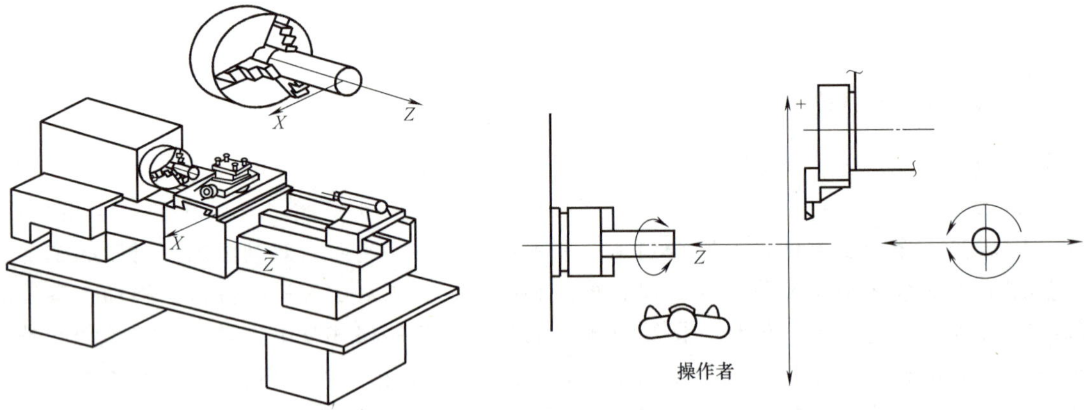

图 8-3　数控车床坐标系

（2）数控铣床（加工中心）的坐标系　数控铣床（加工中心）坐标系同样遵循右手笛卡儿规则。三个坐标轴互相垂直，机床主轴轴线方向为 Z 轴，刀具远离工件的方向为 Z 轴正方向。

X 轴位于与工件安装面相平行的水平面内，对于卧式铣床（加工中心），人面对机床主轴，左侧方向为 X 轴正方向；对于立式铣床（加工中心），人面对机床主轴，右侧方向为 X 轴正方向，Y 轴方向则根据 X、Z 轴按右手笛卡儿直角坐标系来确定，如图 8-4 所示。

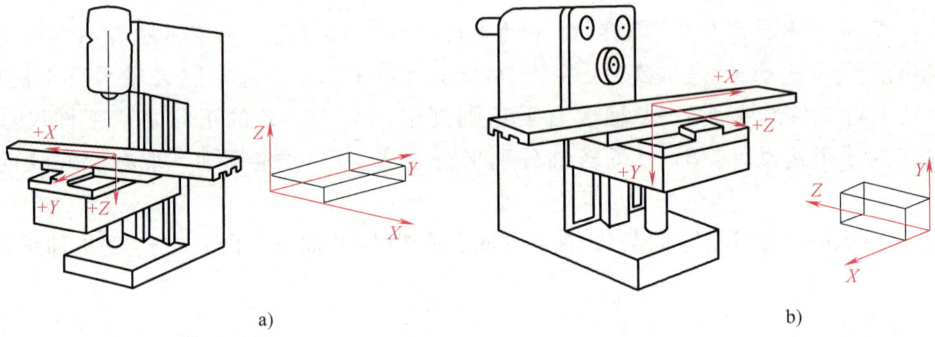

图 8-4　数控铣床（加工中心）坐标系

a）立式数控铣床坐标系　b）卧式数控铣床坐标系

为便于操作，数控铣床（加工中心）一般在设备上会贴上机械坐标系轴向的标志。

（3）工件坐标系　工件坐标系是编程人员在编程和加工时使用的坐标系，是程序的参考坐标系，工件坐标系的位置以机床坐标系为参考点，一般一个机床中可以设定 6 个工件坐标系。编程人员以工件图样上的某点为工件坐标系的原点，称为工作原点。编程时的刀具轨迹坐标点是按工件轮廓在工件坐标系中的坐标确定。在加工时，工件随夹具安装在机床上，这时测量工作原点与机床原点间的距离称为工作原点偏置，如图 8-5 所示。这个偏置值必须在执行加工程序前预存到数控系统中。在加工时，工件原点偏置便能自动加到工件坐标系上，使数控系统可按机床坐标系确定加工时的绝对坐标值。

因此，编程人员可以不考虑工件在机床上的实际安装位置和安装精度，而利用数控系统的原点偏置功能，通过工作原点偏置值，补偿工件在工作台上的位置误差。现在绝大多数数控机床都有了这种功能，使用起来很方便。

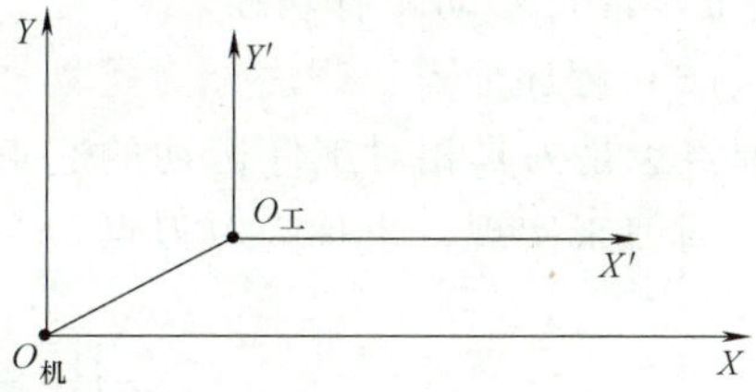

图 8-5　工件坐标系与机床坐标系

2. 数控机床的重要坐标点

（1）机床原点（或称机械原点）　机床原点是指在机床上设置的一个固定点，即机床坐标系的原点。它在机床装配、调试时就已由生产厂家确定，是数控机床进行加工运动的基准点。

在数控车床上，机床原点一般取在卡盘端面与主轴中心线的交点，如图 8-6 所示。同时，通过设置参数的方法，也可将机床原点设定在 X、Z 轴的正方向极限位置上。

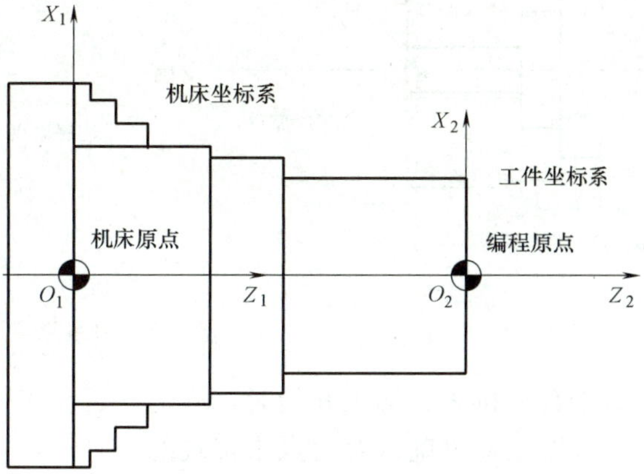

图 8-6　数控车床的机床原点

在数控铣床（加工中心）上，机床原点一般取在 X、Y、Z 轴的正方向极限位置上，如图 8-7 所示。

（2）机床参考点　机床参考点是用于对机床运动进行检测和控制的固定位置点。机床参考点的位置是由机床制造厂家在每个进给轴上用限位开关精确调整好的，坐标值已输入数控系统中。图 8-7 所示为数控车床的参考点与机床原点。

通常在数控车床上机床参考点是离机床原点最远的极限点，在数控铣床（加工中心）上机床参考点和机床原点是重合的，如图 8-8 所示。

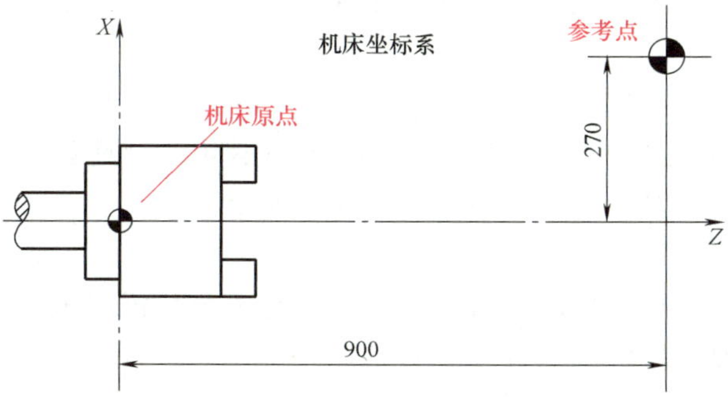

图 8-7　数控车床的参考点与机床原点

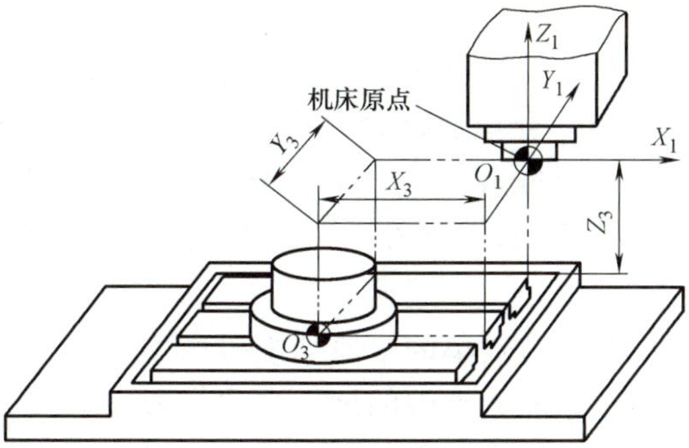

图 8-8　数控铣床（加工中心）的机床原点

数控机床开机时，必须先确定机床原点，而确定机床原点的运动就是刀架返回机床参考点的操作，这样通过确认机床参考点，就确定了机床原点。只有机床参考点被确认后，刀具

（或工作台）移动才有基准。

（3）程序原点 程序原点是指加工程序中的坐标原点。如图 8-9 所示，数控加工时，程序原点也是刀具相对工件运动的起点，所以也称为加工原点。由于程序原点是通过“试切法”对刀来实现，也称为对刀点。

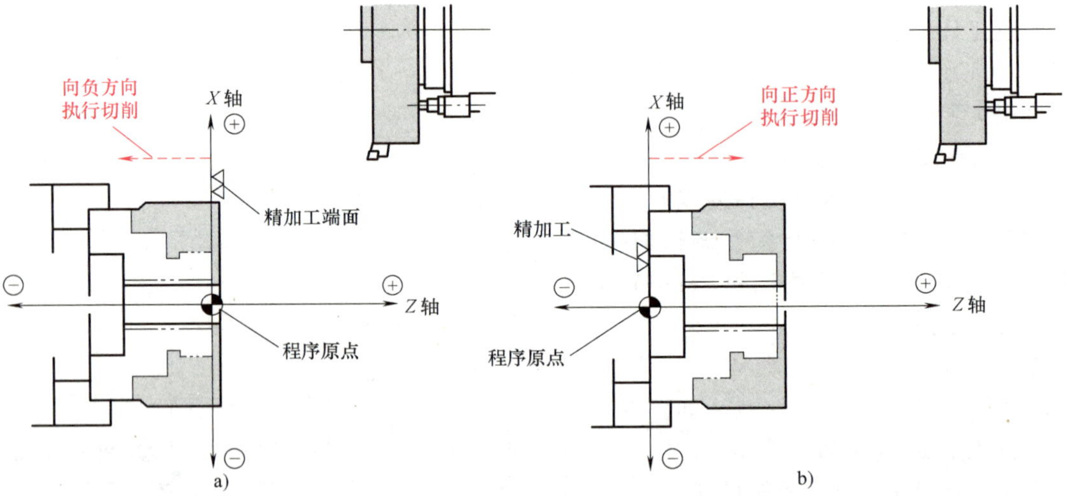

图 8-9 程序原点（对刀点）

对于数控机床，加工开始时，确定刀具与工件的相对位置很重要，即确定加工原点，这一相对位置是通过确认对刀点来实现的。对刀点是指通过对刀确定刀具与工件相对位置的基准点。对刀点可以设置在被加工零件上，也可以设置在夹具上与零件定位基准有一定尺寸联系的某一位置，对刀点往往就选择在零件的加工原点。对刀点的选择原则如下：

1）所选的对刀点应使程序编制简单。

2）对刀点应选择在容易找正、便于确定零件加工原点的位置。

3）对刀点应选在加工时检验方便、可靠的位置。

4）对刀点的选择应有利于提高加工精度。

（4）数控机床的换刀点 换刀点是为加工中心、数控车床等多刀加工的机床编程而设置的，因为这些机床在加工过程中需自动换刀。为防止换刀时碰伤零件或夹具，换刀点常设置在被加工零件的外面，并要有一定的安全量。

（5）合理选择对刀点与换刀点 对刀是数控加工中必不可少的一个过程。所谓对刀是指使“刀位点”与“对刀点”重合的操作。每把刀具的半径与长度尺寸都不同，刀具装在机床上后，应在 CNC 中设置刀具的基本位置。“刀位点”是指刀具的定位基准点。

3. 切削用量的选择

对于高效率的金属切削机床加工，被加工材料、切削刀具、切削用量是工艺分析的重要内容，经济、有效的加工方式，要求必须合理选择切削条件。

合理选择切削用量，不但可以提高切削效率，还可以提高零件的表面精度。影响切削用量的因素有机床的刚度、刀具的材质、工件的材料和切削液等。以下给出了有关切削用量的常用计算公式。

（1）车削、切槽、切断、螺纹切削（图 8-10、图 8-11）

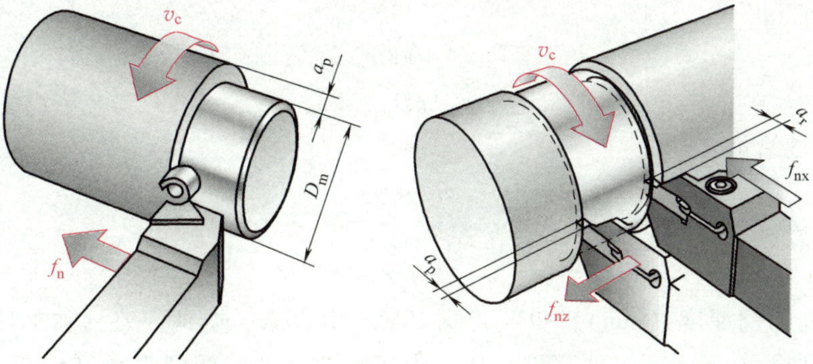

图 8-10　车削、切槽、切断参数

1）切削速度 v_c

$$v_c = \frac{\pi D_m n}{1000}$$

2）主轴转速 n

$$n = \frac{1000 v_c}{\pi D_m}$$

式中，v_c 为切削速度（m/min）；D_m 为加工后直径（mm）；n 为主轴转速（r/min）。

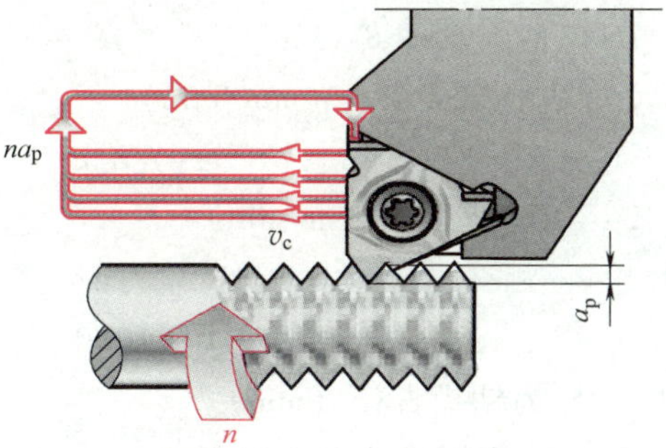

图 8-11　螺纹切削参数

（2）铣削（图 8-12）

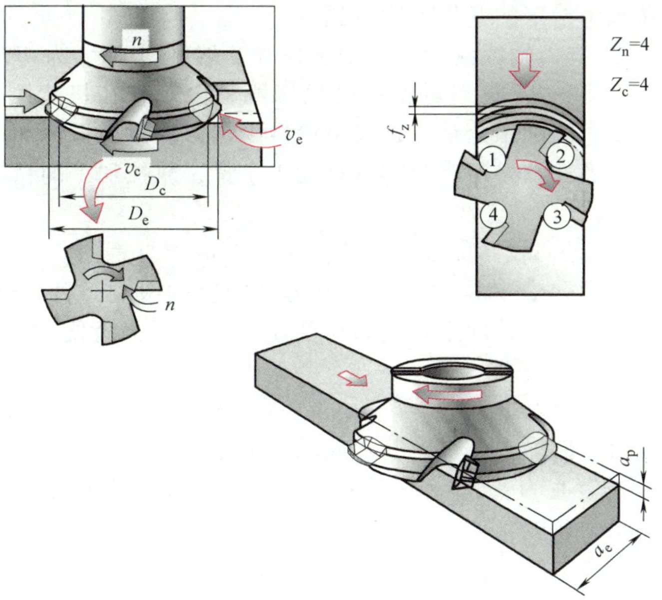

图 8-12　铣削

1）切削速度 v_c

$$v_c = \frac{D_{cap} \pi n}{1000}$$

2）主轴转速 n

$$n=\frac{1000v_c}{\pi D_{cap}}$$

3）工作台进给量 v_f

$$v_f=f_n n$$

4）进给量 f_n

$$f_n=f_z Z_c$$

其中，a_p 为轴向切削深度（mm），也叫背吃刀量，由机床、夹具、刀具和工件的刚度决定；a_e 为径向切削深度（mm），切削宽度；D_{cap} 为实际切深处的切削直径（mm），在 a_p（mm）处，$D_{cap}=D_e$；f_n 为进给量（mm/r）；v_f 为工作台进给量（mm/min）；Z_c 为吃刀时的有效齿数（pcs）。

（3）钻削（图 8-13）

1）钻削穿透率 v_f（mm/min）

$$v_f=f_z Z_c n$$

2）切削速度 v_c（m/min）

$$v_c=\frac{D_c\pi n}{1000}$$

式中，D_c 为钻头直径（mm）。

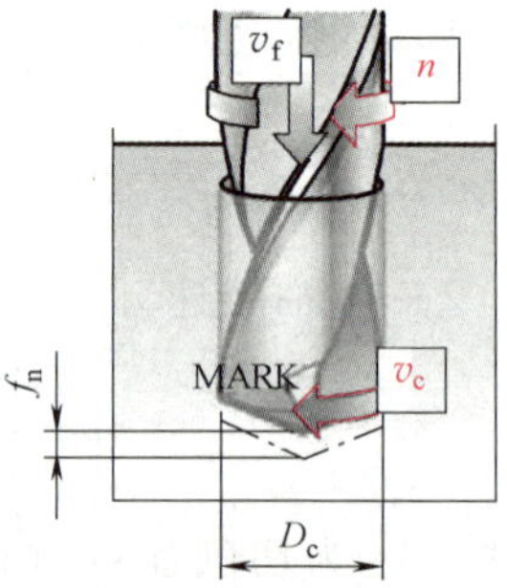

图 8-13　钻削

（4）切削用量的选用原则

切削用量包括背吃刀量 a_p、切削速度 v_c（或主轴转速 n）和进给量 f_n，称为切削用量三要素，这些参数均应在机床给定的允许范围内选取。

背吃刀量 a_p 为平行于铣刀轴线测量的切削层尺寸，端铣时，a_p 为切削层深度；而周铣时，a_p 为被加工表面的宽度。背吃刀量主要受机床刚度限制，在机床刚度允许的情况下，尽可能使背吃刀量等于工序的加工余量，这样可以减少走刀次数，提高加工效率。对于表面粗糙度和精度要求较高的零件，要留有足够的精加工余量，数控加工的精加工余量可比通用机床加工的余量小一些。

1）粗加工时，应尽量保证较高的金属切除率和必要的刀具寿命。选择切削用量时应首先选取尽可能大的背吃刀量 a_p，其次根据机床动力和刚性的限制条件，选取尽可能大的进给量 f_n，最后根据刀具寿命要求，确定合适的切削速度 v_c。增大背吃刀量 a_p 可使走刀次数减少，增大进给量 f_n 则有利于断屑。

2）精加工时，对加工精度和表面粗糙度要求较高，加工余量不大且较均匀。选择切削用量时，应着重考虑如何保证加工质量，并在此基础上尽量提高生产率。因此，精切时应选用较小（但不能太小）的背吃刀量 a_p 和进给量 f_n，并选用性能高的刀具材料和合理的几何参数，以尽可能地提高切削速度。

8.3　数控车削加工

8.3.1　数控车削概述

在数控金属切削机床中，数控车床是使用最广泛的数控机床之一。数控车床的主运动和进给运动由不同的电动机进行驱动，而且这些电动机都可以在机床的控制系统下，实现无极调速，随时改变加工的速度和方向。数控车床主要用于加工轴类、盘套类等回转体零件，能通过程序控制自动完成内外圆柱面、锥面、圆弧、螺纹等工序的切削加工，并进行切槽、钻孔、扩孔、铰孔等工作，而近年来出现的数控车削中心和数控车铣中心，使得在一次装夹中可以完成更多的加工工序，提高了加工质量和生产率，因此特别适合用于复杂形状的回转类零件的加工。

数控车床 CKA6140 各代码的含义如下：

C　K　A　6　1　40

- 40——机床上最大工件回转直径的 1/10，即 400mm
- 1——卧式车床系
- 6——落地及卧式车床组
- A——改型
- K——数控
- C——车床

1. 数控车床的机械构成

从机械结构上看，数控车床还没有脱离普通车床的结构形式，即由床身、主轴箱、刀架进给系统以及液压、冷却和润滑系统等部分组成。与普通车床不同的是，数控车床的进给系统与普通车床有本质的区别，数控车床没有传统的走刀箱、溜板箱和挂轮架，而是直接用伺服电动机通过滚珠丝杠驱动滑板和刀具，实现进给运动，因而大大简化了进给系统的结构。数控车床由数控系统（CNC）单元、电气控制和显示器操作面板组成。图 8-14 展示了数控车床的构成部分。

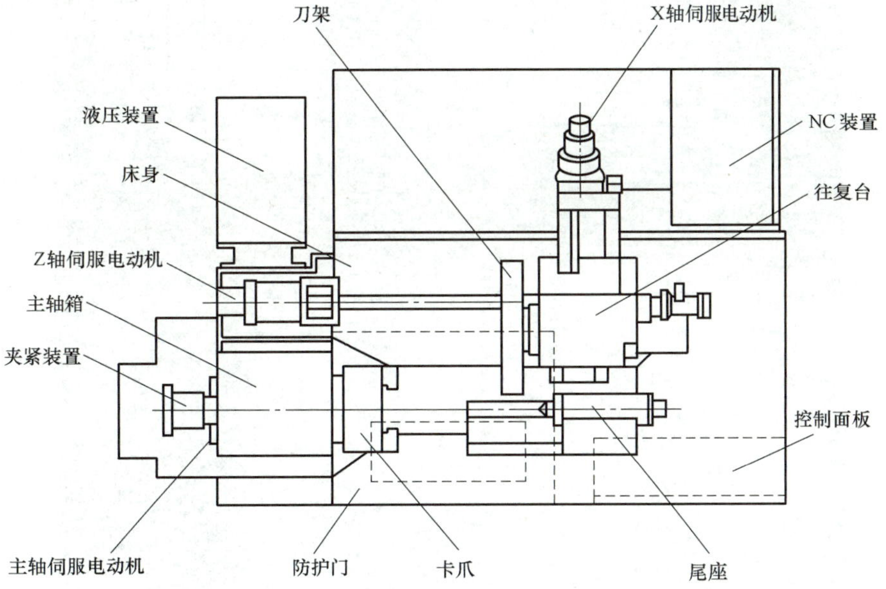

图 8-14　数控车床的构成

（1）床身　与普通车床不同的是，数控车床的床身为倾斜布置，这种设计方案便于安装车床的刀盘，也便于加工时的排屑，另外对提高整个床身的刚性和动态特性也有一定的好处。

（2）主轴箱 数控车床的主轴箱通过主轴伺服电动机的旋转利用带轮送到主轴箱内的变速齿轮，以此来确定主轴的特定转速。主轴的前后端都有轴承支承和定位机构。

（3）主轴伺服电动机 主轴伺服电动机有交流和直流两种。直流伺服电动机可靠性高，容易在宽范围内控制转矩和速度，因此被广泛使用。近年来小型、高速度、更可靠的交流伺服电动机作为电动机控制技术的发展成果得到越来越多的应用。

（4）夹紧装置（夹具） 数控车床的夹具分为圆周定位和中心定位两种。用于圆周定位的夹具包括自定心卡盘、软爪卡盘、单动卡盘和花盘等，用于中心定位的夹具包括两顶尖拨盘、拨动顶尖等。

（5）进给传动机构 进给传动机构包括径向 X 轴和轴向 Z 轴两个坐标方向。刀架安装在进给传动机构的拖板上，可以通过拖板实现 X 轴和 Z 轴方向的定位和移动。

（6）刀架（刀盘） 刀架（刀盘）装置可以固定刀具和索引刀具，使刀具在与主轴垂直的方向上定位。

（7）尾座 尾座一般由套筒、手柄、丝杠、底板和手轮组成。其主要的作用是支承工件或在尾座顶尖套筒中装上钻头、铰刀或圆板牙等刀具来加工工件。尾座的结构形式一般有顶尖式和圆盘式。

（8）控制面板 控制面板包括显示器操作面板（执行数据的输入/输出）和机床操作面板（执行机床的手动操作），如图 8-15 所示。

图 8-15 控制面板

2. 数控车床的特点

（1）传动链短 数控车床刀架的两个运动方向分别由两台伺服电动机驱动，伺服电动机直接与丝杠连接带动刀架运动，伺服电动机与丝杠间也可以用同步带副连接。多功能数控车床一般采用直流或交流主轴控制单元来驱动主轴，主轴控制单元可以按控制指令无级变速，与主轴之间无须再用多级齿轮副来进行变速。随着电动机宽调速技术的发展，其目标是取消变速齿轮副，目前还要通过一级齿轮副变几个转速范围。因此，数控车床主轴箱内的结构比普通车床简单得多。

（2）刚性高　与控制系统的高精度控制相匹配，以便适应高精度加工。

（3）轻拖动　刀架移动一般采用滚珠丝杠副，为了拖动轻便，数控车床的润滑都比较充分，大部分采用油雾自动润滑。

8.3.2　数控车床编程指令

数控车床常用的功能指令有准备功能 G、辅助功能 M、刀具功能 T、主轴功能 S 和进给功能 F。表 8-2、表 8-3 给出了 FANUC 0i Mate 数控车系统常用 G、M 功能（代码）含义。

表 8-2　FANUC 0i Mate 数控车系统常用 G 代码表（本系统中车床采用直径编程）

代码	组别	功　能	格　式
G00	01	定位(快速)	G00 X __ Z __
G01		直线插补(切削进给)	G01 X __ Z __
G02		顺时针圆弧插补 CW	$\begin{Bmatrix}G02\\G03\end{Bmatrix}$ X __ __ Z __ __ $\begin{Bmatrix}R\_\_\ \_\_\\I\_\_\ \_\_\ K\_\_\ \_\_\end{Bmatrix}$
G03		逆时针圆弧插补 CCW	
G04	00	暂停	G04 [X|U|P]　X、U 单位:s; P 单位:ms(整数)
G20	06	英寸输入	G20
G21		毫米输入	G21
G28	00	返回参考位置	G28 X(U)__ Z(W)__;
G32	01	螺纹切削(由参数指定绝对和增量)	G32 X(U)__ Z(W)__ F__(E)__; F:米制螺纹的螺距;E:寸制螺纹的螺距
G40	07	刀具补偿取消	G40 G00(G01)X__ Z__;
G41		刀尖半径左补偿	G41 G00(G01) X__ Z__;
G42		刀尖半径右补偿	G42 G00(G01) X__ Z__;
G54	12	选择工作坐标系 1	G54
G55		选择工作坐标系 2	G55
G56		选择工作坐标系 3	G56
G57		选择工作坐标系 4	G57
G58		选择工作坐标系 5	G58
G59		选择工作坐标系 6	G59
G70	00	外圆精加工循环	G70 P*ns* Q*nf*; *ns*:精加工形状的程序段组的第一个程序段的顺序号 *nf*:精加工形状的程序段组的最后一个程序段的顺序号
G71		外圆粗车循环	G71 UΔd RΔe; G71 P*ns* Q*nf* UΔu WΔw F__; Δd:粗加工每次切深(半径值给定),无符号 Δe:退刀量,本指定是状态指定

（续）

代码	组别	功　能	格　式
G72	00	端面粗切削循环	G72 W$\underline{\Delta d}$ R$\underline{\Delta e}$; G72 P$\underline{ns}$ Q$\underline{nf}$ U$\underline{\Delta u}$ W$\underline{\Delta w}$(F__ S__ T__); Δu:X 轴方向精加工留量(直径值给定) Δw:Z 轴方向精加工留量
G73		多重车削循环	G73 U$\underline{\Delta i}$ W$\underline{\Delta k}$ R$\underline{d}$; G73 P$\underline{ns}$ Q$\underline{nf}$ U$\underline{\Delta u}$ W$\underline{\Delta w}$(F__ S__ T__); Δi:X 轴方向的退出距离和方向,半径指定 Δk: Z 轴方向的退出距离和方向 d:粗切次数
G90	01	外径/内径切削固定循环	G90 X(U)__ Z(W)__ F__;直线切削循环 G90 X(U)__ Z(W)__ R__ F__;锥形切削循环 R:切削起点与切削终点的直径值之差除以 2
G92		螺纹切削循环	G92 X(U)__ Z(W)__ F__;直螺纹切削循环 G92 X(U)__ Z(W)__ R__ F__ ;锥螺纹切削循环 X(U)、Z(W)为螺纹终点坐标值; F:螺纹导程(螺距 L) R:螺纹部分半径差,即螺纹切削起点与终点的半径差
G94		端面车削循环	G94 X(U)__ Z(W)__ F__;平端面格式 G94 X(U)__ Z(W)__ R__ F__;锥端面格式
G96	02	恒线速度控制	G96
G97		恒线速度控制取消	G97
G98	05	每分钟进给量	G98(F__);F:1min 进给量,mm/min
G99		每转进给量	G99(F__);F:主轴每转进给量,mm/r

表 8-3　FANUC 0i Mate 数控车系统常用 M 代码表

代码	功　能	代码	功　能
M00	程序停止	M98	子程序调用,格式: M98 P$xxnnnn$ 调用程序号为 O$nnnn$ 的程序 xx 次
M01	选择停止		
M02	程序结束		
M03	主轴正向转动开始	M99	子程序结束,格式: O$nnnn$ … M99
M04	主轴反向转动开始		
M05	主轴停止转动		
M08	切削液开		
M09	切削液关		
M30	结束程序运行且返回程序开头		

8.3.3　数控车床程序的构成与特点

数控编程有标准化的编程规则和程序格式，目前国际通用的有 EIA（美国电子工业协会）和 ISO（国际标准化协会）两种代码，代码中有数字码（0~9）、文字码（A~Z）和符号码。我国遵循国际标准化组织 ISO 制定的一系列标准。

1. 程序的构成

一个完整的程序由程序号、加工指令程序段和程序结束 3 部分组成。程序的结构如图 8-16 所示。

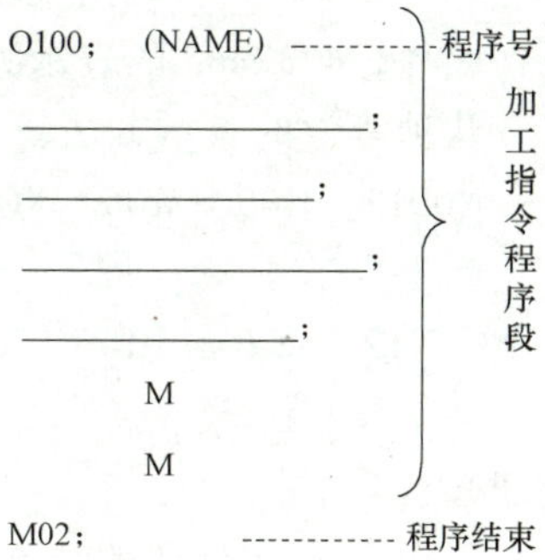

图 8-16 程序的结构

(1) 程序号 程序开始的标记，供数控装置在存储器程序目录中查找、调用。在数控装置中，程序的记录是靠程序号来辨别的，调用某个程序可通过程序号来调出，编辑程序要首先调出程序号。

程序编号的结构如下：

O ______；

↑____ 用 4 位数（1~9999）表示，不允许为"0"

程序编号例子：

O3；

O03；

O103；

O1003；

O1234；

程序编号要单独使用一个程序段。

(2) 加工指令程序段 程序的内容是整个程序的主要部分，由多个程序段组成。每个程序段由若干个字组成，每个字又由地址码和若干个数字组成。指令字代表某一信息单元，它代表机床的一个位置或一个动作。程序段的格式如下：

N __ G __ X(U)__ Z(W)__ F __ M __ S __ T __；

该格式的特点是对一个程序段中的字排列顺序要求不严格，数据位数可多可少，与上一程序段相同的字可以不写。

例如程序段：

N4 G01 X4.3 Z-4.3 F3.4 M08 S400 T0202；

其中，N4——为了区分和识别程序段，可以在程序段的前面加上顺序号，由 N 和四位数字组成。N4 代表 4 号程序段。

G01——准备功能（G 功能），由 G 和数字组成，G 功能的代号已经标准化。

X4.3——坐标字，由坐标地址符和数字组成，坐标可以用正负小数表示，小数点以前 4 位数，小数点以后 3 位数。

F3.4——进给功能 F，由进给地址符 F 和数字组成，进给速度可以用小数表示，小数点以前 3 位数，小数点以后 4 位数。

M08——辅助功能（M 功能），由辅助操作地址符 M 和数字组成。

S400——主轴功能（S 功能），由主轴地址符 S 和每分钟转速数值组成。

T0202——刀具功能（T 功能），由选刀代码 T 和刀具号数字组成。

；——一个程序段的结束。

在有些 CNC 中，在坐标指令和 F 指令中，数据是可能带有小数点的，此时输入的数据有特殊意义，需要特别注意。

例如：X3.——数据表示 3mm。

X3——数据表示 0.003mm。

X1.32——数据表示 1.320mm。

此外，4.32mm 的表示方法可以是 X4.32 或 X4320。

几种等效的表示方法：

N0012　G00　M08　X0012.340
↓　↓　↓　↓
N12　G0　M8　X12.34

(3) 程序结束　程序结束一般用辅助功能代码 M02（程序结束）或 M30（程序结束，返回起点）表示。

2. 数控车床程序的特点

(1) 坐标的选取及坐标指令　数控车床有它特定的坐标系，编程时可以按绝对坐标系或增量坐标系编程，也常采用混合坐标系编程。

U、X 坐标值，在数控车编程中以直径值输入，即按绝对坐标系编程时，X 输入直径值；按增量坐标编程时，U 输入的是径向实际位移值的 2 倍，并附上方向符号（正向省略）。

(2) 车削固定循环功能　数控车床具备各种不同形式的固定切削循环功能，如内（外）圆柱面固定循环、内（外）锥面固定循环、端面固定循环、切槽循环、内（外）螺纹固定循环及组合面切削循环等，用这些固定循环指令可以简化编程。

(3) 刀具位置补偿　现代数控车床具有刀具位置补偿功能，可以完成刀具磨损和刀尖圆弧半径补偿以及安装刀具时产生的误差的补偿。

8.3.4　数控车典型零件的程序编制

例 8-1： 如图 8-17 所示零件，材料为 45 钢，毛坯为 ϕ55mm×70mm 棒料，编写零件的加工程序。

(1) 零件图分析　该零件有外圆，阶梯孔，内、外倒角等加工表面，表面粗糙度要求较高，应分粗、精加工。因孔的最小尺寸为 ϕ30mm，可用钻孔→粗镗孔→精镗孔的加工方式加工。其中 ϕ35mm、ϕ30mm 孔有尺寸精度要求，取尺寸中值进行编程。由于棒料较长，可采用一次装夹工件完成多个表面的加工。

(2) 数值计算　对具有公差的尺寸计算如下：

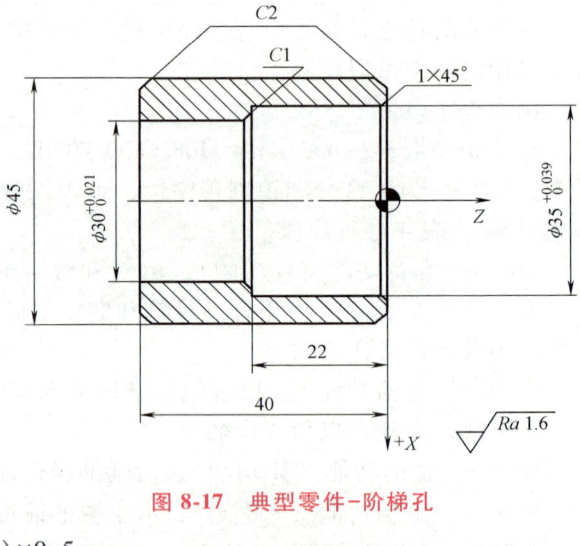

图 8-17　典型零件-阶梯孔

编程尺寸=基本尺寸+(上偏差+下偏差)×0.5

ϕ30 内孔尺寸=30mm+(0.021+0)mm×0.5=30.0105mm≈30.011mm

ϕ35 内孔尺寸=35mm+(0.039+0)mm×0.5=35.0195mm≈35.02mm

(3) 工艺分析　数控车为前刀台布局。用外圆刀手动车端面，钻中心孔，用 ϕ28mm 钻头钻内孔；用镗刀粗、精镗阶梯孔；用外圆刀粗、精车外圆、倒角，换切刀，车左外倒角、切断。

（4）选择刀具

1）中心钻，选择 ϕ28mm 钻头（装在尾座上手动切削）。

2）选硬质合金不通孔镗刀加工阶梯孔及内倒角，刀尖半径为 0.4mm，刀尖方位 T=2，置于 T01 刀位。

3）选 93°偏刀加工外圆及倒角，刀尖半径为 0.4mm，刀尖方位 T=3，置于 T02 刀位。

4）选切刀（刀宽为 4mm），车左倒角、切断，置于 T03 刀位。

（5）确定切削用量　镗孔加工时，因镗孔刀杆较细，应选用较小的进给速度，选用切削用量见表 8-4。

表 8-4　阶梯孔加工的切削用量

加工内容	背吃刀量 a_p/mm	进给速度 F/(mm/r)	主轴转速 n(r/min)
粗镗 ϕ35 内孔	1.5/1	0.15	500
内倒角	1	0.1	500
精镗 ϕ35、ϕ30 内孔	0.5	0.1	800
粗车 ϕ55 外圆至 ϕ46	2	0.25	500
精车 ϕ45 外圆	0.5	0.1	800
外倒角	2	0.1	500
切断	4	0.05	450

（6）编写程序　程序如下所示。

```
O0028;
G21 G40 G97 G99;
T0101;                     选镗孔刀
G00 X100. Z100.0;          到换刀点
S500 M03;
M08;
G41 G00 X28.0 Z2.0;        到镗孔起点
G90 X31.0 Z-22.0 F0.15;    G90 切削循环指令
X34.0;                     镗到 φ34,留 1mm 余量
G00 X29.0;                 结束循环,到(29,2)点
G01 Z-40.0;                粗镗孔 φ29,深 40mm
G00 X28.0;                 退刀
Z2.0;                      退到镗孔起点
S800 M03;
G00 X37.02;
G01 Z0.0;                  到倒角起点
X35.02 Z-1.0;              倒 φ35 孔的 C1 内倒角
Z-22.0 F0.1;               精镗 φ35 孔,深 22mm
X32.011;                   到倒角起点
X30.011 W-1.0;             倒 φ30 孔的 C1 内倒角
```

```
Z-40.0;                        精镗 φ30 孔
G00 X28.0;                     退刀
Z2.0;                          到镗孔起点
G40 X100.0 Z100.0;             关刀补,到换刀点
T0202;                         选外圆刀
T0101
S500 M03;
G00 X100.0 Z100.0
G42 G00 X46.0 Z2.0;            开右刀补,到 φ46 起点
G01 Z-44.0 F0.25;              粗车外圆 φ46,长 44mm
G00 X48.0;                     退刀
Z2.0;                          到(48,2)点
X41.0;
G01 Z0.0 F1.0;                 到倒角起点
X45.0 Z-2.0;                   倒 φ45 孔的 C2 外倒角
S800 M03;
Z-40.0;                        精车外圆 φ45
X60.0;                         退刀
G40 G00 X100.0 Z100.0;         关刀补,到换刀点
T0303;                         选切断刀
S450 M03;
G00 X47.0 Z-44.0;              到 44mm 切断处
G01 X41.0 F0.05;               切槽到 φ41
X47.0;
G00 W2.0;                      到-42mm 处
G01 X45.0;                     到倒角起点
X41.0 Z-44.0;                  倒角 C2
X30.0;                         切断
X60.0;                         退刀
G00 X100.0 Z100.0;
M09;
M30;
```

例 8-2： 如图 8-18 所示工件，毛坯尺寸 ϕ30mm×70mm 棒料。用 G71 和 G70 编制加工程序，要求循环起点在 A（38，3），粗车的切削深度为 1.5mm（半径值），退刀量 1mm，X 方向精加工余量（直径值）为 0.2mm，Z 方向精加工余量为 0.1mm。双点画线部分为工件毛坯轮廓。

工艺分析：

1）采用自定心卡盘装夹，工件伸出卡盘 50mm。

2）粗加工 ϕ28mm、ϕ20mm、ϕ10mm 外圆，按要求留精加工余量。

3）精加工 ϕ28mm、ϕ20mm、ϕ10mm 外圆至尺寸。

加工前先对刀，设置编程原点在装夹工件的右端面轴线上。

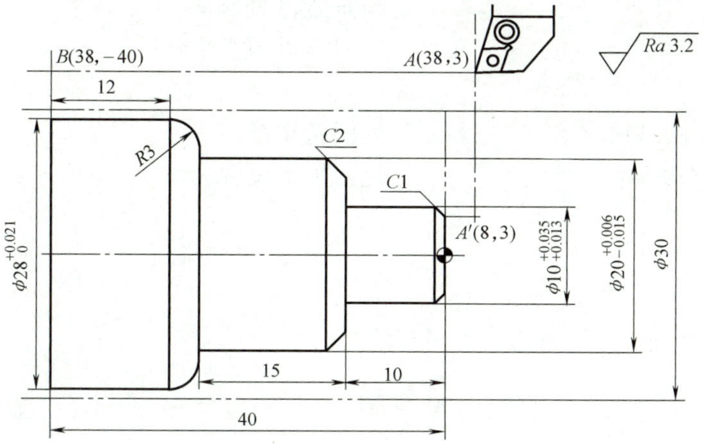

图 8-18 典型零件

数值计算：

带有公差的尺寸有三个 $\phi 28^{0.021}_{0}$、$\phi 20^{+0.006}_{-0.015}$ 和 $\phi 10^{+0.035}_{+0.013}$，编程时分别计算如下：

ϕ28 外圆尺寸 = 28mm+(0.021+0)mm×0.5 = 28.0105mm ≈ 28.011mm

ϕ20 外圆尺寸 = 20mm+(0.006−0.015)mm×0.5 = 19.9955mm ≈ 19.996mm

ϕ10 外圆尺寸 = 10mm+(0.035+0.013)mm×0.5 = 10.024mm

刀具的选择：

T01：93°硬质合金偏刀，粗加工、精加工用同一把刀，刀尖圆弧半径为 0.8mm，刀尖方位 T = 3。

程序：

O029;	
G21 G99 G97;	
T0101 ;	
G00 X100. Z200. ;	到换刀点换刀
S800 M03;	
G00 X38. Z3. ;	快速接近工件，到循环起点 A(38,3)
G71 U1.5 R1.0;	外圆粗车，吃刀 1.5mm，退刀 1mm
G71 P20 Q38 U0.2 W0.1 F0.25;	X 向精加工余量 0.2mm，Z 向精加工余量 0.1mm
N20 G00 X8.0;	从 A 到 A′点，精加工轮廓起始行，到 C1 倒角起点
G01 Z0. ;	到工件端面
X10.024 Z−1.0 ;	倒 ϕ10 圆 C1 倒角
Z−10.0;	精车 ϕ10 外圆
X16.0;	到 C2 倒角起点

X19.996 Z-12.0;	倒 ϕ20 圆的 $C2$ 倒角
Z-25.0;	精车 ϕ20 外圆
X22.0;	到 $R3$ 倒角起点
G03 X28.011 Z-28.0 R3.0;	精车 $R3$ 圆弧
G01 Z-40.0;	精车 ϕ28 外圆
N38 X38.0;	退刀到 B 点
S1000 M3;	
G70 P20 Q38 F0.1;	外圆精车循环
G00 X100.0 Z200.0;	退出加工位置
M05;	
M30;	

8.4　数控铣削加工

8.4.1　数控铣削加工概述

1. 数控铣削加工对象

数控铣削加工主要用于平面和曲面轮廓的零件，还可以加工复杂型面的零件，如凸轮、样板、模具、螺旋槽等，同时也可以对零件进行钻、扩、铰、锪和镗孔加工。适用于采用数控铣削的零件有平面类零件、直纹曲面类零件和立体曲面类零件。

（1）平面类零件　平面类零件是指加工面平行或垂直于水平面，以及加工面与水平面夹角为一定值的零件。这类零件的特点是各个加工单元面是平面或可以展开成为平面。目前，数控铣床上加工的绝大多数零件属于平面类零件。

图 8-19 所示的 3 个零件均为平面类零件。其中，曲线轮廓面 A 垂直于水平面，可采用圆柱立铣刀加工；凸台侧面 B 与水平面成一定角度，这类加工面可以采用专用的角度成形铣刀加工；对于斜面 C，当工件尺寸不大时，可用斜板垫平后加工，如机床主轴可以摆角，则可摆成适当的定角加工。当工件尺寸很大，斜面坡度又较小时，也常用行切法加工，这时会在加工面上留下进刀时的刀锋残留痕迹，要用钳修方法加以清除。

（2）直纹曲面类零件　直纹曲面类零件是指加工面与水平面的夹角呈连续变化的零件。

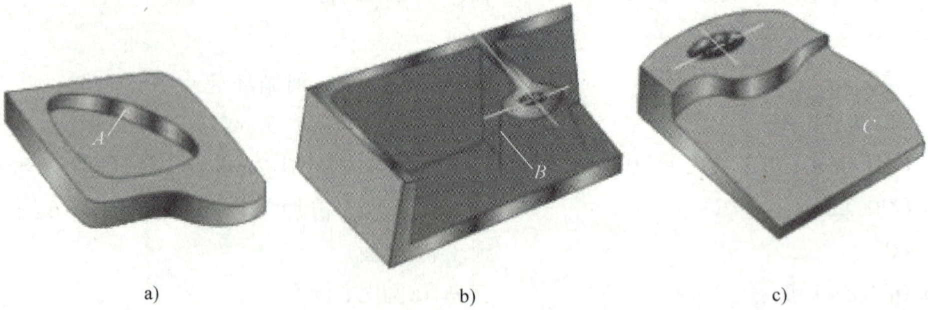

图 8-19　平面类零件

a）轮廓面 A　b）轮廓面 B　c）轮廓面 C

这类零件多数为飞机零部件，如飞机上的整体梁、框、椽条与肋等，此外还有检验夹具与装配型架等。图 8-20 所示为飞机上的一种变斜角梁椽条，当直纹曲面从截面①至截面②变化时，其与水平面间的夹角从 3°10′均匀变化为 2°32′，从截面②到截面③变化时，又均匀变化为 1°20′，最后到截面④，斜角均匀变化为 0°。直纹曲面类零件的加工面不能展开为平面。

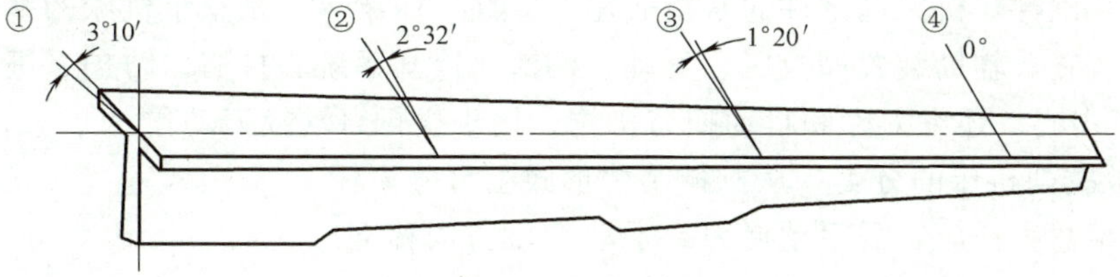

图 8-20　直纹曲面

采用四坐标或五坐标数控铣床加工直纹曲面类零件时，加工面与铣刀圆周接触的瞬间为一条直线，这类零件也可在三坐标数控铣床上采用行切加工法实现近似加工。

（3）立体曲面类零件　立体曲面类零件是指加工面为空间曲面的零件。这类零件的加工面不能展成平面，一般使用球头铣刀切削，加工面与铣刀始终为点接触，若采用其他刀具加工，易于产生干涉而铣伤邻近表面。加工立体曲面类零件一般使用三坐标数控铣床，常采用行切加工法和三坐标联动加工。

1）行切加工法。采用三坐标数控铣床进行二轴半坐标控制加工，即行切加工法。如图 8-21 所示，球头铣刀沿 *YOZ* 平面的曲线进行直线插补加工，当一段曲线加工完后，沿 *Y* 方向进给 ΔY，再加工相邻的另一曲线，如此依次用平面曲线来逼近整个曲面。相邻两曲线间的距离 ΔY 应根据表面粗糙度的要求及球头铣刀的半径选取。球头铣刀的球半径应尽可能选得大一些，以增加刀具刚度，提高散热性，降低表面粗糙度值。加工凹圆弧时铣刀球头半径必须小于被加工曲面的最小曲率半径。

2）三坐标联动加工。采用三坐标数控铣床三轴联动加工，即空间直线插补。如半球形，可用行切加工法加工，也可用三坐标联动的方法加工。采用三坐标联动加工时，数控铣床用 *X*、*Y*、*Z* 三坐标联动的空间直线插补，实现球面加工，如图 8-22 所示。

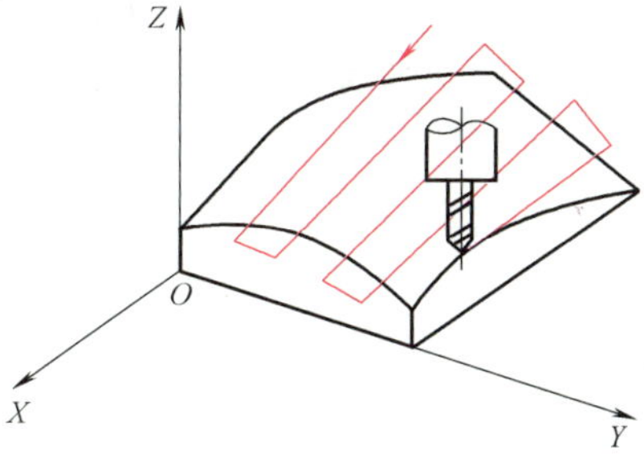

图 8-21　行切加工法

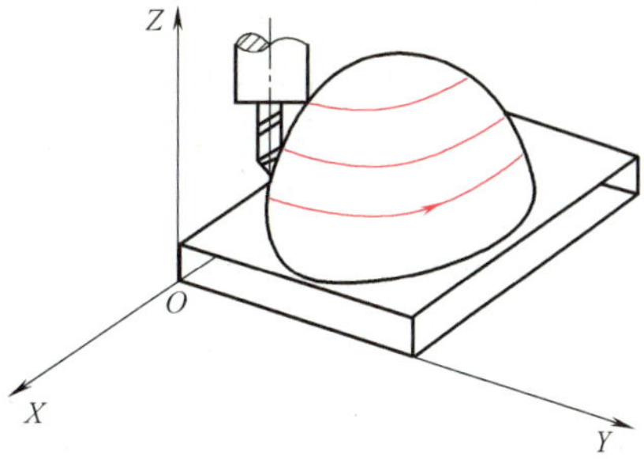

图 8-22　三坐标联动加工

2. 数控铣削机床的组成与分类

（1）数控铣削机床的组成　数控铣削类加工机床，主要包括数控铣床和加工中心两类。它们具有相似的用途和工艺特点，两者均由如下几大构件组成：

1）主轴箱。主轴箱包括主轴和主轴传动系统，用于装夹刀具并带动刀具旋转，主轴转速范围和输出转矩对加工有直接的影响。

2）电气柜。电气柜用于安装强电、弱电电工电子元件和布线。

3）CNC 装置。CNC 装置为机床的运动控制中心，集成了用户控制机床的界面和各种控制按钮，属于机电一体化集成单元。

4）机床基础件。机床基础件通常指底座、立柱、横梁等，是整个机床的基础和框架。

5）辅助装置。辅助装置如液压、气动、润滑、冷却系统和排屑、防护、进料等装置。

对于加工中心，还有刀库和自动换刀机构，用于执行自动换刀动作。

（2）数控铣削机床的分类　从机械结构形式上可分为：

1）经济型数控铣床。需手动换刀，手动 Z 轴方向移动。

2）立式数控铣床。需手动换刀。

3）卧式数控铣床。需手动换刀。

4）龙门数控铣床。需手动换刀。

5）立式加工中心。

6）卧式加工中心。

7）龙门式加工中心。

8.4.2　数控铣削常用刀具

数控铣削刀具主要包括立铣刀、面铣刀、三面刃盘铣刀和圆柱铣刀等。除此以外还有各种孔加工刀具，如钻头（锪钻、铰刀、镗刀等）、丝锥等。

（1）立铣刀　立铣刀是数控机床上用得最多的一种铣刀，主要用于立式铣床上加工平面、凹槽、台阶面等。针对不同的加工要求，立铣刀主要有键槽铣刀、端面立铣刀、球头立铣刀和环形铣刀。

（2）面铣刀　面铣刀主要用于立式铣床或立式加工中心上加工平面、台阶面、沟槽等。面铣刀的主切削刃分布在铣刀的圆柱面或圆锥面上，副切削刃分布在铣刀端面上。面铣刀按结构不同可以分为整体式、整体焊接式、机夹焊接式和可转位式等形式。

（3）三面刃盘铣刀　三面刃盘铣刀主要用于卧式铣床上加工槽、台阶面等。

（4）圆柱铣刀　圆柱铣刀主要用于卧式铣床加工平面，一般为整体式，铣刀材料为高速工具钢，主切削刃分布在圆柱上，无副切削刃。铣刀有粗齿和细齿之分，粗齿适用于粗加工，细齿适用于精加工。

8.5　数控加工中心

8.5.1　数控加工中心概述

加工中心是在普通数控铣削机床的基础上增加了刀库及自动换刀装置，并带有自动分度回转工作台或主轴箱（可自动改变角度）及其他辅助功能，从而使工件一次装夹可以连续、自动完成多平面或多角度位置的钻孔、扩孔、铰孔、镗孔、攻螺纹、铣削等工序的加工，工序高度集中。

加工中心能自动改变机床主轴转速、进给量和刀具相对工件的运动轨迹。加工中心可以明显减少工件装夹、测量和机床的调整时间，减少工件的周转、搬运和存储时间，大大提高生产率，尤其对于加工形状比较复杂、精度要求较高、品种更换频繁的零件，更具有良好的经济性。

加工中心的外形结构各异，但大体由基础部件、主轴部件、数控系统、自动换刀系统（含刀库）和辅助装置等组成。按机床的形状，加工中心一般分为卧式加工中心、立式加工中心和复合加工中心等。

1. 加工中心的主要功能

加工中心能实现3轴或3轴以上的联动控制，以保证刀具进行复杂表面的加工。加工中心除具有直线插补和圆弧插补功能外，还具有各种加工固定循环、刀具半径自动补偿、刀具长度自动补偿、加工过程图形显示、人机对话、故障自动诊断、离线编程等功能。加工中心与数控铣床的最大区别在于加工中心具有自动交换加工刀具的能力，通过在刀库上安装不同用途的刀具，通过自动换刀装置改变主轴上的加工刀具，实现多种加工功能。

2. 加工中心加工的主要对象

加工中心作为一种高效、多功能自动化机床，在现代化生产中扮演着重要角色。在加工中心上，零件的制造工艺与传统工艺以及普通数控机床加工工艺有很大不同，加工中心自动化程度的不断提高和工具系统的发展使其工艺范围不断扩展。现代加工中心功能的加强和工具系统的发展使其工艺范围不断扩大。使工件一次装夹后实现多表面、多特征、多工位的连续、高效、高精度加工，工序高度集中。

针对加工中心的工艺特点，加工中心适宜加工形状复杂、加工内容多、精度要求较高、需用多种类型的普通机床和众多的工艺装备，且经多次装夹和调整才能完成加工的零件，主要的加工对象有下列几种：

（1）既有平面又有孔系的零件

1）箱体类零件。箱体类零件是指具有一个及以上孔系，内部有一定型腔，在长、宽、高方向有一定比例的零件。箱体类零件很多，如机床主轴箱、泵壳、变速器箱体等。箱体类零件一般都要进行多工位孔系及平面加工，精度要求较高，特别是形状精度和位置精度要求较严格，通常经过铣削、钻孔、扩孔、镗孔、铰孔、锪孔、攻螺纹等工步，需要刀具较多，工装套数多，需多次装夹找正，手工测量次数多，因此，工艺复杂，加工周期长，成本高，在普通机床上加工难度大，精度不易保证。这类零件在加工中心上加工，一次安装可完成普通机床60%~95%的工序内容，零件各项精度一致性好，质量稳定，生产周期短，成本低。对于加工工位较多、工作台需多次旋转角度才能完成的零件，一般选用卧式加工中心；当加工工位较少、且跨距不大时，可选用立式加工中心，从一端进行加工。在加工中心上加工箱体类零件时，应注意以下几点：

① 先铣面，后加工孔；在孔系加工中，先加工大孔，后加工小孔；待所有孔系粗加工完成后，再进行精加工。

② 通常情况下，直径大于等于ϕ30mm的孔都应预制出毛坯孔。在普通机床上完成毛坯孔粗加工，预留余量4~6mm，再由加工中心进行半精加工和精加工。

③ 对于箱体上跨距较大的同轴孔，尽量调头加工，以缩短刀具、辅具的长径比，增加刀具的刚性，确保加工质量。

④ 一般情况下，在 M6～M20 范围内的螺纹孔可在加工中心上直接完成。直径在 M6 以下的螺纹，在加工中心上完成底孔加工，通过其他手段攻螺纹，因为在加工中心上攻螺纹不能随机控制加工状态，且小直径丝锥易折断。M20 以上的螺纹，可采用镗刀片镗削加工。

2）盘、套、板类零件。这类零件是指带有键槽或径向孔，后端面分布着孔隙、曲面的盘套或轴类零件，如带法兰的轴套、带有键槽或方头的轴类零件等。还有具有较多孔加工的板类零件，如图 8-23 所示的端盖。

端面有分布孔系、曲面的盘、套、板类零件宜选择立式加工中心加工；有径向孔的可选用卧式加工中心或车铣中心加工。

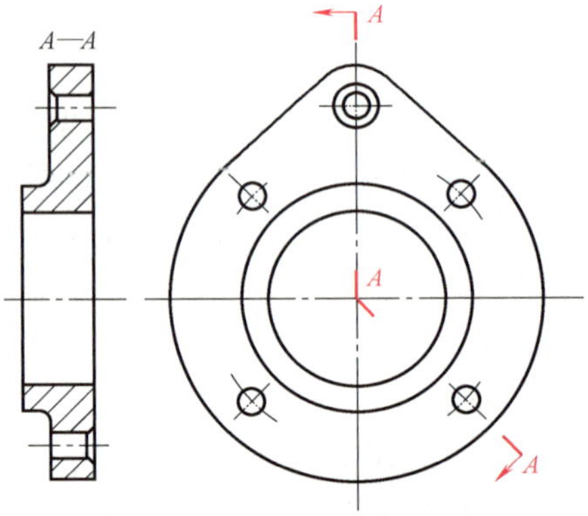

图 8-23　盘、套、板类零件示例（端盖）

（2）结构形状复杂、普通机床难加工的零件　主要表面由复杂曲线、曲面组成的零件，加工时需多坐标联动加工，这是普通机床无法完成的，加工中心是加工这类零件最有效的设备，常见的典型零件有以下几类：

1）凸轮类。这类零件有各种曲线的盘形凸轮、圆柱凸轮、圆锥凸轮和端面凸轮等，加工时，可根据凸轮表面的复杂程度，选用三轴、四轴或五轴联动的加工中心。

2）整体叶轮类。整体叶轮常见于航空发动机的压气机、空气压缩机、船舶水下推进器等，它除具有一般曲面难加工的特点外，还存在许多特殊的加工难点，如通道狭窄，刀具很容易与加工表面和邻近曲面干涉。图 8-24 所示为压气机转子，它的叶面是一个典型的三维空间曲面，加工这样的型面，可采用四轴以上联动的加工中心。

3）模具类。常见的模具有锻压模具、铸造模具、铸塑模具及橡胶模具等。采用加工中心加工模具，由于工序高度集中，动模、静模等关键件的精加工基本上是在一次安装中完成全部机加工内容，尺寸积累误差及修配工作量小。同时，模具的可复制性强，互换性好。

图 8-24　压气机转子

（3）外形不规则的异形零件　异形零件是外形不规则的零件，大多需点、线、面多工位混合加工，如支架、机座、样板、靠模等。图 8-25 所示为支架。异形零件的刚性一般较差，夹压及切削变形难以控制，加工精度也难以保证。这类零件由于外形不规则，在普通机床上只能采取工序分散的原则加工，需要工装较多，周期较长。利用加工

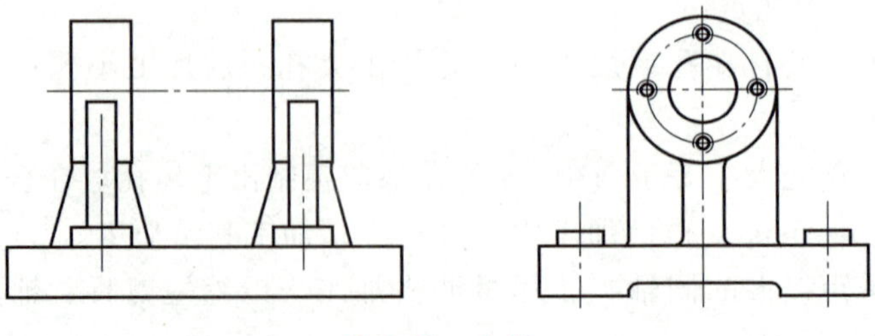
图 8-25　支架

中心多工位点、线、面混合加工的特点，可以完成大部分甚至全部工序内容。实践证明，利用加工中心加工异形零件时，形状越复杂、精度要求越高，越能显示其优越性。

（4）特殊加工　在熟练掌握加工中心的功能后，配合一定的工装和专用工具，利用加工中心可完成一些特殊的工艺内容，如在金属表面刻字、刻线、刻图案。在加工中心的主轴上装上高频电火花电源，可对金属表面进行线扫描，表面淬火；在加工中心装上高速磨头，可进行各种曲线、曲面的磨削等。

8.5.2 加工中心编程

为运行机床而送到 CNC 的一组指令称为程序。按照指定的指令，刀具沿直线或圆弧移动，主轴电动机按照指令旋转或停止。在程序中，以刀具实际移动的顺序来指定指令。

加工程序是由若干程序段组成的，一组单步的顺序指令称为程序段。一个程序段从识别程序段的顺序号开始，到程序段结束代码结束。

一个完整的程序段包括一个或若干个指令字，指令字代表某一信息单元。每个指令字由地址符和数字组成，它代表机床的一个位置或一个动作，地址符由字母组成，每一个字母、数字和符号都称为字符。

在本书中，用“;”表示程序段结束代码“EOB”（在 ISO 代码中为 LF，而在 EIA 代码中为 CR）。

需要说明的是，数控机床的指令格式在国际上有很多格式标准，不同的数控系统之间，程序格式存在一定的差异，在具体掌握某一数控机床时要仔细了解其数控系统的编程格式。

以 FANUC 0i Mate 系统为例，介绍常用编程指令。

（1）可编程功能　通过编程并运行这些程序，使数控机床能够实现的功能，称为可编程功能。一般可编程功能分为两类：①实现刀具轨迹控制，即各进给轴的运动，如直线/圆弧插补、进给控制、坐标系原点偏置及变换、尺寸单位设定和刀具偏置及补偿等，这一类功能称为准备功能，以字母 G 以及两位数字组成，也被称为 G 代码；②辅助功能，用来完成程序的执行控制、主轴控制、刀具控制、辅助设备控制等功能，在这些辅助功能中，T*xx* 用于选刀，S*xxxx* 用于控制主轴转速，其他功能由以字母 M 与两位数字组成的 M 代码来实现。

（2）准备功能　G 代码列表见表 8-5，从表 8-5 中可知，G 代码被分为了不同的组，这是由于大多数的 G 代码是模态的。所谓模态 G 代码，是指这些 G 代码不只在当前的程序段中起作用，而且在以后的程序段中一直起作用，直到程序中出现另一个同组的 G 代码为止。同组的模态 G 代码控制同一个目标但起不同的作用，它们之间是不相容的。

00 组的 G 代码是非模态的，这些 G 代码只在它们所在的程序段中起作用。

同一程序段中可以有几个 G 代码出现，但当两个或两个以上的同组 G 代码出现时，最后出现的一个（同组的）G 代码有效。

在固定循环模态下，任何一个 01 组的 G 代码都将使固定循环模态自动取消，成为 G80 模态。

（3）辅助功能　机床用 S 代码对主轴转速进行编程，用 T 代码进行选刀编程，其他可编程辅助功能由 M 代码实现。

一般，一个程序段中，M 代码最多可以有一个（0i 系统最多可有三个）。M 代码列表见表 8-6。

表 8-5　FANUC 0i Mate-MC 的准备功能表

G 代码	分组	功　能	G 代码	分组	功　能
◤ G00	01	定位（快速移动）	G58	14	选用 5 号工件坐标系
◤ G01		直线插补（进给速度）	G59		选用 6 号工件坐标系
G02		顺时针圆弧插补	G60	00	单一方向定位
G03		逆时针圆弧插补	G61	15	精确停止方式
G04	00	暂停，精确停止	◤ G64		切削方式
G09		精确停止	G65	00	宏程序调用
◤ G17	02	选择 *XY* 平面	G66	12	模态宏程序调用
G18		选择 *ZX* 平面	◤ G67		模态宏程序调用取消
G19		选择 *YZ* 平面	G73	09	深孔钻削固定循环
G20	06	英寸输入	G74		反螺纹攻螺纹固定循环
G21		毫米输入	G76		精镗固定循环
G27	00	返回并检查参考点	◤ G80		取消固定循环
G28		返回参考点	G81		钻削固定循环
G29		从参考点返回	G82		钻削固定循环
G30		返回第 2、3、4 参考点	G83		深孔钻削固定循环
◤ G40	07	取消刀具半径补偿	G84		攻螺纹固定循环
G41		左侧刀具半径补偿	G85		镗削固定循环
G42		右侧刀具半径补偿	G86		镗削固定循环
G43	08	正向刀具长度补偿	G87		反镗固定循环
G44		负向刀具长度补偿	G88		镗削固定循环
◤ G49		取消刀具长度补偿	G89		镗削固定循环
G52	00	设置局部坐标系	◤ G90	03	绝对值指令方式
G53		选择机床坐标系	◤ G91		增量值指令方式
◤ G54	14	选用 1 号工件坐标系	G92	00	工件零点设定或主轴最高转速
G55		选用 2 号工件坐标系	◤ G98	10	固定循环返回初始点
G56		选用 3 号工件坐标系	G99		固定循环返回 *R* 点
G57		选用 4 号工件坐标系			

注：标有◤的 G 代码是数控系统启动后默认的初始状态。对于 G01 和 G00、G90 和 G91 这两组指令，数控系统启动后默认的初始状态由系统参数决定。

表 8-6　常用的 M 代码表

M 代码	功　能	M 代码	功　能	M 代码	功　能
M00	程序暂停	M05	主轴停止	M19	主轴定向
M01	条件程序暂停	M06	刀具交换	M29	刚性攻螺纹
M02	程序结束	M08	切削液开	M30	程序结束并返回程序开头
M03	主轴正转	M09	切削液关	M98	调用子程序
M04	主轴反转	M18	主轴定向解除	M99	子程序结束返回/重复执行

注意：即使指定了直线插补定位，在 G28 指令（从中间点到参考点之间的定位）和 G53 指令中仍然使用非直线插补定位，因此需小心，以确保刀具不会损坏工件。

8.6　安全操作规程

1. 需穿着训练服装，上衣袖口和衣服下摆一定要收紧，防止衣角挂上卡盘。穿着运动鞋或皮鞋，不能穿高跟鞋、拖鞋、凉鞋。

2. 长发学生必须戴帽子并将头发纳入帽内，防止头发卷入机床。操作时必须戴防护眼镜，防止切屑飞入眼睛。操作时严禁戴手套、围巾等，以免卷入机床。

3. 两人一组实习时，可互相提醒，但只能一人动手操作。

4. 开动机床前应将刀架调整到合适位置，以免刀架和刀具碰撞卡盘发生人身、设备事故。纵向或横向进给时，严禁刀架超过极限位置，以防刀架超行程或碰撞卡盘。

5. 工件或工具必须安装牢固，以防飞出伤人。卡盘扳手用完后必须及时取下，否则不得开动车床，停车后，不能用手去制动转动的卡盘。

6. 加工时把机床保护门关好，以免发生人身事故。

7. 清除切屑时应用专用的工具，不能用手直接清除。

8. 工作时要集中精神，不能在机床运转时离开机床或做其他事情，离开机床，必须停车。实习期间严禁玩手机、打闹、串工位或做其他与实习无关的事。

9. 工作结束后，应关闭电源，清除切屑，擦拭机床，保持良好的工作环境。

思　考　题

1. 什么是数控机床？
2. CNC 机床由哪些部件组成？
3. 简要说明数控机床坐标轴和运动方向是如何定义的。
4. 在数控机床上常用哪些坐标系？
5. 对刀点、换刀点的概念是什么？
6. 数控铣削刀具都包括哪些？
7. 数控车床的加工原理是什么？
8. 数控车床由哪些部分组成？各有什么作用？
9. 加工中心主要加工对象有哪些？

第9章

数控电火花线切割加工

【训练目的】

1. 了解电火花加工的基本原理。
2. 掌握电火花线切割加工的原理及编程方法。

9.1 电火花线切割加工概述

电火花加工产生于1943年，苏联科学院的拉扎林柯夫妇在研究火花放电时，通过开关触点受到腐蚀损坏的现象，发现电火花瞬时高温可使局部金属熔化、汽化而被蚀除，因而开创和发明了电火花加工，并用铜丝在淬火钢上加工出小孔，实现了软金属工具加工任何硬金属材料，首次摆脱了传统的切削加工方式，直接利用电能和热能来去除金属，获得“以柔克刚”的效果。电火花线切割加工（Wire Cut Electrical Discharge Machining，Wire Cut EDM，简称WEDM）是在电火花加工基础上发展起来的一种新工艺，是用线状电极（钼丝或铜丝）靠火花放电对工件进行切割，故称电火花线切割，简称线切割。

电火花加工于20世纪50年代引入我国，20世纪60年代末上海电表厂发明了我国独创的高速走丝线切割机床。我国自主生产的线切割机床型号的编制是根据GB/T 15375—2008《金属切削机床　型号编制方法》的规定进行的，如：

D K 7 7 25

- 25——基本参数代号（表示工作台横向行程为250mm）
- 7——型别代号（表示快走丝线切割机床）
- 7——组别代号（表示电火花加工机床）
- K——机床特性代号（表示数控）
- D——机床类别代号（表示电加工机床）

9.1.1 线切割加工的原理和特点

电火花线切割加工的基本原理是利用移动的细金属丝（钼丝或铜丝）作为电极，并在金属丝和工件间通以脉冲电流，利用脉冲放电的腐蚀作用对工件进行切割加工。由于是利用丝电极，因此只能做轮廓切割加工，图9-1所示为高速走丝电火花线切割加工原理示意图。利用细钼丝或铜丝作为电极丝6进行切割，储丝筒9使钼丝做正反向交替移动，加工能源由脉冲电源4供给。在电极丝6和工件3之间浇注工作液介质，工作台在水平面两个坐标方向按预定的控制程序移动，根据火花间隙放电状态做伺服进给移动，从而合成各种曲线轨迹，把工件切割成形。

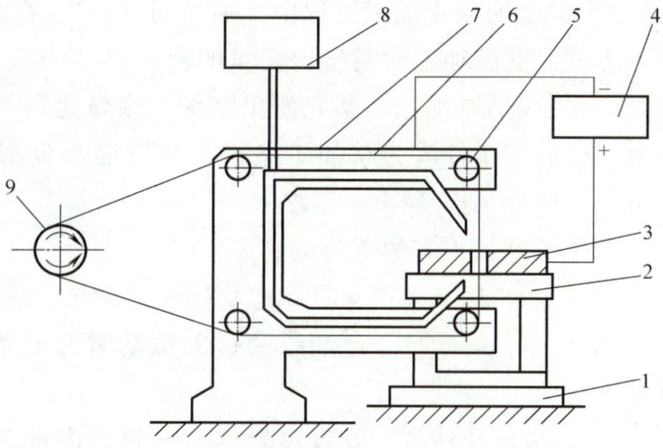

图9-1　电火花线切割加工原理示意图

1—坐标工作台　2—夹具　3—工件　4—脉冲电源
5—导轮　6—电极丝　7—丝架　8—工作液箱　9—储丝筒

电火花线切割加工具有以下特点：

1）加工是以金属线为工具电极，不需要制造复杂的成形电极，大大降低了成形工具的设计和制造费用，缩短了生产准备时间，加工周期短，成本低。

2）除了金属丝直径决定的内侧角部的最小半径R（金属丝半径+放电间隙）受限制，任何微细、异形孔，窄缝和复杂形状的零件，只要能编制出加工程序就可以进行加工，其加工周期短、应用灵活，因而很适合于小批量零件和试制品的加工。

3）采用去离子水或水基工作液，不会引燃起火，容易实现其安全无人运转。

4）无论被加工工件的硬度如何，只要是导电体或半导电体的材料都能加工。由于加工中工具电极和工件不直接接触，没有像机械加工那样的切削力，因此，适宜于加工低刚度工件及细小零件。

5）由于电极丝比较细，切缝很窄，只对工件材料进行“套料”加工，实际金属去除量很少，轮廓加工时所需余量也少，故材料的利用率很高，能有效地节约贵重材料。

6）依靠数控系统的线径偏移补偿功能，使冲模加工的凹凸模间隙可以任意调节。

7）由于采用移动的长电极丝进行加工，单位长度电极丝的损耗较小，从而对加工精度的影响比较小，特别在低速走丝线切割加工时，电极丝一次使用，电极损耗对加工精度的影响更小。

8）四轴联动控制时，可加工上、下面异形体，形状扭曲的曲面体，变锥度和球形体等零件，自动化程度高，操作方便，劳动强度低。

9.1.2　电火花线切割的分类

电火花线切割机床按控制方式分，有靠模仿形控制、光电跟踪控制、数字程序控制和微型计算机控制等，其中前两种方法现已很少采用。

（1）按照加工尺寸范围分　按加工尺寸范围不同，可分为大型机床、中型机床、小型和微型机床。

（2）按照加工特点分　按加工特点不同，可分为平面加工、带锥度加工型（或回转坐标型）和二次切割加工等。

1）平面加工。电极丝在加工过程中始终严格垂直，电极丝只在X、Y方向移动，进行二维平面形状的加工。

2）锥度加工。加工过程中，通过对 X、Y、U、V 轴的控制，实现上下异形的立体加工。注意：锥度加工时需指定变量的值。

3）二次切割加工。预先留出精加工余量进行第一次切割加工，然后针对留下的精加工余量，把加工条件改为精加工条件，分段缩小偏置量，再进行切割加工。一般可分为 1~5 次切割，称为二次切割加工法。

二次切割加工有如下目的：

① 可去掉第一次切割时在起始接头处留下的凸起部分。

② 改善表面质量。逐渐改变每次切割时的电条件，降低单个脉冲能量，改善加工表面质量。

③ 提高尺寸精度。经过热处理的材料，内部会产生应力，这种应力在内部是处于稳定状态的，但经过线切割加工后，会破坏这种稳定状态，使内部应力释放，产生变形。

粗加工后的工件，再进行 1~4 次精加工，可改善表面粗糙度，还能修正尺寸精度。

（3）按照脉冲电源形式分　按脉冲电源形式可分为 RC 电源、晶体管电源、分组脉冲电源、高低压复合脉冲电源、自适应控制电源等。

（4）按照走丝速度分　按走丝速度可分为低速走丝方式（慢走丝电火花线切割）和高速走丝方式（快走丝电火花线切割）两类。电极丝走丝速度>7m/s 的为高速走丝，低于 0.2m/s 的为低速走丝。以前我国生产和使用的主要是高速走丝线切割机床，近年来，我国也开始生产和使用慢走丝线切割机床。

9.1.3　电火花线切割的应用

线切割加工为新产品试制、精密零件加工、模具和工具的制造开辟了一条新的工艺途径。

1）模具加工。适用于各种形状的冲模，如图 9-2 所示。也可加工挤压模、粉末冶金模、塑料模等，并可以加工带锥度的模具。

2）加工电火花成形加工用的电极、成形工具、样板等。

3）特殊形状零件的加工。二维直纹曲面加工，如平面凸轮（图 9-3）；三维直纹曲面加工，如双曲面加工（图 9-4）。

4）高硬度材料零件加工以及稀有贵金属的切割等。

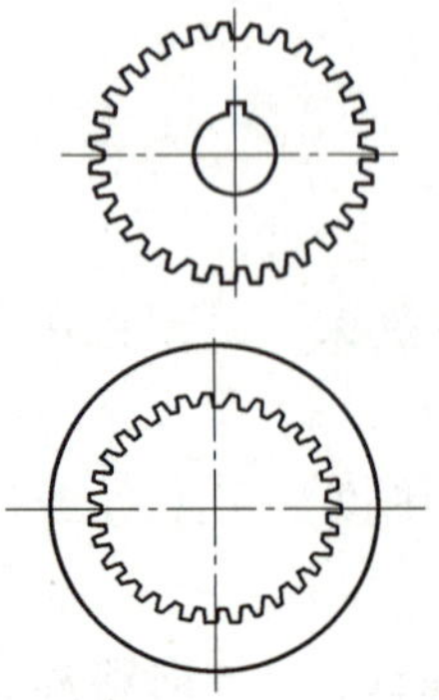

图 9-2　齿轮模

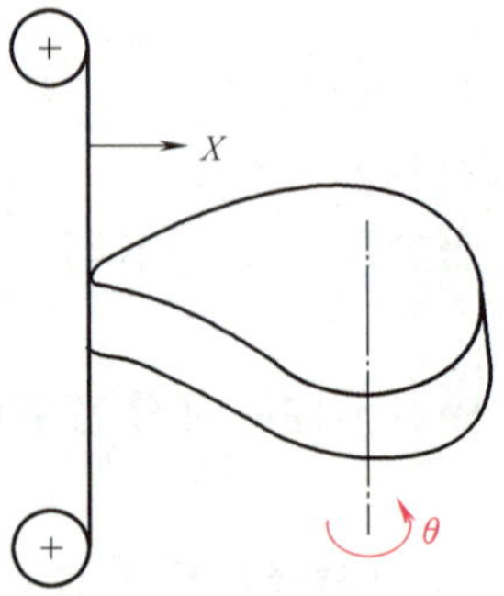

图 9-3　平面凸轮

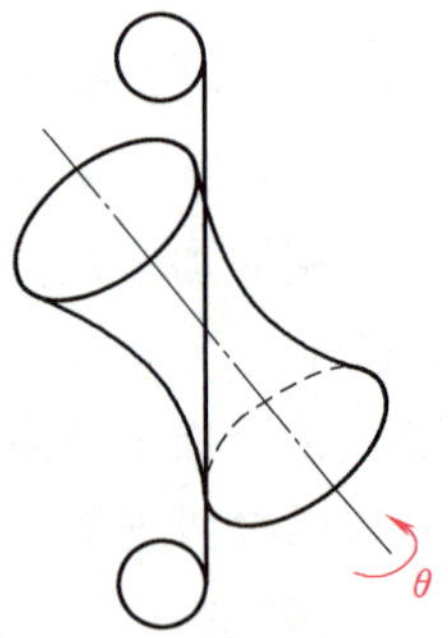

图 9-4　双曲面加工

9.2 线切割加工机床的组成

电火花线切割加工设备主要由机械部分（床身、坐标工作台、走丝机构）、电气部分（脉冲电源、控制系统）、工作液循环系统和机床附件（锥度切割装置、夹具等）四部分组成。图 9-5 和图 9-6 分别为高速和低速走丝线切割加工设备组成示意图。

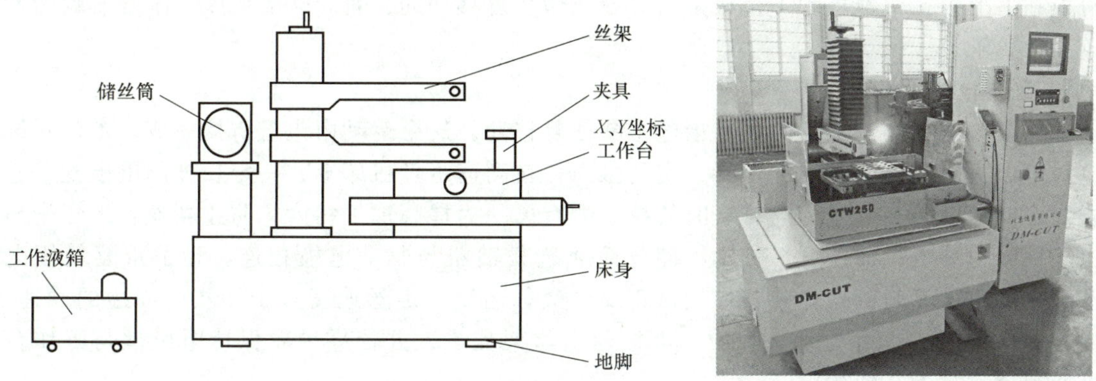

图 9-5 高速走丝线切割加工设备组成

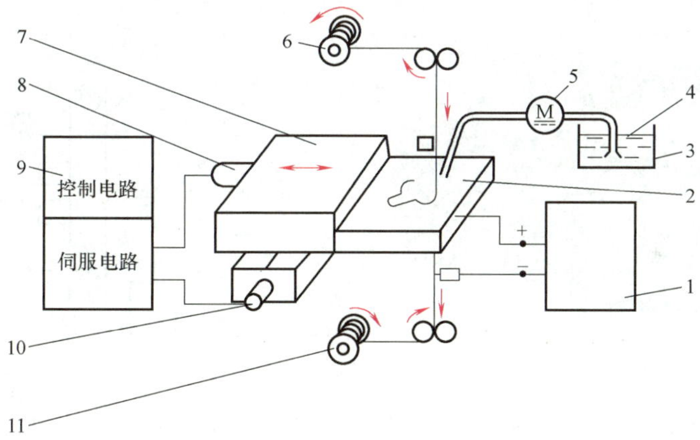

图 9-6 低速走丝线切割加工设备组成

1—脉冲电源 2—工件 3—工作液箱 4—去离子水 5—泵 6—储丝筒
7—工作台 8—X 轴电机 9—数控装置 10—Y 轴电动机 11—收丝筒

9.2.1 机械部件构成

机械部分由床身、坐标工作台、走丝机构、丝架和工作液循环系统等几部分组成。

1. 床身

床身是坐标工作台、走丝机构、丝架的支承和固定基础，应有足够的刚度和强度，一般采用箱体式结构。

床身的结构形式一般分为 3 种：矩形结构、T 形结构和分体式结构。中小型电火花线切割机床一般采用矩形床身，坐标工作台为串联式，即 X、Y 工作台上下叠在一起，工作台可以伸出床身，这种形式的特点是结构简单、体积小、承重轻和精度高。中型电火花线切割机床一般采用T形结构，坐标工作台也为串联式，但工作台不能伸出床身，这种形式的特点是承重大、精度高。大型电火花线切割机床采用分体式结构，*X*、*Y*工作台为并联式，分别安装在两个相互垂直的床身上，其特点是承重大，制造简单，安装运输方便。

2. 坐标工作台

坐标工作台由工作台面、上滑板、导轨和下滑板组成，如图9-7所示。坐标工作台的上滑板和下滑板、中拖板和下拖板是沿着导轨做往复移动的，对导轨的精度、刚度、耐磨性有较高的要求。

3. 走丝机构

在电火花线切割加工时，电极丝不断往复移动，这个运动由走丝机构完成。走丝系统使电极丝以一定的速度运动并保持一定的张力。在高速走丝机床上，一定长度的电极丝平整地卷绕在储丝筒上，丝张力与排绕时的拉紧力有关，为提高加工精度，防止断丝，近年来研制出了恒张力装置，如图9-8所示。储丝筒通过联轴器与驱动电极相连。为了重复使用电极丝，电动机由专门的换向装置控制做正反向交替运动。走丝速度等于储丝筒周边的线速度，通常为7~10m/s。在运动过程中，电极丝由丝架支承，并依靠导轮保持电极丝与工作台垂直或保持一定的几何角度。

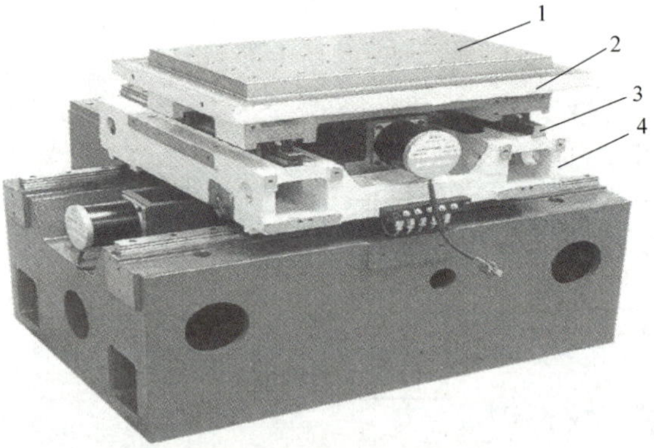

图9-7　坐标工作台

1—工作台面　2—上滑板　3—导轨　4—下滑板

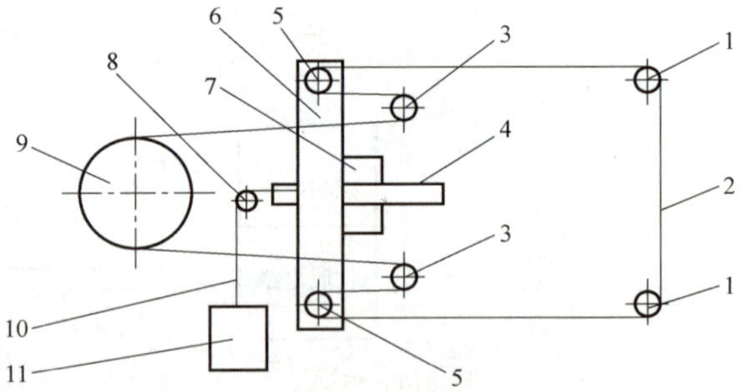

图9-8　自动张紧式线切割走丝机构

1—主导轮　2—电极丝　3—辅助导轮　4—直线导轨
5—张紧导轮　6—移动板　7—导轨滑块　8—定滑轮
9—储丝筒　10—绳索　11—重锤

低速走丝系统如图9-6所示。自储丝筒6到收丝筒11，使金属丝以较低的速度（<0.2m/s）移动。为了实现断丝时能自动停车并报警，走丝系统中通常装有断丝检测微动开关。为了减轻电极丝的振动，应使丝架跨度尽可能小（按加工工件厚度调整），通常在工件的上下采用蓝宝石V形导向器或圆孔金刚石导向器，其附近装有引电部分，工作液一般通过引电区和导向器再进入加工区，这样可使全部电极丝的通电部分都能冷却。

4. 工作液循环系统

线切割加工过程中，工作液对加工工艺指标的影响很大，如对切割速度、表面粗糙度、加工精度等都有影响。工作液的种类很多，有煤油、乳化液、去离子水、蒸馏水、洗涤液、酒精等。低速走丝线切割机床大多采用去离子水作为工作液，只有在特殊精加工时才采用绝缘性能较好的煤油。高速走丝线切割机床使用的工作液一般是专业乳化液。

由于线切割切缝很窄，及时排除电蚀产物是极为重要的问题，因此工作液的循环与过滤装置是线切割加工不可缺少的部分。其作用就是充分、连续地向加工区提供足够、合适的工作液，及时从加工区排除电蚀产物，对电极丝和工件进行冷却，以保持脉冲放电过程能稳定而顺利地进行。工作液循环系统一般由工作液泵2、工作液箱1、过滤器9、管道10、流量控制阀4等组成，如图9-9所示。对于高速走丝机床，通常采用浇注式供液方式，而对低速走丝机床，近年来有些采用浸泡式供液方式。

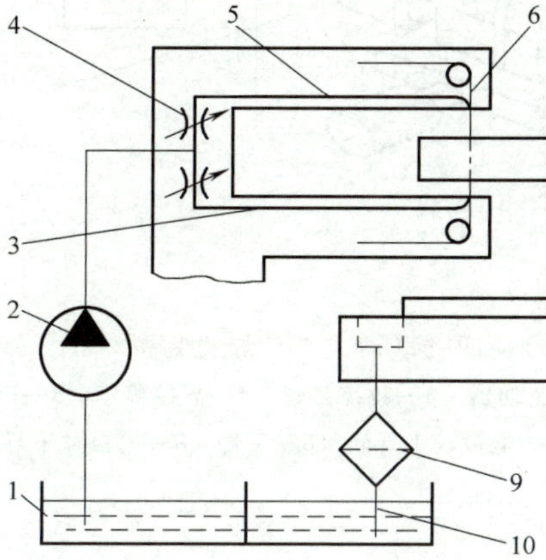

图 9-9　电火花线切割工作液循环系统组成

1—工作液箱　2—工作液泵　3—下流道　4—流量控制阀　5—上流道
6—电极丝　7—工件　8—工作台　9—过滤器　10—管道

5. 锥度切割装置

为了切割某些有锥度（斜度）的内外表面，有些线切割机床具有锥度切割功能。实现锥度切割的装置主要有两类：偏移式丝架和双坐标联动装置。偏移式丝架主要用在高速走丝线切割机床上，以实现锥度切割。其工作原理如图9-10所示。

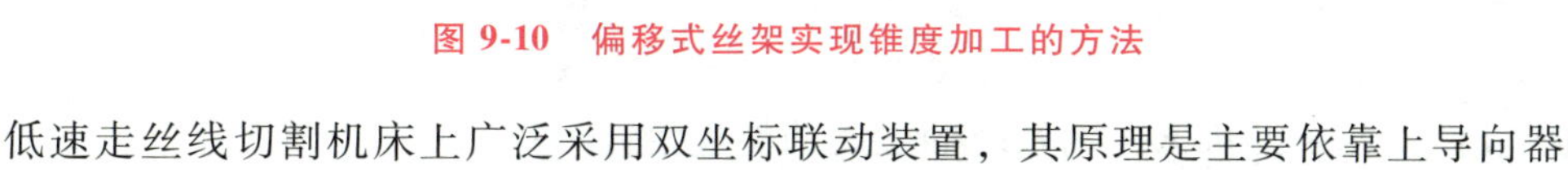

图 9-10　偏移式丝架实现锥度加工的方法

在低速走丝线切割机床上广泛采用双坐标联动装置，其原理是主要依靠上导向器也能做纵横两轴（U、V）驱动，与工作台的（X、Y）轴一起构成数控四轴同时控制，如图9-11所示。

9.2.2　电气部件构成

电火花线切割机床的电气部分由脉冲电源和数字程序控制系统组成。

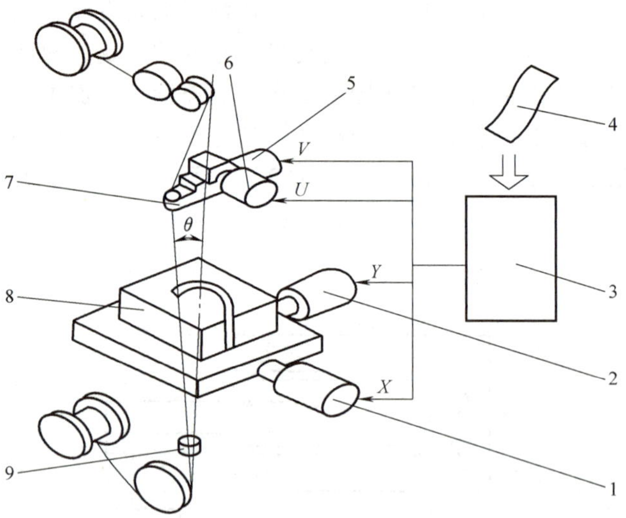

图 9-11　四轴联动式锥度加工装置

1—X 轴驱动器　2—Y 轴驱动器　3—数控装置　4—数控程序　5—V 轴控制器　6—U 轴控制器　7—电极丝上导轨　8—工件　9—电极丝下导轨

1. 脉冲电源

电火花线切割机床的脉冲电源通常又叫高频电源，是数控电火花线切割机床的主要组成部分，也是影响线切割加工工艺指标的主要因素之一。

受电极丝直径的限制（一般为 0.08~0.2mm），脉冲电源的脉冲峰值电流不能太大。与此相反，由于工件具有一定的厚度，欲维持加工稳定，放电峰值电流又不能太小，否则加工将不稳定或者无法加工，放电峰值电流一般为 5~25A。为获得较高的加工精度和较小的表面粗糙度值，应控制单个脉冲放电能量，尽量减小脉冲宽度，一般为 0.5~64μs。所以，线切割加工总是采用正极性加工方式。

线切割脉冲电源由脉冲发生器、推动极、功放及直流电源四部分组成。脉冲电源的形式和品种很多，主要有晶体管脉冲电源、高频分组脉冲电源、并联电容型脉冲电源等。目前电火花线切割机床使用的高频脉冲电源，主要是晶体管脉冲电源。

2. 数字程序控制系统

数字程序控制系统是线切割机床的重要组成部分，是机床工作的指挥中心。控制系统的技术水平、稳定性、控制精度等将直接影响工件的加工工艺指标。

控制系统的功能是在电火花线切割加工过程中，根据工件的形状和尺寸要求，自动控制电极丝相对工件的运动轨迹和进给速度，实现对工件形状和尺寸的加工。

电火花线切割加工机床控制系统的主要功能包括：

1）轨迹控制。精确控制电极丝相对于工件的运动轨迹，加工出需要的工件形状和尺寸。

2）加工控制。主要包括对伺服进给速度、脉冲电源、走丝机构、工作液循环系统的控制。

目前电火花线切割加工机床普遍采用数字程序控制，并已发展到微型计算机直接控制阶段。数字程序控制器是一台专用的小型电子计算机，由运算器、控制器、译码器、输入回路和输出回路五部分组成。高速走丝电火花线切割机床的控制系统大多采用比较简单的步进电动机开环控制系统，低速走丝电火花线切割机床的控制系统则大多采用伺服电动机加码盘的半闭环控制系统，也有一些超精密电火花线切割机床采用了伺服电动机加光栅尺的全闭环控制系统。

9.3　电火花线切割加工工艺

数控电火花线切割加工，一般是作为工件尤其是模具加工中的最后工序。要达到加工零件的精度及表面粗糙度要求，应合理控制线切割加工时的各种工艺参数（电参数、切割速度、工件装夹等），同时应安排好零件的工艺路线及线切割加工前的准备工作。

电火花线切割加工应注意以下工艺问题：

1. 工件内部残余应力对加工的影响

对热处理后的坯件进行电火花线切割加工时，由于大面积去除金属和切断加工，会使材料内部残余应力的相对平衡状态受到破坏从而产生很大的变形，零件的加工精度变差，甚至在切割过程中，材料会突然开裂。

为了减少这些情况，应选择锻造性能好、淬透性好、热处理变形小的材料，如以线切割为主要工艺的冷冲模具，尽量选用 CrWMn、Cr12Mo、GCr15 等合金工具钢，并要正确选择热加工方法并严格执行热处理规范。

另一方面，在电火花线切割加工工艺上也要做合理安排，例如，要选择合理的切割路线，如图 9-12 所示。其中，图 9-12a 的切割路线是错误的，按此加工，切割完第一道工序，继续加工时，由于原来主要连接的部位被割离，余下的材料与夹持部分连接少，工件刚度大为降低，容易产生变形，而影响加工精度。按图 9-12b 的切割路线加工时，可减少由于材料割离后残余应力重新分布而引起的变形。所以，一般情况下，最好将工件与夹持部分分割的线段安排在切割总程序的末端。

图 9-13 所示的由外向内顺序的切割路线，通常在加工凸模类零件时采用，但坯件材料被切割，会在很大程度上破坏材料内部应力平衡状态，使材料发生变形。图 9-13a 为不正确的方案，图 9-13b 的安排较为合理，但仍存在变形。因此，对于精度要求较高的零件，最好采用图 9-13c 所示的方案。

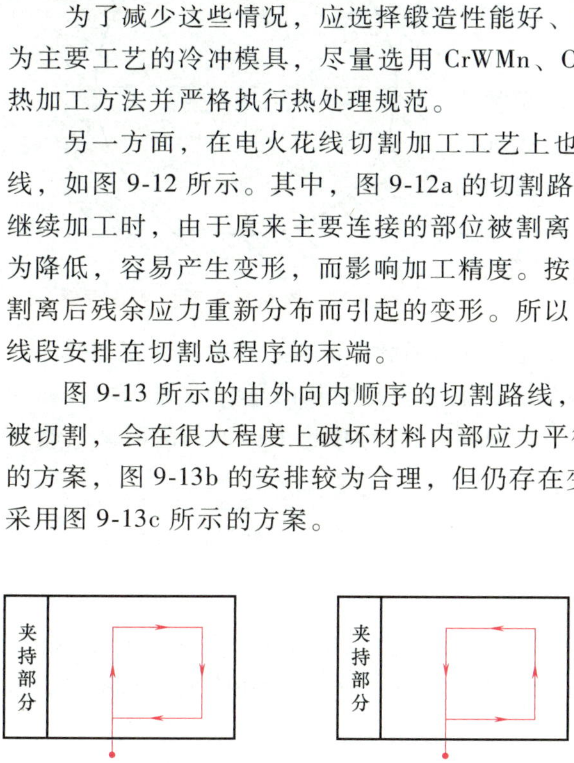

a)　b)

图 9-12　切割路线的确定

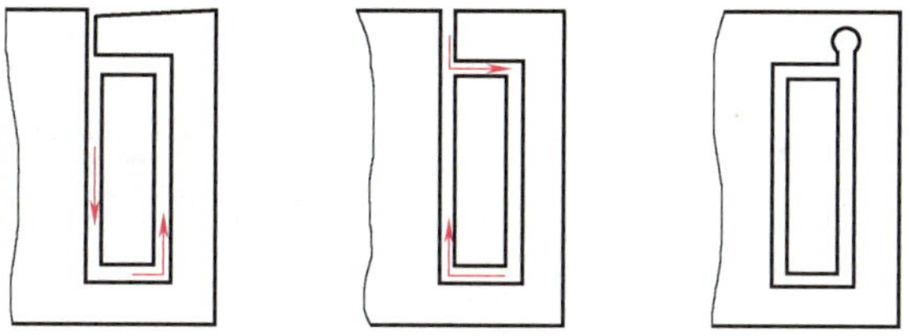
a)　b)　c)

图 9-13　切割起点与切割路线安排

切割孔类工件时，为减少变形，可采用两次切割法，如图 9-14 所示。第一次粗加工型孔，诸边留量 0.1~0.5mm，以补偿材料原来的应力平衡状态受到的破坏，第二次切割为精加工，这样可以达到较满意的效果。

2. 电极丝初始位置的确定

线切割加工需确定电极丝相对工件的基准面、基准线或基准孔的坐标位置。对加工要求较低的工件，可直接目测来确定电极丝和工件的相互位置，也可借助2~8倍的放大镜进行观测。也可采用火花法，即利用电极丝与工件在一定间隙下发生放电的火花，来确定电极丝的坐标位置。

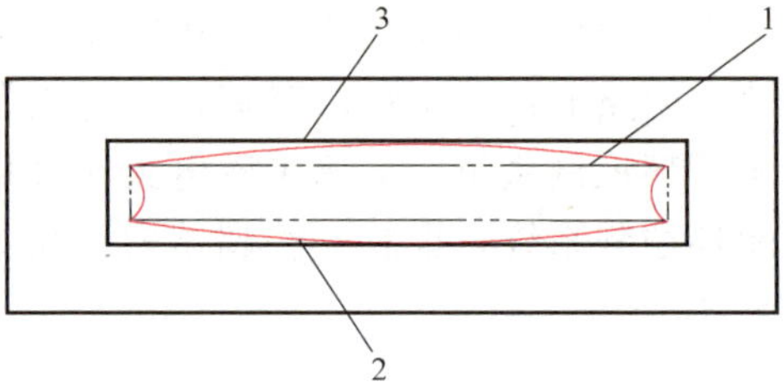

图 9-14 第二次切割法图例

1—第一次切割路线 2—第一次切割后实际图形 3—第二次切割的图形

对加工要求较高的零件，可采用电阻法，利用电极丝与工件基面由绝缘到短路接触的瞬间两者间电阻突变的特点，来确定电极丝相对工件基准的坐标位置。

微处理器控制的数控电火花线切割机床，一般具有电极丝自动找中心坐标位置的功能，其原理如图9-15所示。设 P 为电极丝在穿丝孔中的起始位置，先向右沿 X 坐标进给，当与孔的圆周在 A 点接触后，立即反向进给并开始计数，直至和孔周边的另一点 B 点接触时，再反向进给1/2距离，移动至 AB 间的中点位置 C；然后再沿 Y 坐标进给，重复上述过程，最后在穿丝孔的中心 O 点停止。

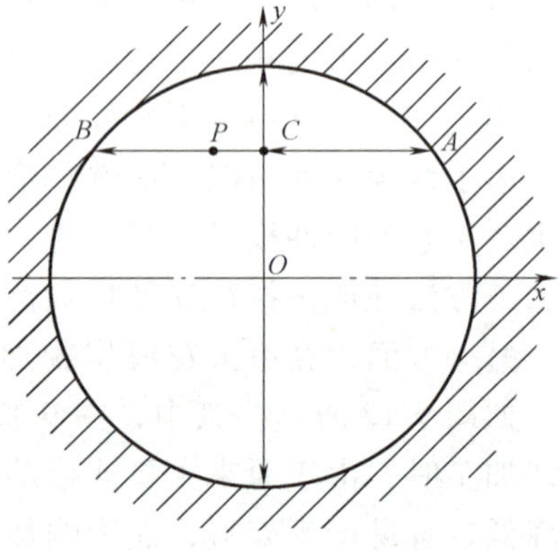

图 9-15 电极丝自动找中心原理

3. 电规范的选择

由于电火花线切割加工一般都选用晶体管高频脉冲电源，用单脉冲能量小、脉宽窄、频率高的电参数进行正极性加工。要求获得较好的表面粗糙度时，所选的电规范要小；若要求获得较高的切割速度，脉冲参数要选大一些，但加工电流的增大受到电极丝截面积的限制，过大的电流将引起断丝。

加工大厚度工件时，为了改善排屑条件，宜选用较高的脉冲电压、较大的脉宽和峰值电流，以增大放电间隙，帮助排屑和工作液进入加工区。在容易断丝的场合（如切割初期加工面积小、工作液中电蚀产物浓度过高，或调换新钼丝时），都应增大脉冲间隙时间，减小加工电流，否则将会导致电极丝的烧断。

9.4 线切割手工编程

数控线切割加工机床的控制系统是按照人的“命令”去控制机床进行加工的。因此，必须先将要加工工件的图形用机器所能接受的“语言”编好“命令”，并输入控制系统。这项工作叫作线切割编程，简称编程。

数控电火花线切割机床所用的程序格式有3B、4B、5B、ISO（国际标准化组织）和EIA（美国电子工业协会）等。目前高速走丝线切割机床一般采用3B格式和ISO格式，少数扩充为4B、5B格式，而低速走丝线切割机床通常采用ISO或EIA格式。

1. 3B程序格式及编程方法

3B程序格式是电火花线切割机床的一种常用编程格式，表9-1是3B程序格式及符号含义。

表 9-1　3B 程序格式及符号含义

B	X	B	Y	B	J	G	Z
分隔符号	*X* 坐标值	分隔符号	*Y* 坐标值	分隔符号	计数长度	计数方向	加工指令

1）分隔符号 B。用它来区分、隔离 X、Y 和 J 等数码，B 后面的数字如果为 0，则此 0 可以省略。

2）坐标值 X、Y 为直线终点或圆弧起点坐标的绝对值，单位为 μm。

3）计数长度 J 是指加工轨迹（如直线、圆弧）在规定的坐标轴上（计数方向上）投影的总和，以 μm 为单位。以前系统在编程时，机床计数长度 J 应补足 6 位，例如计数长度 J 为 1120 μm，应写为 001120；现在的微型计算机控制器不必用 0 填满 6 位数。

4）计数方向 G 是计数时选择作为投影轴的坐标轴方向。

① 加工直线段的计数方向，取直线段终点坐标（X_e，Y_e）绝对值比较，选绝对值较大的坐标轴为计数方向，当坐标绝对值相等时，计数方向可任选 G_X 或 G_Y，即：

$|Xe|>|Ye|$时，取 G_X；

$|Ye|>|Xe|$时，取 G_Y；

$|Xe|=|Ye|$时，取 G_X 或 G_Y 均可。

② 加工圆弧时的计数方向，根据圆弧终点坐标（X_e，Y_e）绝对值选取，选取坐标绝对值较小的坐标轴为计数方向，当坐标绝对值相等时，计数方向可任选 G_X 或 G_Y，即：

$|Xe|>|Ye|$时，取 G_Y；

$|Ye|>|Xe|$时，取 G_X；

$|Xe|=|Ye|$时，取 G_X 或 G_Y 均可。

5）加工指令 Z。加工指令 Z 用来确定轨迹的形状、起点或终点所在象限和加工方向等信息的，如图 9-16 所示。直线加工用 L 表示，后面的数字表示该线段所在的象限。对于与坐标轴重合的直线段，正 *X* 轴为 L_1，正 *Y* 轴为 L_2，负 *X* 轴为 L_3，负 *Y* 轴为 L_4，因此，直线加工指令有四种。圆弧加工指令有 8 种，分别用 SR 表示顺圆，NR 表示逆圆，字母后的数字表示该圆弧起点所在象限。

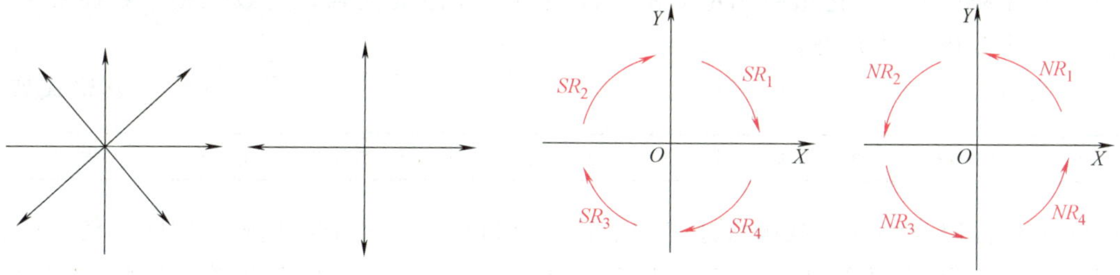

图 9-16　加工指令 Z

2. 3B 编程实例

设要切割图 9-17 所示的轨迹，该图形由 3 条直线段和一条圆弧组成，需分成四段来编写程序（不考虑切入路线）。

1）加工直线段 *AB*。以起点 *A* 为坐标原点，*AB* 与 *X* 轴重合，程序为：

B40000BB40000$G_X$$L_1$

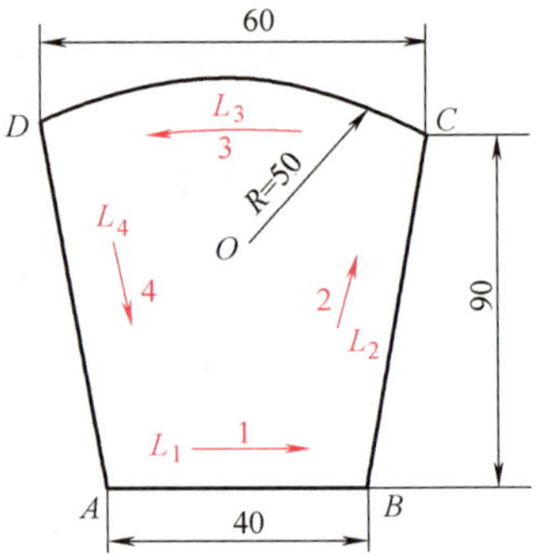

图 9-17　加工工件图形

2）加工斜线段 BC。以 B 点为坐标原点，则 C 点对 B 点的坐标为 $X=10\text{mm}$，$Y=90\text{mm}$，程序为：

$B1B9B90000G_YL_1$

3）加工圆弧 CD。以该圆弧圆心 O 为坐标原点，经计算，圆弧起点 C 对圆心的坐标为：$X=30\text{mm}$，$Y=40\text{mm}$，程序为：

$B30000B40000B60000G_XNR_1$

4）加工斜线段 DA。以 D 点为坐标原点，终点 A 对 D 点的坐标为 $X=10\text{mm}$，$Y=-90\text{mm}$，程序为：

$B1B9B90000G_YL_4$

因此，整个图形的加工程序如下：

$B40000BB40000G_XL_1$

$B1B9B90000G_YL_1$

$B30000B40000B60000G_XNR_1$

$B1B9B90000G_YL_4$

3. 4B 格式程序编制

所谓 4B 格式，就是直线和圆弧、圆弧和圆弧相交时仍要加过渡圆，而直线和直线相交时不加过渡圆，只在前面增加一个参数 R 形成 4B 指令。这种格式具有刀具间隙自动补偿功能，可用于一些不适合在直线间加过渡圆的工件加工。

4B 格式比 3B 格式多一个圆弧半径值和图形曲线形式的信息符号，故增加一个分隔符号。

指令格式：BXBYBJBRGD（DD）Z

B、X、Y、J、G、Z 符号含义与 3B 程序格式相同；R 为所要加工圆弧的半径，对于加工图形的尖角一般取 $R=0.1\text{mm}$ 的过渡圆弧编程，半径增大为正补偿，减小为负补偿；D（DD）为曲线形式，凹圆弧为 D，凸圆弧为 DD，它决定补偿方向。

4. ISO 代码程序编制

ISO 代码为国际标准化组织制定的用于数控的一种标准代码，与数控车、数控铣 ISO 代码一致，采用 8 单位补编码。

（1）程序格式　一个完整的程序由程序名、程序段和程序结束指令组成。其格式如下：

运动指令	坐标方式指令	坐标系指令	补偿指令	M 代码	镜像指令	锥度指令	坐标指令	其他指令

（2）ISO 代码及编程　我国快速走丝数控切割机床常用的 ISO 代码与国际上使用的标准代码基本一致，例如 G00、G01、G02 和 G03 指令。下面讨论一些与数控车、数控铣编程指令有所不同的指令。

G50、G51、G52 锥度加工指令。此方法可加工带锥度工件，例如模具中的凹模漏料孔加工，如图 9-18 所示。其中，G51 为锥度左偏指令；G52 为锥度右偏指令；G50 为取消锥度指令。

程序段格式：G51　A ___

G52　A ___

G50（单列一段）

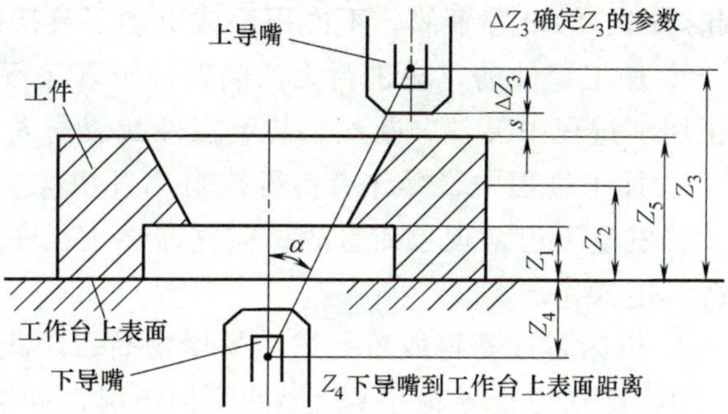

图 9-18　锥度加工参数意义

在进行锥度加工时，还需输入工件及工作台参数，其中，

A：定义所要加工的锥度；

*Z*1：程序面高度；

*Z*2：加工速度显示面高度；

*Z*3：上导嘴到工作台上表面距离（等于 Δ*Z*3+*S*+*Z*5）；

*Z*4：下导嘴到工作台上表面距离，该参数在设备安装调试后由系统自动测定；

*Z*5：与程序面对应的非程序面高度；

Δ*Z*3：用于确定 *Z*3 的参数，该参数在设备安装调试后由系统自动测定；

s：上导嘴与工件上表面间隙，在工件装夹完毕后用塞尺测出，一般取 0.1～0.2mm 为宜。

9.5　电火花线切割质量与检验

由于工作原理的特殊性，在线切割的瞬时高温和工作液的冷却作用下，工件可能会产生部分缺陷，缺陷名称及产生原因见表 9-2。

表 9-2　电火花线切割缺陷名称及产生原因

缺陷名称	产生原因
表面变质层	切割时的热效应和电解作用
显微裂纹	金属从熔化状态急冷凝固，材料收缩产生表层拉应力
表面黑白条纹（高速走丝线切割）	排屑和冷却条件不同造成电极丝进口处呈黑色，出口处呈白色

9.6　安全操作规程

1. 需穿训练服，大袖口要扎紧，衬衫要系入裤内。长发同学须戴帽子，并将长发纳入帽内。不得穿凉鞋、拖鞋、高跟鞋、背心、裙子和戴围巾进入实训教学区。

2. 应在指定的机床和计算机上进行实习。未经允许，其他机床设备、工具或电器开关等均不得乱动。

3. 操作前必须熟悉数控线切割机床的操作知识，选取适当的加工参数，按规定步骤操作机床。在弄懂整个操作过程前，不要进行机床的操作和调节工作。

4. 起动机床前，要检查机床电气控制系统是否正常，工作台和传动丝杠润滑是否充分。检查冷却液是否充足，然后开慢车空转 3～5min，检查各传动部件是否正常，确认无故障后，才可正常使用。

5. 程序调试完成后，必须经指导老师同意方可按步骤操作，不允许跳步骤执行。

6. 装卸电极丝时，注意防止电极丝扎手，废丝要放在规定的容器内，防止混入系统中引起短路、触电等事故。不准用手或电动工具接触电源的两极，以免触电。

7. 加工零件前，应进行无切削轨迹仿真运行，并安装好防护罩；工件应消除残余应力，防止切削过程中夹丝、断丝，甚至工件断裂伤人。

8. 加工过程中，操作者不得擅自离开机床，应保持思想高度集中，观察机床的运行状态。若发生不正常现象或事故，应立即终止程序运行，切断电源并及时报告指导老师，不得进行其他操作。

9. 机床附近不得放置易燃、易爆物品，防止因电火花引起火灾等事故。

10. 定期检查导轮“V”形的磨损情况，如磨损严重应及时更换。经常检查导电块与钼丝接触是否良好，导电块磨损到一定程度时，要及时更换。

11. 操作人员不得随意更改机床内部参数，不得调用、修改其他非自己所编的程序。机床的控制微型计算机，除进行程序操作、传输及程序复制外，不允许做其他操作。

12. 保持机床清洁，经常用煤油清洗导轮及导电块。当机床长期不使用时，应在擦净机床后，润滑机床传动部分，并在加工区域涂抹防护油脂。

13. 数控线切割机床除工作台上安放工装和工件外，严禁堆放任何工、夹、刃、量具和其他杂物。

14. 实训结束后，应切断电源，清扫切屑，擦净机床；在导轨面上，加注润滑油，各部件应调整到正常位置，打扫现场卫生。

思　考　题

1. 简述线切割加工的工作原理。
2. 什么是快走丝和慢走丝线切割机床？
3. 试说明快走丝和慢走丝线切割机床之间的特点有何不同？
4. 电火花线切割加工的零件有何特点？
5. 举例说明电火花线切割加工的应用。
6. 简述电火花线切割机床的主要组成。
7. 简述线切割加工的常见缺陷及产生原因。

第10章

现代特种加工方法简介

10.1 3D 打印技术

10.1.1 3D 打印基本原理

3D 打印是由 CAD 模型直接驱动的快速制造任意复杂形状三维物理实体的技术总称。与传统制造方法不同，3D 打印从零件的 CAD 几何模型出发，通过分层离散软件和成形设备，用特殊的工艺方法（熔融、烧结、黏结等）将材料堆积而形成实体零件。3D 打印的工艺过程如图 10-1 所示。

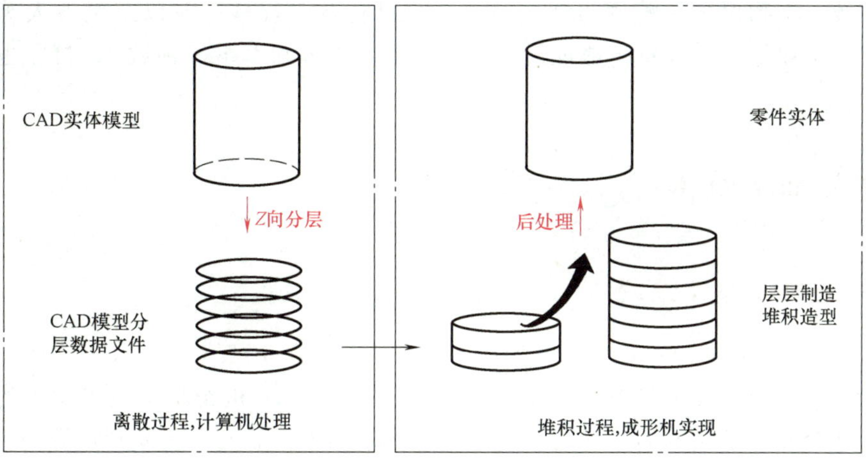

图 10-1　3D 打印的工艺过程

10.1.2 3D 打印设备的主要组成

根据采用的材料形式和工艺实现方法不同，目前应用广泛且较为成熟的 3D 打印技术主要包括光固化成形、激光选区烧结、熔融沉积制造、分层实体制造、立体喷印等。其中，熔融沉积制造 3D 打印技术（简称 FDM 3D 打印）在教育教学领域较广。

FDM 3D 打印设备的结构主要包括支撑机构（框架）、机械传动机构、打印头、打印平台、料架机构、操作机构等，如图 10-2 所示。

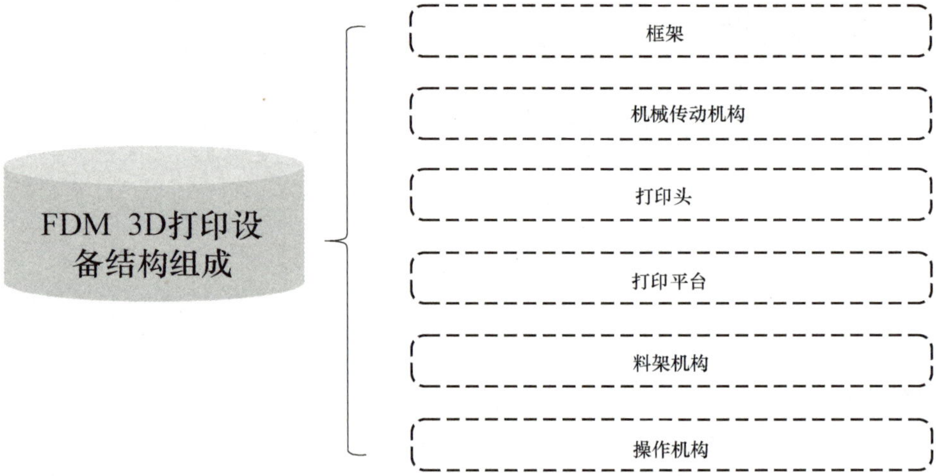

图 10-2　桌面级 FDM 3D 打印机结构组成图

10.1.3　3D 打印技术应用

随着 3D 打印技术不断发展和成本的不断降低，普及程度在不断提升，越来越多的行业和领域中出现了 3D 打印的身影。目前，3D 打印主要应用在汽车制造、航空航天、医疗领域、建筑领域、文物保护、配件与饰品行业、食品行业、玩具行业以及机器人等领域。此外，在鞋类、工业设计、教育、地理信息系统、土木工程和军事等领域 3D 打印也有广泛的应用。

10.2　激光加工技术

10.2.1　激光加工基本原理

激光（Laser）可解释成将电能、化学能、热能、光能或核能等原始能源转换成某些特定光频（紫外光、可见光或红外光）的电磁辐射束。作为 20 世纪科学技术发展的重要标志和现代信息社会光电子技术的支柱之一，激光技术及相关产业的发展受到世界先进国家的高度重视。激光加工技术是利用激光束与物质相互作用的特性对材料（包括金属与非金属）进行切割、焊接、表面处理、打孔、微加工等的一门技术。其实质上是激光与非透明物质相互作用的过程，微观上是一个量子过程，宏观上则表现为反射、吸收、加热、熔化、汽化等现象。

固体激光器加工原理示意图如图 10-3 所示。当激光工作物质受到光泵的激发后，吸收特定波长的光，在一定条件下形成工作物质中亚稳态粒子数大于低能级粒子数的状态。这种现象称为粒子数反转。此时一旦有少量激发粒子产生受激辐射跃迁，就会造成光放大，并通过谐振腔中的全反射镜和部分反射镜的反馈作用产生振荡，由谐振腔一端输出激光。通过透镜将激光聚焦到工件表面，即可对工件进行加工。

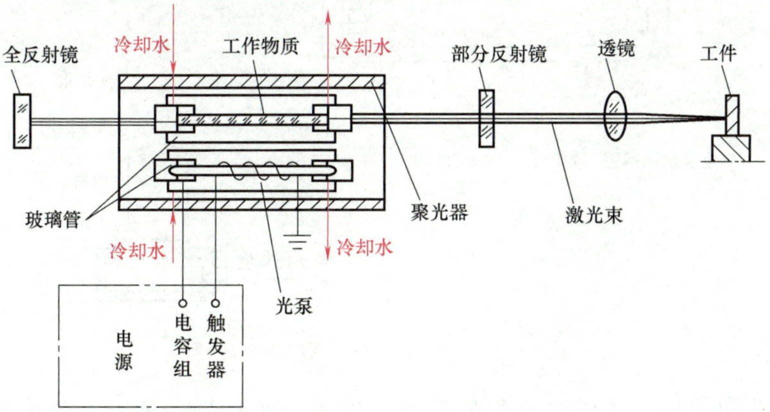

图 10-3　固体激光器加工原理示意图

10.2.2　激光加工设备的主要组成

激光加工设备的主要组成包括激光器、电源、光学系统及机械系统四大部分。其中，激光器是激光加工设备的核心，可将电能转化成光能，产生激光束；电源为激光器提供电能，实现激光器和机械系统自动控制；光学系统主要包括聚焦系统和观察瞄准系统；机械系统包括床身、数控工作台和数控系统等。常用二氧化碳激光器结构如图 10-4 所示。

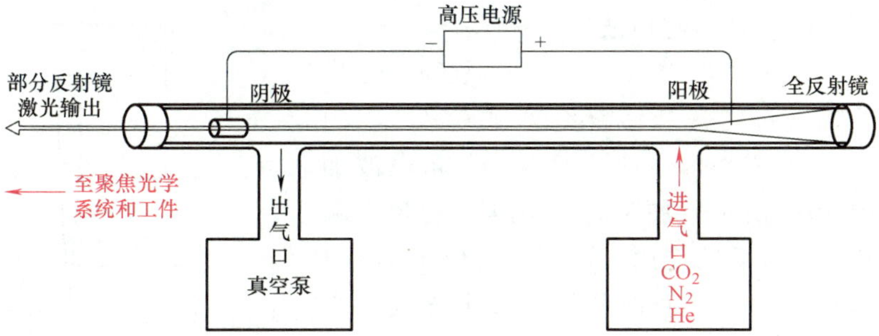

图 10-4　二氧化碳激光器结构图

非金属激光切割/雕刻机床主要组成包括激光整机、除尘系统、冷却系统、空压系统、软件控制系统。在加工过程中工作台固定不动，利用高能量密度的激光作为“切割刀具”，通过光束沿 X 和 Y 方向移动，实现对非金属板材、复合材料进行加工。非金属激光切割/雕刻原理如图 10-5 所示。

10.2.3　激光加工技术应用

激光加工作为先进制造技术已广泛应用于汽车、电子、电器、航空、冶金、机械制造等工业领域，对提高产品质量和劳动生产率，减少材料消耗等起到越来越重要的作用。激光几乎可以对所有的金属和非金属材料（如硬质合金、不锈钢、耐热合金、金刚石、宝石、陶

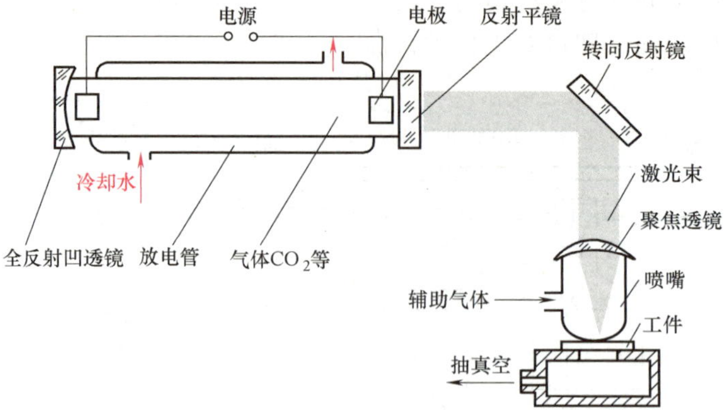

图 10-5 非金属激光切割/雕刻原理

瓷等）进行打孔和切割，还可对某些材料进行焊接。尤其是在硬脆材料上加工微小孔，更具有优越性。激光打孔的深径比可达 50~100，其打孔速度极高，激光打孔目前多用于加工金刚石拉丝模、钟表宝石轴承、化纤喷丝头等零件的微小孔。

10.3 超声波加工

10.3.1 超声波加工基本原理

声波是人耳能感受到的一种纵波，频率为 16~16000Hz，当频率低于 16Hz 时称为次声波，超过 16000Hz 时，称为超声波。

超声波加工是利用工具端面做超声频振荡，再将这种超声频振荡，通过磨料悬浮液传递到一定形状的工具头上，加工脆硬材料的一种成形方法。超声波加工原理示意如图 10-6 所示。加工时，工具 1 的超声频振荡将通过磨料悬浮液 6 的作用，剧烈冲击位于工具 1 下方工件 5 的被加工表面，使部分材料被击碎成细小颗粒，由磨料悬浮液 6 带走。加工中的振动强迫磨料悬浮液 6 在加工区工件 5 和工具 1 的间隙中流动，及时更新变钝的磨粒。成形加工时，随着工具 1 沿加工方向以一定速度移动，实现有控制的加工，逐渐将工具形状“复印”在工件上。

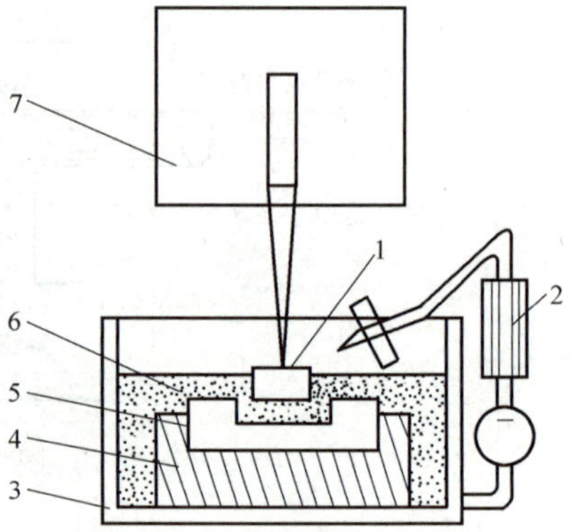

图 10-6 超声波加工原理示意图

1—工具 2—冷却器 3—加工槽 4—夹具
5—工件 6—磨料悬浮液 7—振动头

10.3.2 超声波加工设备的主要组成

超声波加工设备又称超声波加工装置，一般包括超声波发生器、超声振动系统、磨料工作液及循环系统和机床本体四部分。

（1）超声波发生器 超声波发生器又称超声或超声频发生器，其作用是将 50Hz 的交流电转变为有一定功率输出的 16000Hz 以上的超声高频电振荡，以提供工具端面往复振动和去除被加工材料的能量，主要有电子管和晶体管两种类型。其基本要求是输出功率和频率在一定范围内连续可调，最好能具有对共振频率自动跟踪和自动微调的功能。此外，要求结构简单，工作可靠，价格便宜，体积小等。

（2）超声振动系统　超声振动系统的作用是把高频电能转变为机械能，使工具端面做高频率小振幅的振动，并将振幅扩大到一定范围（0.01~0.15mm）进行加工。它是超声波加工机床中很重要的部件，由换能器、变幅杆（振幅扩大棒）及工具组成。换能器的作用是将高频电振荡转换成机械振动，目前可利用压电效应和磁致伸缩效应来实现这一目的。变幅杆又称振幅扩大棒。超声机械振动振幅很小，一般只有0.005~0.01mm，不足以直接用来加工，因此必须通过一个上粗下细的棒杆将振幅加以扩大，此杆称为振幅扩大棒或变幅杆。通过变幅杆可以增大到0.01~0.15mm，固定在振幅扩大棒端头的工具即产生超声振动。

超声波的机械振动经变幅杆放大后传给工具，使磨粒和工作液以一定的能量冲击工件，并加工出一定的尺寸和形状。

（3）磨料工作液及循环系统　简单超声波加工装置的磨料靠人工输送和更换，即在加工前将悬浮磨料的工作液浇注堆积在加工区，加工过程中定时抬起工具并补充磨料。也可利用小型离心泵使磨料悬浮液搅拌后注入加工间隙中。对于较深的加工表面，应将工具定时抬起以利于磨料的更换和补充。大型超声波加工机床采用流量泵自动向加工区供给磨料悬浮液，品质好，循环效果也好。

水是效果较好而又最常用的工作液，为提高表面质量，有时也用煤油或机油作为工作液。碳化硼、碳化硅或氧化铅等是常用的磨料。其粒度大小是根据加工生产率和精度等要求选定的，颗粒大的生产率高，但加工精度及表面粗糙度则较差。

（4）机床本体　超声波加工机床一般比较简单，机床本体就是把超声波发生器、超声波振动系统、磨料工作液及循环系统、工具及工件按照所需要的位置和运动组成一体，还包括支承声学部件的机架及工作台，使工具以一定压力作用在工件上的进给机构及床体等部分。图10-7所示为国产CSJ-2型超声波加工机床简图。图中，4、5、6为声学部件，安装在一根能上下移动的导轨上，导轨由上下两组滚动导轮定位，使导轨能够灵活精密地上下移动。工具的向下进给及对工件施加压力是依靠声学部件的自重，为了能调节压力大小，在机床后部有可加减的平衡重锤2，也可采用弹簧或其他办法加压。

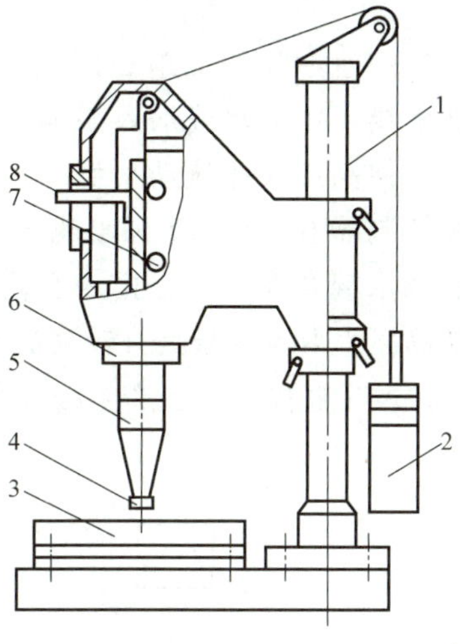

图10-7　CSJ-2型超声波加工机床简图

1—支架　2—平衡重锤　3—工作台　4—工具

5—变幅杆　6—换能器　7—导轨　8—标尺

10.3.3　超声波加工应用

从20世纪50年代开始，超声波加工应用日益广泛。目前，生产上主要有以下用途。

（1）超声波成形加工　目前，超声波成形加工在各工业领域中主要用于对脆硬材料加工圆孔、型孔、型腔、套料、微细孔、弯曲孔、刻槽、落料和复杂沟槽等。

（2）超声波切割加工　采用超声波切割普通机械加工难以切割的脆硬半导体材料是较为有效的，且超声波精密切割半导体、氧化铁、石英等，精度高、生产率高、经济性好，并且可以利用多刃刀具，切割单晶硅片，一次可以切割加工 10~20 片。

（3）超声波焊接加工　超声波焊接是利用超声频振动作用，使被焊接工件的两个表面在高速振动撞击下，去除工件表面的氧化膜，使该表面摩擦发热黏结在一起。因此，它不仅可以加工金属，而且可以加工尼龙、塑料等制品。该种方法可焊接直径或厚度很小的材料（可达 0.015~0.03mm），目前在大规模的集成电路制造中已广泛采用该种加工方法。

（4）超声波清洗　超声波清洗主要是清洗液在超声波的振动作用下，使液体分子往复高频振动，引起空化效应的结果。空化效应使液体中急剧生长微小空化气泡并瞬时强烈闭合，产生的微冲击波使被清洗物表面污物遭到破坏，并从被清洗表面脱落。超声波清洗主要用于形状复杂、清洗质量高的中、小精密零件，特别是深孔、弯曲孔、不通孔、沟槽等特殊部位，在半导体、集成电路元件、光学元件、精密机械零件、放射性污染等的清洗中得到了较为广泛的应用。

10.4　超高压水射流加工

10.4.1　超高压水射流加工基本原理

超高压水射流加工是利用高速水流对工件的冲击作用来去除材料的，如图 10-8 所示。贮存在水箱 1 中的水或加入添加剂的水液体，经过过滤器 2 处理后，由水泵 3 抽出送至蓄能器 5 中，使高压液体流动平稳。液压机构 4 驱动增压器 10，使水压增高到 70~400MPa。高压水经控制器 6、阀门 7 和喷嘴 8 喷射到工件 9 上的加工部位，进行切割。切割过程中产生的切屑和水混合在一起，排入水槽。

超高压水射流本身具有较高的刚性，流束的能量密度可达 10^{10}W/mm^2，流量为 7.5L/min，在与工件发生碰撞时，会产生极高的冲击动压和涡流，具有固体的加工作用。

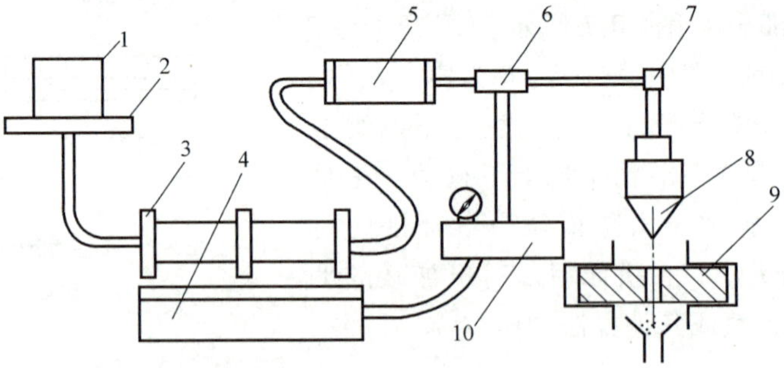

图 10-8　超高压水射流加工原理图

1—水箱　2—过滤器　3—水泵　4—液压机构　5—蓄能器

6—控制器　7—阀门　8—喷嘴　9—工件　10—增压器

10.4.2　超高压水射流加工设备的主要组成

超高压水射流加工设备主要由增压系统、切割系统、控制系统、过滤设备和机床床身五部分组成。

(1) 增压系统　增压系统主要包括增压器、控制器、泵、阀及密封装置等。增压器是液压系统中重要的设备，为满足加工需要，增压器应使液体的工作压力达到 100~400MPa，高出普通液压传动装置液体工作压力的 10 倍以上，因此，系统中的管路和密封是否可靠，对保障切割过程的稳定性、安全性具有重要意义。对于增压水管则采用高强度不锈钢厚壁无缝管或双层不锈钢管，接头处采用金属弹性密封结构。

(2) 切割系统　喷嘴是切割系统最重要的零件。喷嘴应具有良好的射流特性和较长的使用寿命。喷嘴结构取决于加工要求，常用的喷嘴有单孔和分叉两种。喷嘴的直径、长度、锥角及孔壁表面质量对加工性能有很大影响，通常要根据工件材料性能合理选择，如加工塑料、纸板、地毯等材料，喷嘴直径一般为 0.1~0.125mm；加工复合材料、玻璃钢、软薄金属板等材料，喷嘴直径一般为 0.15~0.2mm；加工厚玻璃钢、厚金属板等厚而难加工的材料，喷嘴直径一般为 0.225~0.3mm。

喷嘴材料应具有良好的耐磨性、耐蚀性并承受高压的性能。常用的喷嘴材料有硬质合金、蓝宝石、红宝石和金刚石。其中，金刚石喷嘴的寿命最高，可达 1500h，但加工困难、成本高。此外，为适应加工需要，喷嘴的位置应可以调节。

(3) 控制系统　根据具体情况可选择机械、气压和液压等控制方式。为适应大面积和各种型面加工的需要，工作台应能纵向、横向灵活移动。采用程序控制和数字控制系统是理想的。

(4) 过滤设备　为延长增压系统密封装置、宝石喷嘴等的寿命，提高切割质量，提升运行的可靠性，在进行超高压水射流加工时，对工业用水进行必要处理和过滤具有重要意义。因此，要求过滤器要很好地滤除液体中的尘埃、微粒、矿物质沉淀物，过滤后的微粒应小于 0.45μm。液体经过过滤以后，可以减少对喷嘴的腐蚀。当配有多个喷嘴时，还可以多路切削，提升切削速度。

(5) 机床床身　机床床身通常采用龙门式或悬臂式机架结构，一般都是固定不动的。为保证喷嘴与工件距离的恒定，保证加工质量，要在切削头上安装 1 只传感器。通过切削头和关节式机器人手臂或三轴的数控系统控制结合，可以加工出复杂的三维立体形状。

10.4.3　超高压水射流加工应用

超高压水射流加工的流束直径为 0.05~0.38mm，可以加工很薄、很软的金属和非金属材料，也可以加工较厚的材料，最大厚度 125mm。该技术在国内外许多工业领域得到广泛应用。

在建筑装潢领域，用于切割大理石、花岗岩，雕刻出精美的花鸟鱼虫、生肖艺术拼花，呈现出五彩缤纷的图案；在汽车制造领域，用于切割仪表盘、内外饰件、门板、窗玻璃；在航空航天领域，可以用于切割纤维、碳纤维等复合材料；在食品制作领域，用于切割松碎零食、菜、肉等，可以减少细胞组织的破坏；在纺织工业领域，用于切割多层布条。

总之，超高压水射流加工技术的应用范围正在日益扩展，潜力巨大。随着设备成本的不断降低，其应用的普遍程度将进一步提高。

思　考　题

1. 简述常用 3D 打印技术及其原理。
2. 举例说明 3D 打印技术的主要应用。
3. 简述激光加工的基本原理及主要特点。
4. 举例说明激光加工技术的主要应用。
5. 简述超声波加工的基本原理及其主要特点。
6. 举例说明超声波加工的主要应用。
7. 简述超高压水射流加工的基本原理及其主要特点。

第11章

电工电子技术

11.1 电工技术基础

11.1.1 安全用电基础知识

随着电能应用的不断拓展，以电能为介质的各种电气设备广泛进入企业、社会和家庭生活中，同时，不安全事故也在不断发生。因此，学习安全用电基本知识，掌握常规触电防护技术至关重要。

安全用电包括人身安全和设备安全两部分。人身安全是指防止人身接触带电物体受到电击或电弧灼伤而导致生命危险；设备安全是指防止用电事故所引起的设备损坏、起火或爆炸等危险。

1. 触电及其对人体的危害

(1) 触电 人体本身是导体，当人体接触带电部位而构成电流回路时，就会有电流通过人体，对人体造成不同程度的伤害，这就是触电。其伤害程度与触电的种类、方式及条件有关。

1) 触电种类。触电种类一般分为两种，电击或电伤。

电击就是通常所说的触电，绝大部分触电死亡由电击造成，它是电流通过人体所造成的内伤。

电伤是电流的热效应、化学效应、机械效应以及电流本身作用造成的伤害，如电烧伤、电弧烧伤、电烙印、皮肤金属化、机械损伤和电光眼等。电伤一般是在电流较大和电压较高的情况下发生的。

2) 触电方式。按照人体触及带电体的方式，触电一般分为单相触电和两相触电。

单相触电是指人体接触带电设备或线路中的某一相导体时，一相电流通过人体经大地回到中性点，这种触电形式称为单相触电，如图 11-1 所示。

两相触电是指人体同时触及电源的两相带电体，电流由一相经人体流入另一相，如图 11-2 所示。

两相触电时，加在人体的最大电压为线电压（380V）。两相触电比单相触电要危险，后果也更严重。此外，触电方式还有跨步电压触电、接触电压触电、感应电压触电以及剩余电

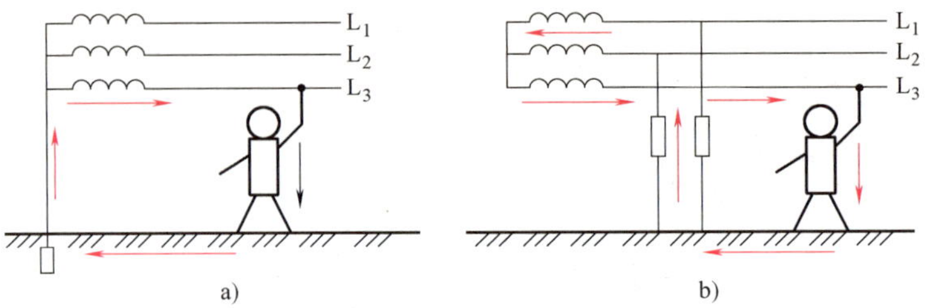

图 11-1　单相触电

a）中性点直接接地　b）中性点不直接接地

荷触电。

（2）触电的危害　触电对人体的伤害程度与通过人体电流的大小、电流的类型、电流通过人体时间的长短、通过人体的部位、电流的频率及触电者的身体状况有关。

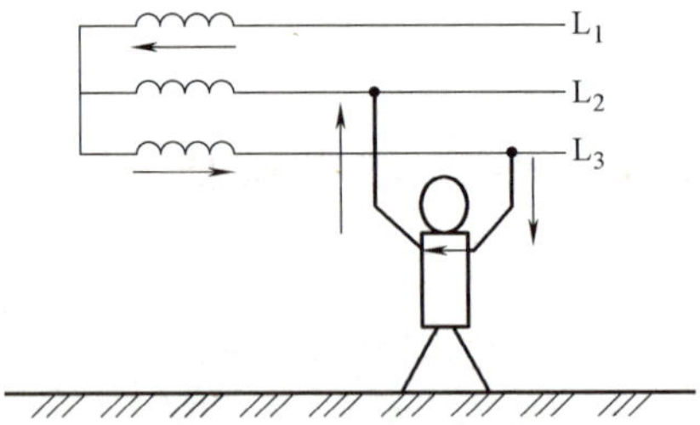

图 11-2　两相触电

电流大小对人体的影响，通过人体的电流越大，人体反应越明显，感觉越强烈，引起心室颤动所需的时间越短，致命的危险性就越大。以工频交流电对人体的影响为例，按照通过人体的电流大小和生理反应不同，可划分为三种：

1）感知电流。感知电流是指引起人体感知的最小电流。实验表明，成年人感知电流有效值为 0.7～1mA，感知电流一般不会对人体造成伤害。

2）摆脱电流。人触电后能自行摆脱的最大电流称为摆脱电流。一般成年人摆脱电流在 15mA 以下，摆脱电流被认为是人体只在较短时间内可以忍受而一般不会造成危险的电流。

3）致命电流。致命电流是指在较短时间内危及生命的最小电流。电流达到 50mA 以上就会引起心室颤动，有生命危险。

电流流过人体的时间越长，对人体伤害程度越重。除此之外，人体触电伤害还跟流过人体电流的频率、电压大小有关。

2. 触电的原因与救护

触电分为直接触电和间接触电两种情况。为了最大限度地减少事故的发生，应了解触电的原因与形式，从而提出预防触电的措施及触电后应采取的救护方法。

（1）触电原因

不同场合引起触电的原因也不一样，常见的触电原因有线路架设不合规格、电气操作制度不严格、用电设备不合要求、用电不规范等。

（2）触电预防

1）直接触电的预防。①绝缘措施，良好的绝缘是保证电气设备和线路正常运行、防止触电事故的重要措施。选用绝缘材料必须与电气设备的工作电压、工作环境和运行条件相适应。②采用屏护装置，如电器的绝缘外壳、金属网罩、金属外壳、变压器的遮拦、栅栏等，将带电体与外界隔绝开来。③间距措施，在带电体与地面之间、带电体与其他设备之间，应保持一定的安全间距。安全间距的大小取决于电压的高低、设备类型、安装方式等因素。

2）间接触电的预防。①加强绝缘，对电气设备或线路采取双重绝缘。加强绝缘措施，使设备或线路绝缘牢固，不易损坏，不致发生金属导体裸露而造成间接触电。②电气隔离，采用隔离变压器或具有同等隔离作用的发电机，使电气线路和设备的带电部分处于悬浮状态。③自动断电保护，在带电线路或设备上安装漏电保护、过流保护、过压或欠压保护、短路保护、接零保护等自动保护器，在触电事故发生时，能自动切断电源，起到保护作用。

（3）触电救护和现场抢救　触电救护是减少触电伤亡的有效措施，对于电气工作人员和用电人员，掌握触电救护知识非常重要。

当发现有人触电时，不可惊慌失措，首先应设法使触电者迅速而安全地脱离电源。根据触电现场的情况，通常采用以下几种急救方法：

1）口对口人工呼吸法。人工呼吸方法有很多，其中以口对口吹气的人工呼吸法效果最好，也最容易掌握。

2）胸外心脏挤压法。胸外心脏挤压法是帮助触电者恢复心跳的有效方法，用人工胸外挤压代替心脏的收缩作用，具体操作如图11-3所示。

注意：压点正确，下压均衡、放松迅速、用力和速度适宜，要坚持做到心跳完全恢复。如果触电者心跳和呼吸都已停止，则应同时进行胸外心脏挤压和人工呼吸。

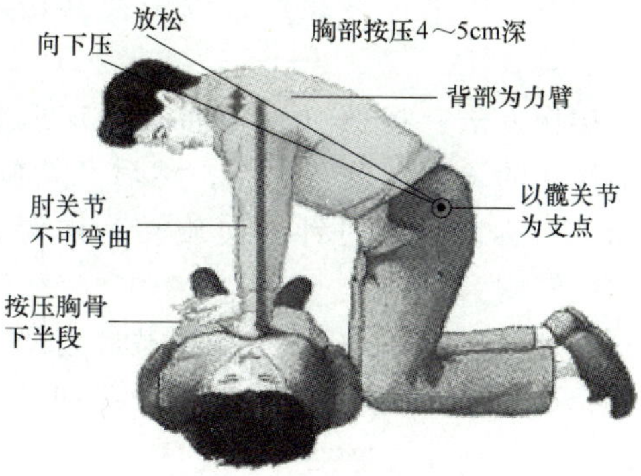

图11-3　胸外心脏挤压法

3. 电气防火、防爆及防雷

（1）防火　电气火灾来势凶猛，蔓延迅速，既可能造成人身伤亡，设备、线路和建筑物的重大破坏，还可能造成大规模长时间停电，给国家财产造成重大损失。电气火灾的成因有很多，几乎所有的电气故障都可能导致火灾发生。

电气火灾的预防和处理

1）电气火灾的预防。首先应按场所的危险等级正确选择、安装、使用和维护电气设备及电气线路。对于易引起火灾的场所，应加强防火，配置相应的消防器材。

2）电气火灾的处理。当电气设备发生火灾时，首先应切断电源，防止火势蔓延。同时，拨打电话报警。发生电气火灾，不能用水或普通灭火器灭火，应使用干粉灭火器或黄沙灭火。

（2）防爆

1）电气引爆。由电引发爆炸的原因很多，主要发生在含有易燃、易爆的气体、粉尘的场所。这种情况如果遇到电火花或高温、高热就会引起爆炸。

2）防爆措施。为了防止电气引爆的发生，在有易燃、易爆气体、粉尘的场所，应合理选用防爆电气设备，正确敷设电气线路，保持场所良好的通风。

（3）防雷　雷电是一种自然现象，它产生的强电流、高电压、高温热具有很大的破坏力和多方面的破坏作用，给电力系统和人类造成严重伤害。因此，对雷电也必须采取有效的防护措施。

1）雷电的形成。雷鸣与闪电是大气层中的放电现象。强大的放电电流伴随高温、高热，发出耀眼的闪光和震耳的轰鸣。

2）雷电的活动规律。一般来说，空旷地区的孤立物体、高于 20m 的建筑物等地区容易受到雷击，雷雨时应特别注意。

3）常用防雷装置。防雷的基本思想是疏导，即设法将雷电流引入大地，从而避免雷击的破坏。常用的避雷装置有避雷针、避雷线、避雷网、避雷带和避雷器等。

11.1.2　电工常用工具及仪表

电工工具与电工仪表是电气安装与维修工作的“武器”，正确使用这些工具、仪表是提高工作效率、保证施工质量的重要条件。因此，了解电工工具、仪表的结构及性能，掌握其使用方法，对电工操作人员来说是十分重要的。电工工具及仪表的种类很多，这里主要对常用的几种进行介绍。

1. 常用电工工具

（1）螺钉旋具　螺钉旋具是一种手用工具，常用螺钉旋具的头部形状有一字形和十字形两种，主要用来旋动头部带一字或十字的螺钉，柄部由木材或塑料制成，如图 11-4 所示。

用途：用来拧转螺丝钉以迫使其松动或者就位的工具。

操作方法：将螺钉旋具拥有特定形状的端头对准螺丝的顶部凹坑，固定，然后开始旋转手柄。根据规格标准，顺时针方向旋转为嵌紧；逆时针方向旋转则为松出。

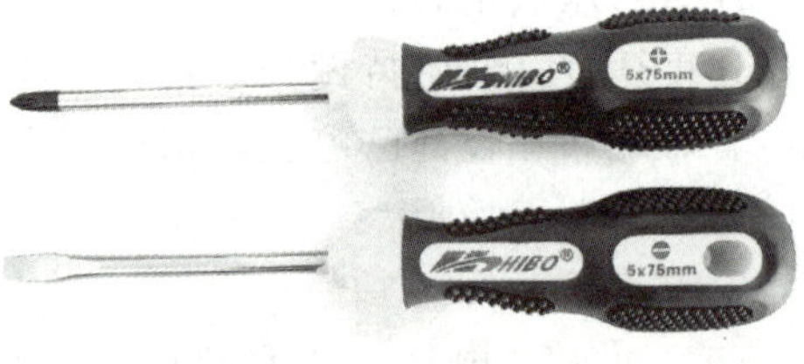

图 11-4　螺钉旋具

（2）电工刀　电工刀是电工常用的一种切削工具，如图 11-5 所示，主要用来剖切导线、电缆的绝缘层，刮掉元器件引线上的绝缘层或氧化物以及切割木桩和绳索等。

使用电工刀应注意：首先电工刀的手柄一般不绝缘，严禁用电工刀带电作业，以免触电；其次应将刀口朝外切削，避免伤及手指；切削导线绝缘层时，应使刀面与导线成较小的锐角，以免割伤导线。使用完毕，随即将刀身收进刀柄。

图 11-5　电工刀

（3）剥线钳　剥线钳适用于剥削截面积 $6mm^2$ 以下塑料或橡胶绝缘导线的绝缘层，由钳口和手柄两部分组成。外形如图 11-6 所示。

用途：供电工剥除电线头部的表面绝缘层。操作方法：根据缆线的粗细型号，选择相应的剥线刀口。将准备好的电缆放在剥线工具的切削刃中间，选择要剥线的长度。握住剥线工具手柄，将电缆夹住，缓缓用力使电缆外表皮慢慢剥落。松开工具手柄，取出电缆线，这时电缆金属整齐露出外面，其余绝缘塑料完好无损。

（4）尖嘴钳

尖嘴钳头部尖细，如图 11-7 所示。

用途：适合狭小的工作空间，主要用来剪切线径较细的单股与多股线，以及给单股导线接头弯圈、剥塑料绝缘层等，也可用作电气仪表制作、维修等。

操作方法：使用时握住尖嘴钳的两个手柄，开始夹持或剪切工作。

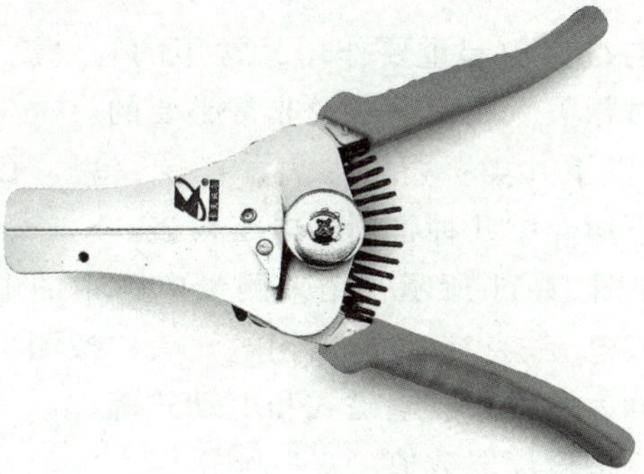

图 11-6　剥线钳

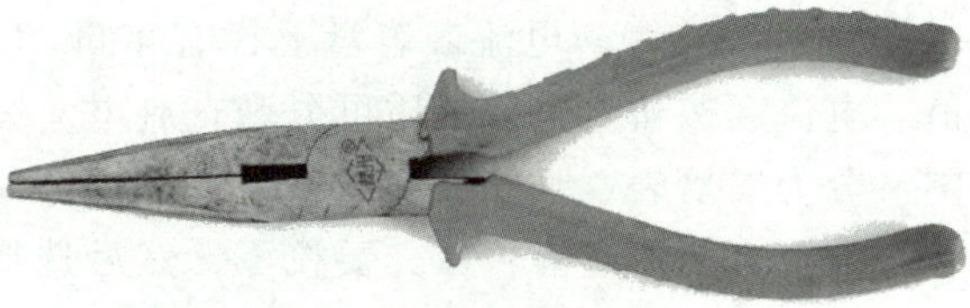

图 11-7　尖嘴钳

（5）斜口钳　斜口钳又称断线钳，其头部扁斜，如图 11-8 所示。

用途：斜口钳主要用于剪切导线、多余引线，还常用来代替一般剪刀剪切绝缘套管、尼龙扎线卡等。

操作方法：将钳口朝内侧，便于控制钳切部位，用小指伸在两钳柄中间来抵住钳柄，张开钳头，这样分开钳柄灵活。

（6）验电笔　验电笔也称测电笔，简称电笔，有低压和高压之分。常用的低压验电笔是检测导线、电器和电器设备的金属外壳是否带电的一种电工工具。其测量范围为 60~500V。注：实验所用电笔为 100~500V，如图 11-9 所示。

图 11-8　斜口钳

图 11-9　验电笔

（7）钢丝钳　钢丝钳又称克丝钳，一般有 150mm、175mm、200mm 三种规格，其用途是夹持或折断金属导线。电工用钢丝钳的手柄必须绝缘，一般钢丝钳手柄绝缘耐压为 500V，只适用于在低压带电设备上使用，如图 11-10 所示。

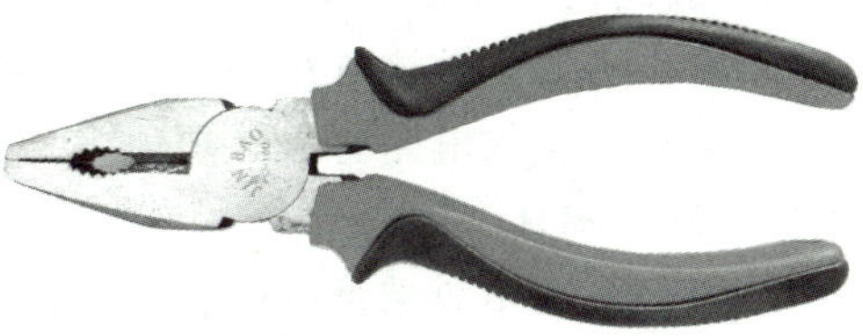

图 11-10　钢丝钳

使用钢丝钳应注意以下几点：

1）使用钢丝钳时，切勿将绝缘手柄损坏、烧伤，并注意防潮。

2）钢丝钳钳轴部分要经常加油，防止生锈，保持操作灵活。

3）带电操作时，手与钢丝钳金属导电部分要保持 2cm 以上的距离。

2. 常用电工仪表

电工仪表在电气线路、用电设备的安装、使用与维修中起重要作用，常用的有电流表、电压表和万用表等。正确掌握电工仪表的使用方法对相关专业人员来说非常必要的。

（1）常用电工仪表的分类　常用电工仪表分为以下几类：指示仪表、比较仪表、数字仪表、记录仪和示波器、扩大量程装置和变换器。下面介绍几种常用的电工仪表。

（2）电流表　电流表表盘上标有字母“A”，如图 11-11 所示，用来测量电路中的电流值。电流表按所测电流性质可分为直流电流表、交流电流表和交直流两用电流表；按测量范围又分为安培表、毫安表和微安表。按动作原理又分为磁电式、电磁式和电动式等。

电流表使用步骤：首先要校零，然后选择量程，最后读取数值。

电流表使用注意事项：

1）电流表要与用电器串联在电路中，否则会短路，烧毁电流表。

2）电流要从“+”接线柱入，“-”接线柱出，否则指针反转，损坏电流表。

3）被测电流不要超过电流表量程，可以采用试触的方法查验是否超过量程。

4）不允许不经过用电器把电流表直接接到电源的两极上，那样会损坏电流表。

（3）电压表　电压表表盘上标有字母“V”，如图 11-12 所示，用来测量电路中的电压值。电压表按所测电压性质可分为直流电压表、交流电压表和交直流两用电压表；按测量范围又分为伏特表、毫伏表。按动作原理分为磁电式、电磁式和电动式等。

电压表的使用步骤跟电流表差不多，也是先校零，再选择合适量程，把电压表的正负接线柱并联接入电路后读数。

图 11-11　电流表

图 11-12　电压表

电压表的使用注意事项：

1）电压表要与被测电路并联，要测哪部分电路的电压，电压表就和哪部分电路并联。

2）电压表接入电路时，必须使电流从其“+”接线柱流入，从“-”接线柱流出，否则指针反转，损坏电压表。

3）被测电压不要超过电压表的量程，否则会损坏电压表。

（4）指针式万用表　指针式万用表 MF47 可供测量直流电流、交直流电压，直流电阻等。除交直流 2500V 和直流 10A 分别有单独插座之外，其余各档只需转动一个选择开关。根据测量原理和测量结果显示方式的不同，常用的万用表一般可以分为指针式和数字式两种。指针式万用表的优点是可以显示连续变化的电量，而数字式万用表的优点是读数迅速、直观。

MF47 指针式万用表的基本结构分为：面板、表头、表盘、测量电路及转换开关等四个部分，如图 11-13 所示。

工作原理：利用一只灵敏的磁电式直流电流表作为表头，当微小电流通过表头，就会有电流指示。但表头不能通过大电流，所以，必须在表头上并联或串联一些电阻进行分流或降压，从而测出电路中的电流、电压和电阻。

图 11-13　MF47 指针式万用表外形

1）用指针万用表测量交流（直流）电压的步骤和注意事项　测量前，必须将转换开关拨到对应的交流（直流）电压量程档，如不清楚被测电压大小，量程宜放在最高档，以免损坏表头；测量交流电压时，将两表笔并联在被测电路或元件两端；测量直流电压时，将两表笔并联在被测电路或元件两端，且红表笔接高电位端，黑表笔接低电位端，如果不清楚被测点电位高低，可将表笔轻轻地试触一下被测点，若指针反偏，说明表笔极性反了，交换表笔即可；严禁测量时拨动转换开关选择量程；测电压时养成单手操作的习惯。

2）用指针式万用表测量直流电压的步骤和注意事项。用指针式万用表测量直流电流的步骤和注意事项　万用表串联接入被测电路中，必须注意红、黑表笔的极性，红表笔接高电位端，黑表笔接低电位端；严禁在测量中拨动转换开关选择量程。

3）用指针式万用表测量电阻的步骤和注意事项　断开被测电路的电源；两表笔直接跨接在被测电阻或电路两端；测量前或转换倍率档时，都应重新调整欧姆零点；选择倍率档时，使指针尽可能接近标度尺的几何中心；测量中不允许用手同时触及被测电阻两端。

11.1.3　常用低压电器

电器是根据外界信号和要求，手动或自动地接通、断开电路，以实现对电路或非电对象的切换、控制、保护、检测、变换和调节的元件或设备。低压电器通常是指额定工作电压为交流 1200V 及以下或直流 1500V 及以下电路中的电气设备。

本节介绍几种电气控制系统中常见的低压电器。

1. 接触器

接触器是一种通过电磁机构动作控制触点闭合或者断开，适用于在主回路频繁接通和分断负载的一种远距离操作、自动切换电器。接触器具有大容量的主触头和多组辅助触头，它的控制容量大，具有欠压保护功能，在电力拖动系统中应用十分广泛。按主触头通过电流种类的不同，分为交流接触器和直流接触器两类。

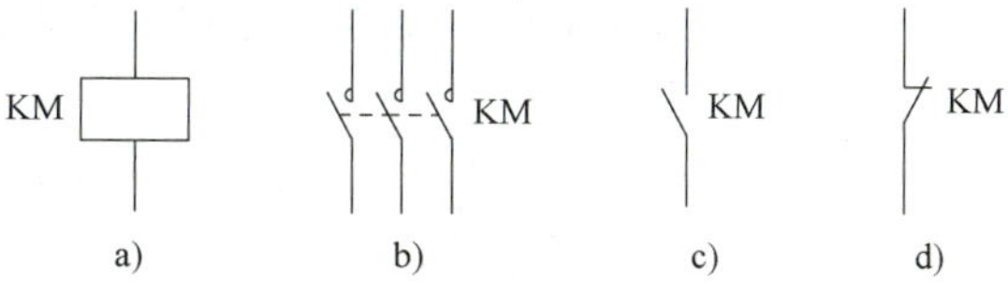

图 11-14　接触器的图形与文字符号

接触器的图形与文字符号如图 11-14 所示。图 11-14a 表示线圈，图 11-14b 表示常开（动合）主触头，图 11-14c 表示辅助常开（动合）触头，图 11-14d 表示辅助常闭

（动断）触头。主触头用于接通或分断较大的电流，辅助触头用于接通或分断较小电流，主要用于控制回路。常用接触器如图 11-15 和图 11-16 所示。

图 11-15　交流接触器

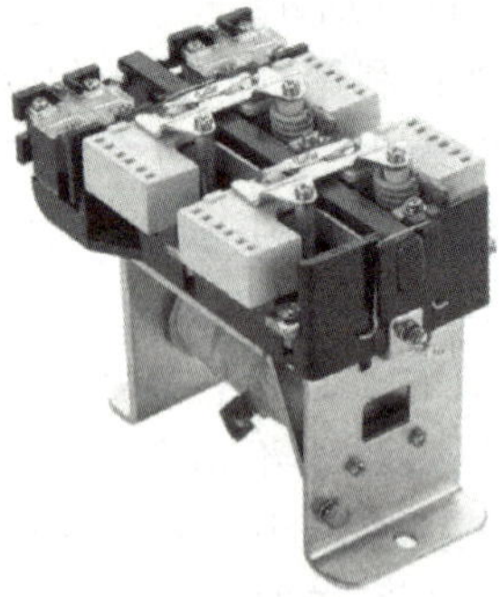

图 11-16　直流接触器

2. 继电器

继电器是一种根据电气量（电压、电流等）或非电气量（热、时间、转速、压力等）的变化而动作的自动控制电器。继电器常用于各种控制电路中进行信号的传递、放大、转换、连锁，使器件或设备按预定的动作程序进行工作，实现自动控制和保护。继电器的种类有很多，分类方式也有很多，这里主要介绍电器控制系统中常用的继电器有电压继电器、电流继电器、中间继电器、时间继电器和热继电器等。

（1）电压继电器　电压继电器反映电压信号，根据线圈两端的电压大小而接通或断开电路的继电器。常用的电压继电器有过电压继电器和欠电压继电器两种。过电压继电器在电压为 1.1~1.15 倍额定电压时动作，对电路进行过电压保护。欠电压继电器在电压为 0.4~0.7 倍额定电压时动作，对电路进行欠电压保护。电压继电器图形符号如图 11-17 所示。

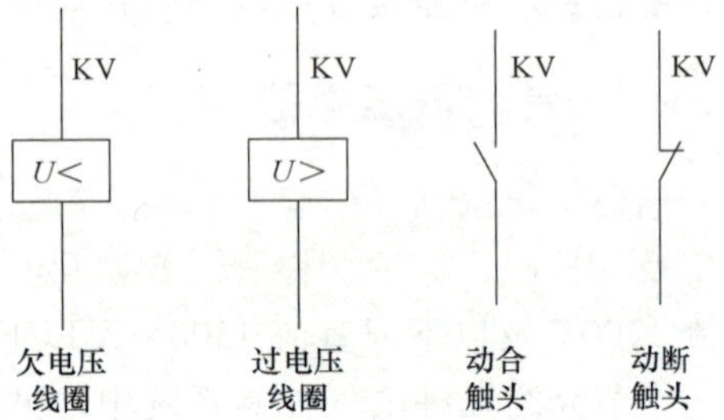

图 11-17　电压继电器的图形符号

（2）电流继电器　电流继电器反映的是电流信号，根据线圈中的电流大小而接通或断开电路的继电器。常用的继电器有过电流继电器和欠电流继电器。

过电流继电器在电路正常工作时不动作，当电路中电流超过整定值时，过电流继电器吸合，对电路起过流保护作用，常用于电动机的短路保护。欠电流继电器在电路正常工作时吸合，当电路中电流减小到整定值以下时，欠电流继电器释放，对电路起欠电流保护作用，常用于直流电动机和电磁吸盘的失磁保护。

（3）中间继电器　中间继电器实质是一种电压继电器。它可将控制信号传递、放大、翻转、分路、隔离和记忆，实现一点控制多点的作用，主要解决触点容量、数目与灵敏度的问题。

（4）时间继电器　时间继电器是指从得到输入信号起（线圈的通电或断电），需经过一定的时间延时才输出信号（触点的闭合或分断），如图 11-18 所示。按工作原理可分为电磁式、空气阻尼式、半导体式等。随着电子技术的发展，半导体式时间继电器已成为主流产品，时间继电器的图形符号如图 11-19 所示。

图 11-18　时间继电器

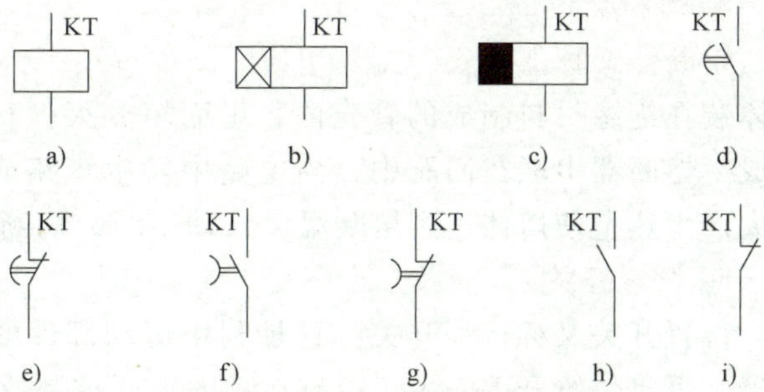

图 11-19　时间继电器的图形符号

时间继电器的延时方式有两种：一种是通电延时，接受输入信号后要延时一段时间，输出信号才发生变化，输入信号消失后，输出瞬时复位。另一种是断电延时，当接受输入信号时，立即输出信号，输入信号消失时，继电器经过延时，输出信号才复位。

(5) 热继电器　热继电器是利用电流流过发热元件产生热效应，进而推动机构动作的一种保护电器，如图 11-20 所示。热继电器常用于电动机的过载保护、断相保护、电流不平衡运动的保护及其他电气设备发热状态的控制。热继电器图形符号如图 11-21 所示。

图 11-20　热继电器

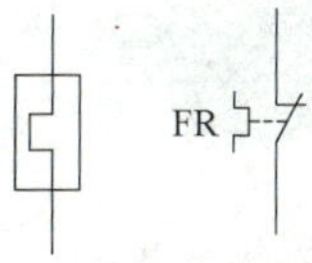

图 11-21　热继电器图形符号

3. 低压断路器

低压断路器又称为自动空气开关，它是一种既有手动开关作用又有自动进行欠压、失压、过载、和短路保护的电器。低压断路器可用来接通和分断负载电流、过负荷电流、短路电流。其功能相当于熔断器式开关与热继电器等组合。在分断故障电流后一般不需要变更零部件仍可以继续使用，低压断路器具有多种保护功能、动作值可调、分断能力高、操作方便、安全等优点，因此目前被广泛应用。断路器外形图如图 11-22 所示。

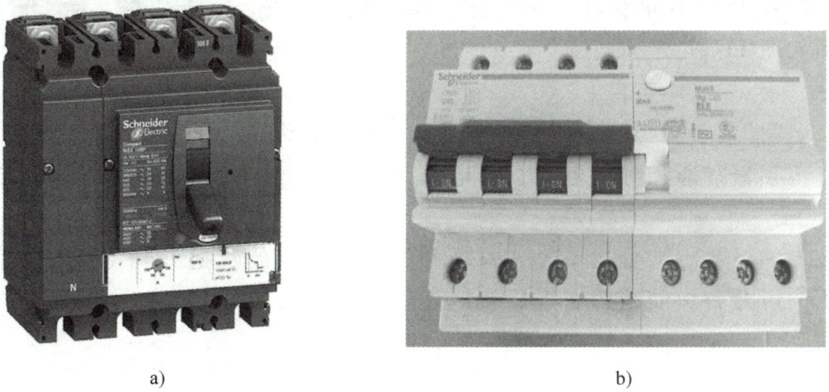

a)　　　　b)

图 11-22　断路器外形图

a）塑料外壳式断路器　b）小型断路器

4. 熔断器

熔断器又称保险丝，主要用作短路或过负载保护作用，如图 11-23 所示。熔断器一般将熔体装在绝缘材料制成的管壳内，里面填充灭弧材料，两端用导体连接制成。熔断器串联在回路中，当电路中发生短路或严重过负荷时，电流变大产生热量使熔体达到熔断温度自动熔断，切断电路从而起保护作用。

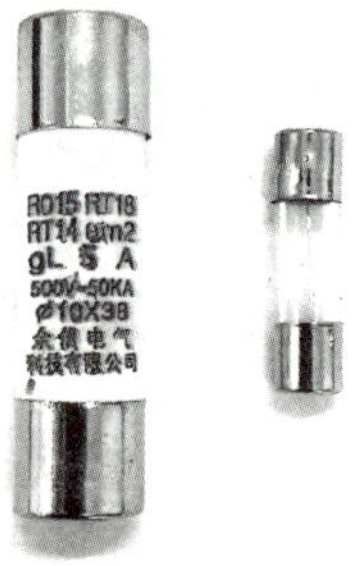

图 11-23 熔断器

5. 位置开关

位置开关又称行程开关，它是利用运动部件的行程位置实现控制的电器。可将位置开关安装于机械运动的不同控制位置，用于限制其行程。

位置开关按结构不同分为机械结构的接触式有触点位置开关和电气结构的非接触式位置开关，这里主要介绍有触点位置开关。

机械结构的接触式位置开关依靠移动机械上的撞块碰撞其可动部分，使常开触点闭合、常闭触点打开来实现对电路的控制。当工作机械上的撞块离开可动部分时，位置开关复位，触点恢复其初始状态。机械式位置开关分为直动式、滚动式、微动式三种，其实物如图 11-24 至图 11-26 所示。

图 11-24 直动式位置开关

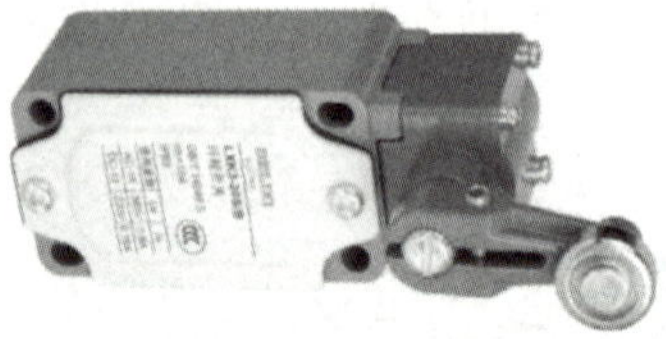

图 11-25 滚动式位置开关

图 11-26 微动式位置开关

6. 按钮

按钮是一种结构简单、应用广泛的控制电器。按钮不直接控制电路的通断，而是在控制电路中控制接触器、继电器等电磁元件，实现控制电路启动、停止，执行电气连锁动作。

按钮按照用途不同分为启动按钮（带有动合触点）、停止按钮（带有动断触点）和复合按钮（带有动合触点、动断触点）；按照保护形式不同，分为开启式、保护式、防水式、防腐式等；按照结构形式不同分为嵌压式、紧急式、钥匙式、带信号灯、带灯掀钮式和带灯紧急式等。按钮颜色不同有红、绿、蓝、黄、白、黑等。按钮的外形图如图 11-27 所示。

图 11-27 按钮开关

7. 刀开关

刀开关又名闸刀，是一种结构简单、应用广泛的手动电器。主要用于不频繁接通和分断电路，将电路与电源隔离。在额定电压下其工作电流不能超过额定值。

刀开关按刀的极数不同分为单极、双极和三极；按刀的转换方式不同分为单掷和双掷；按接线方式不同可分为板前接线和板后接线。双极刀开关如图 11-28 所示，三级刀开关如图 11-29 所示。

11.1.4 电气安全操作规程

1）电工作业应按照规定使用电工防护用品和安全用具。

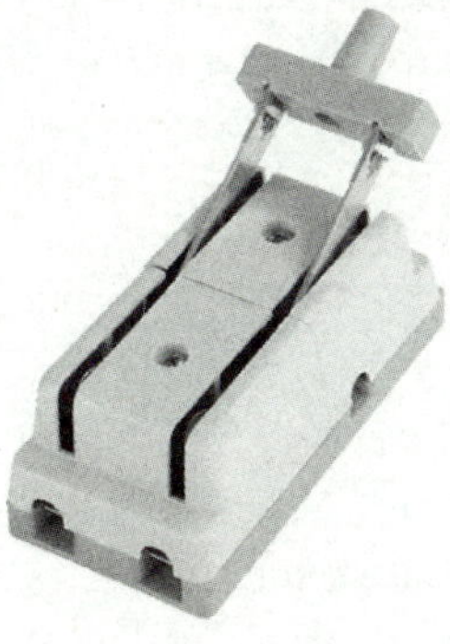

图 11-28　双极刀开关

图 11-29　三极刀开关

2）电工操作属于特种作业，必须两人以上进行。应由电工负责安全监护，并且不能兼作其他工作。

3）工作前必须检查电工工具、测量仪表和防护用具是否完好。

4）任何电气设备未经验电，一律按有电处理，不准用手触碰。

5）严禁在电气设备运行中进行拆卸和修理工作。必须在设备停止后，切断电源，取下熔断器，挂上“禁止合闸，有人工作”的警示牌，验明无电后，方可进行工作。

6）在总配电柜及母线上工作时，在验明无电后，在所有来电方向上，应将电源线短路，并挂上临时接地线。

7）线路或电气设备拆除后，应及时用绝缘胶布包扎好。

8）使用仪表带电测量，应使用绝缘合格的导线和正规的仪表表笔，并设专人读取数值。

9）按各回路用电设备的容量选择适当的熔断器。

10）临时装设的电器设备，必须将设备金属外壳可靠接地。

11）每次检修工作结束后，必须清点所带工具、零件，防止遗忘或留在设备内造成事故。

12）检修工作完成后，检修负责人应向值班人员交接完成工作内容和情况，共同检查现场，办理完工手续、确认无误后方可送电。

11.2　电子技术基础

11.2.1　常用电子元器件

电子元器件是电子线路中具有独立电气功能的基本单元。了解和掌握电子元器件的种类、型号、用途和识别方法是进行电子电路设计和调试的基础。本节主要介绍一些常用的电子元器件。

1. 电阻器

电阻器也称电阻，是电子线路中应用最广的元器件之一，没有极性。电阻在电子电路中主要起降压、分压、限流、分流、负载和阻抗匹配等作用。

电阻的国际单位是欧姆，用 Ω 表示。实际电路中，常用的单位还有千欧（kΩ）和兆欧（MΩ）等，三者的换算关系为 $1M\Omega = 10^3 k\Omega = 10^6 \Omega$。

常用电阻的电路符号如图 11-30 所示。

图 11-30 常用电阻的电路符号

a）电阻的一般符号 b）可调电阻 c）压敏电阻 d）光敏电阻

（1）电阻器的分类 电阻器的种类繁多，形状各异，分类方法也很多。

1）按照阻值特性分类。电阻器按照阻值特性分为固定电阻器和可变电阻器两大类。

2）按照制作材料分类。电阻器按照制作材料分为碳膜电阻器、金属膜电阻器和线绕电阻器等。

3）按照安装方式分类。电阻器按照安装方式分为插件电阻器和贴片电阻器。

4）按照用途分类。电阻器按照用途分为普通型电阻器、精密型电阻器、高阻型电阻器和高压型电阻器等。

（2）电阻器的主要参数 电阻器的主要参数有标称阻值、允许误差、额定功率、极限工作电压、温度系数和老化系数。

1）标称阻值。标称阻值是电阻器上面所标示的阻值。不同精度等级的电阻器，其阻值系列不同，根据我国标准，常用的电阻阻值系列见表 11-1。

表 11-1 常用的电阻阻值系列

系列	允许误差	电阻器的标称值
E24	Ⅰ级(±5%)	1.0、1.1、1.2、1.3、1.5、1.6、1.8、2.0、2.2、2.4、2.7、3.0、3.3、3.6、3.9、4.3、4.7、5.1、5.6、6.2、6.8、7.5、8.2、9.1
E12	Ⅱ级(±10%)	1.0、1.2、1.5、1.8、2.2、2.7、3.3、3.9、4.7、5.6、6.8、8.2
E6	Ⅲ级(±20%)	1.0、1.5、2.2、3.3、4.7、6.8

2）允许误差。电阻器的允许误差是指电阻器的实际阻值对于标称阻值的允许最大误差范围，它标志着电阻器的阻值精度。普通电阻器的允许误差有±5%、±10%、±20%三个等级。精密电阻器的允许误差可分为±2%、±1%、±0.5%、…、±0.001%等十几个等级。电阻器的允许误差越小，精度越高。

3）额定功率。电阻器的额定功率是指在规定的环境温度中允许电阻器承受的最大功率，即在此功率范围内，电阻器可以长期、稳定地工作，不会显著改变其性能，不会损坏。一般选择额定功率比实际功率大 1~2 倍的电阻。

4）极限工作电压。极限工作电压是指当电阻两端电压增大到一定数值时，会发生电击穿，使电阻损坏，这个电压称为极限工作电压。

5）老化系数。老化系数是指电阻器在额定功率长期负荷下阻值相对变化的百分数，它是表示电阻器寿命长短的参数。

（3）电阻器的标注方法 电阻器的标称阻值和允许误差的标注方法有直标法、文字符号法、数码法和色标法。

1）直标法。直标法指将电阻器的标称阻值和允许误差直接用数字和字母印在电阻上。误差标示可以用罗马数字Ⅰ、Ⅱ、Ⅲ表示，误差分别为±5%、±10%、±20%。

2）文字符号法。文字符号法指用数字和文字符号有规律地组合起来印刷在电阻器表面上的方法。电阻器的允许误差也用文字符号表示，文字符号所对应的允许误差见表11-2。

表11-2 文字符号所对应的允许误差表

文字符号	D	F	G	J	K	M
允许误差	±0.5%	±1%	±2%	±5%	±10%	±20%

文字符号法的表示形式：整数部分+阻值单位符号（Ω、k、M）+小数部分+允许误差。

例如：7k5K表示7.5kΩ±10%（K表示允许误差为±10%）；3M9J表示3.9MΩ±5%（J表示允许误差为±5%）。

3）数码法。数码法是用三位数字表示阻值大小的一种方法。从左到右，第一、第二位数为电阻器阻值的有效数字，第三位表示有效数字后面加“0”的个数。允许误差通常采用文字符号表示，其对应关系见表11-2。例如：102M表示1kΩ±20%（M表示允许误差为±20%）。

4）色标法。色标法又称色环法，是用不同颜色的色环把电阻器的参数（标称阻值和允许误差）直接标注在电阻器表面上的方法。色标法有四色标法和五色标法两种，四色标法比五色标法的误差大。

电阻器色环表示的含义如图11-31所示，电阻器色环颜色所代表的数字或意义见表11-3。

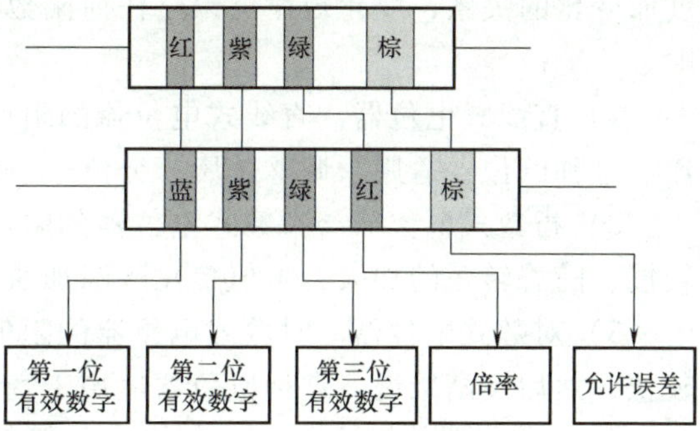

图11-31 电阻器色环表示含义

表11-3 电阻器色环颜色所代表的数字或意义

颜色	第一位有效数字	第二位有效数字	第三位有效数字	倍率	允许误差
黑	0	0	0	10^0	—
棕	1	1	1	10^1	±1%
红	2	2	2	10^2	±2%
橙	3	3	3	10^3	—
黄	4	4	4	10^4	—
绿	5	5	5	10^5	±0.5%
蓝	6	6	6	10^6	±0.25%
紫	7	7	7	10^7	±0.1%
灰	8	8	8	10^8	—
白	9	9	9	10^9	—
金	—	—	—	10^{-1}	±5%
银	—	—	—	10^{-2}	±10%

2. 电位器

电位器是一种可调电阻器，对外有三个引出端，其中两个为固定端，另一个为中心抽头（也叫可调端）。转动或调节电位器转轴，其中心抽头与固定端之间的阻值会发生变化。电位器的电路符号如图 11-32 所示。

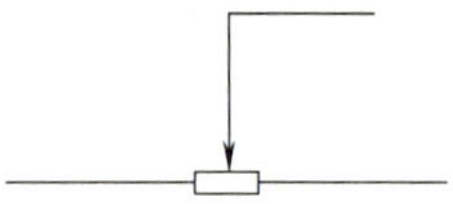

图 11-32　电位器的电路符号

(1) 电位器的分类　电位器的种类繁多，用途各不相同，分类方法也很多。

1）按照制作材料分类。电位器按照制作材料可分为线绕电位器和非线绕电位器两大类。

2）按照结构特点分类。电位器按照结构特点可分为单圈电位器、多圈电位器，单联电位器、多联电位器，带开关电位器、不带开关电位器等。

3）按照调节方式分类。电位器按照调节方式可分为旋转式电位器和直滑式电位器两类。

(2) 电位器的主要参数　电位器的参数很多，主要有标称阻值、额定功率、极限电压、阻值变化规律等，前三项与电阻器基本相同。阻值变化规律指电位器的阻值随转轴的旋转角度而变化的关系，变化规律可以是任何函数形式，常用的有直线式电位器、指数式电位器和对数式电位器。

1）直线式电位器。直线式电位器的阻值是随转轴的旋转均匀变化，并与旋转角度成正比。这种电位器适用于调整分压、分流。

2）指数式电位器。指数式电位器的阻值随转轴的旋转成指数规律变化，开始阻值变化较慢，随着转角的加大，阻值变化逐渐加快。这种电位器适用于音量控制。

3）对数式电位器。对数式电位器的阻值随转轴的旋转成对数关系变化，开始阻值变化较快，然后逐渐减慢。这种电位器适用于音量调节和电视机的对比度调整。

(3) 电位器的标注方法　电位器一般都采用直标法，其类型、阻值、额定功率、误差都直接标在电位器上。电位器的常用标志符号及意义见表 11-4。

表 11-4　电位器的常用标志符号及意义

字母	意义	字母	意义
WT	碳膜电位器	WS	有机实芯电位器
WH	合成碳膜电位器	WI	玻璃釉膜电位器
WN	无机实芯电位器	WJ	金属膜电位器
WX	线绕电位器	WY	氧化膜电位器

3. 电容器

电容器简称电容，是一种储能元件，是电子电路中常用的元器件之一，广泛应用于隔直、耦合、滤波、旁路、电能储能等电路。

电容的国际单位是法拉，用 F 表示，常用的还有毫法（mF）、微法（μF）、纳法（nF）和皮法（pF）。它们之间的换算关系为 $1F = 10^{3}mF = 10^{6}\mu F = 10^{9}nF = 10^{12}pF$。

常见电容器的电路符号如图 11-33 所示。

(1) 电容器的分类　电容器的种类很多，分类方法也各不相同：

1）按照结构不同分类。电容器按照结构不同可分为固定电容器、可变电容器和半可变

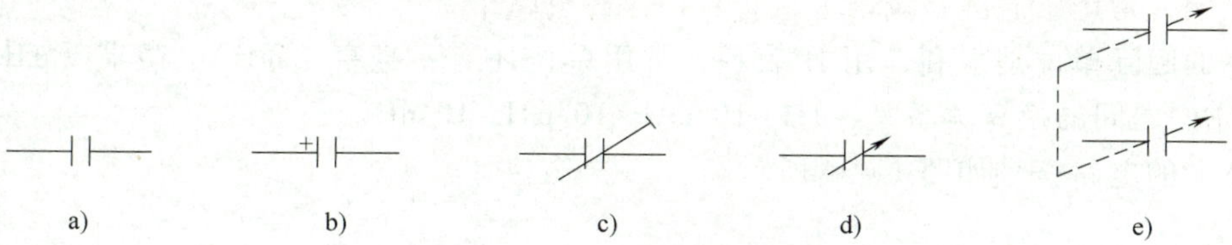

图 11-33　常见电容器的电路符号

a）无极性电容　b）电解电容　c）微调电容　d）可调电容　e）双联可调电容

（微调）电容器。

2）按照介质材料不同分类。电容器按照介质材料不同可分为有机介质电容器、无机介质电容器、电解电容器和气体介质电容器等。有机介质电容器包括纸介电容器、聚苯乙烯电容器、聚丙烯电容器、涤纶电容器等；无机介质电容器包括云母电容器、玻璃釉电容器、瓷介电容器等；电解电容器包括铝电解电容器、钽电解电容器等；气体介质电容器包括空气介质电容器、真空电容器。

（2）电容器的主要参数　电容器的主要参数有标称容量、允许误差、额定工作电压和绝缘电阻。

1）标称容量和允许误差。标称容量是指标示在电容器外壳上的电容量数值；允许误差是指标称容量和实际容量之间的最大允许偏差范围，允许误差通常用百分数或者误差等级来表示。

2）额定工作电压。电容器的额定工作电压是指在线路中能够长期可靠地工作而不被击穿所承受的最大电压（又称耐压）。一般无极电容的标称耐压值比较高，有 63V、100V、160V、250V、400V、600V 和 1000V 等；有极电容的耐压相对比较低，标称耐压值一般有 4V、6.3V、10V、16V、25V、35V、50V、63V、80V、100V、220V 和 400V 等。

3）绝缘电阻。电容器的绝缘电阻是指电容器两极间的电阻，或称漏电电阻。电容器中的介质并不是绝对的绝缘体，它的电阻不是无限大，而是一个有限的数值，一般在 1000MΩ 以上。因此，电容器多少总有些漏电。绝缘电阻越小，电容器的漏电流越大。当漏电流较大时，电容器发热，发热严重时会使电容器损坏。使用时应选用绝缘电阻大的电容器。

（3）电容器的标注方法　电容器的标注方法有直标法、文字符号法、数码法和色标法。

1）直标法。直标法是指将电容器的容量、耐压和允许误差等主要参数直接标注在电容器外壳表面上。当电容器所标容量没有单位时，容量数值有小数且其整数部分为零的单位表示 μF，其余的单位表示 pF。例如，0.22 表示容量为 0.22μF；470 表示容量为 470pF。

2）文字符号法。将电容器的参数用文字和数字符号有规律地组合起来印制在电容器表面上称为文字符号法。标注方法：整数+单位符号（p、n、μ）+小数部分。例如：2p2 表示 2.2pF；4μ7 表示 4.7μF。

3）数码法。数码法是用三位数字表示电容量大小的一种方法。从左到右，第一、第二位数为电容器电容量的有效数字，第三位是有效数字后面应加“0”的个数（当第三位是 9 时，表示 10^{-1}F）。例如：222 表示容量为 22×10^{2}pF。

4）色标法。电容器的色标法和电阻器的色标法相似，单位为 pF。

4. 电感器

电感器简称电感，是一种能储存磁场能量的电子元器件，它的特性是通直流隔交流，通低频阻高频，常用于滤波、调谐、耦合、扼流等电路中。

电感的国际单位是亨利，用 H 表示，常用单位还有：毫亨（mH）、微亨（μH）、纳亨（nH）。它们之间的换算关系是：$1H = 10^3 mH = 10^6 \mu H = 10^9 nH$。

电感器的电路符号如图 11-34 所示。

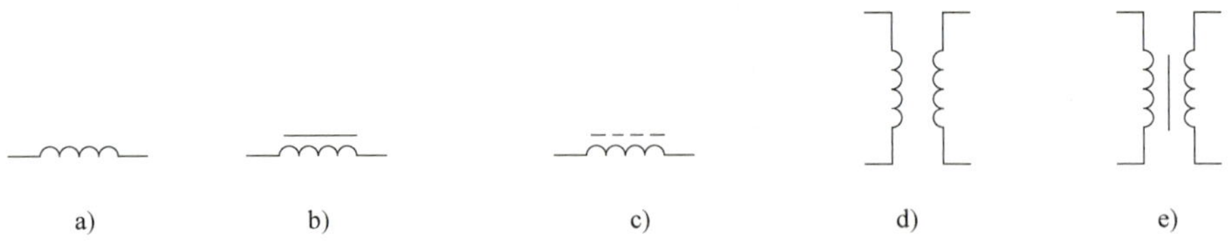

图 11-34　电感器的电路符号

a）空芯电感线圈　b）带铁芯的电感线圈　c）带磁芯的电感线圈　d）空芯变压器　e）铁芯变压器

（1）电感器的分类　电感通常分为两大类：一类是应用于自感作用的电感线圈，另一类是应用于互感作用的变压器。

1）电感线圈的分类。电感线圈是根据电磁感应原理制作的器件。它的用途极为广泛，如滤波器、调谐放大器或振荡器中的调谐回路、均衡电路、去耦电路等。

① 按电感线圈圈芯性质可分为空芯线圈和带磁芯的线圈。

② 按绕制结构特点可分为单层线圈、多层线圈、蜂房线圈等。

③ 按电感量变化情况可分为固定电感、可变电感和微调电感。

2）变压器的分类。变压器是利用两个绕组的互感原理来传递交流电信号和电能的，同时起变换前后级阻抗的作用。

① 按用途可分为电源变压器、隔离变压器、调压器、输入/输出变压器和脉冲变压器。

② 按导磁材料可分为硅钢片变压器、低频磁芯变压器和高频磁芯变压器。

③ 按铁心形状可分为 E 形变压器、C 形变压器、R 形变压器和 O 形变压器。

（2）电感器的主要参数　电感器的主要参数有电感量、品质因数、分布电容和额定电流。

1）电感量。电感量的大小与线圈匝数、直径、内部有无磁芯、绕制方式等有关。线圈圈数越多，绕制的线圈越密集，电感量越大；线圈内有磁芯的电感量比无磁芯的大；磁芯磁导率越大，电感量越大。

2）品质因数。品质因数是衡量电感线圈质量的重要参数，用字母 Q 表示。Q 值越高，线圈损耗越小。

3）分布电容。线圈匝与匝之间具有电容，这一电容称为分布电容。此外，屏蔽层之间、多层绕组的层与层之间、绕组与底板间也都存在分布电容。分布电容的存在使线圈的 Q 值下降，稳定性变差。为减小分布电容，可减小线圈骨架的直径，用细导线绕制线圈，绕制时采用间绕法和蜂房式绕法。

4）额定电流。额定电流是指电感器正常工作时，允许通过的最大电流。若工作电流大于额定电流，电感器会因发热而改变性能参数，严重时会烧毁电感器。

（3）电感器的标注方法　电感器的标注方法有直标法、文字符号法、数码法和色标法。

1）直标法。直标法是在小型电感器的外壳上直接用文字标出电感器的主要参数，如电感量、允许误差和额定电流等。其中，电感量的允许误差用Ⅰ、Ⅱ、Ⅲ表示，分别代表误差为±5%、±10%、±20%。额定电流常用字母 A、B、C、D、E 等标注，字母和额定电流的对应关系见表 11-5。

表 11-5 小型固定电感器的额定电流和字母的对应关系

字母	A	B	C	D	E
额定电流	50mA	150mA	300mA	700mA	1600mA

例如，电感器的外壳上标有 3.9mH、A、Ⅱ等字样，表示电感量为 3.9mH，额定电流为 50mA，允许误差为±10%。

2）文字符号法。文字符号法是将电感器的标称值和允许误差用数字和文字符号按一定规律组合标注在电感器的外壳上。采用这种标注法的通常是一些小功率电感器，单位是 nH 或者 μH。当单位是 μH 时，“R”表示小数点；当单位是 nH 时，“N”表示小数点。

采用这种标示方法的电感器，通常后缀一个英文字母表示允许误差，各字母所对应的允许误差见表 11-6。

表 11-6 各字母所对应的允许误差表

字母	D	F	G	J	K	M
允许误差	±0.5%	±1%	±2%	±5%	±10%	±20%

例如，8R2K 表示电感量为 8.2μH，允许误差为±10%。

3）数码法。数码法是用三位数字表示电感量大小的一种标示方法，该方法常用于贴片电感器。三位数字中，从左到右，第一、第二位数为电感器电感量的有效数字，第三位表示有效数字后面应加“0”的个数，单位为 μH。若电感量中有小数，则用“R”表示，并占一位有效数字。

例如，222 表示电感量为 2200μH；100 表示电感量为 10μH；R68 表示电感量为 0.68μH。

4）色标法。色标法是指电感器的外壳涂上各种不同颜色的色环来标示其主要参数。其色标法和电阻器的色标法相似，单位为 μH。电感器的色标法通常用四色环表示。数字和颜色的对应关系和电阻器色环表示法（表 11-3）相同。

5. 半导体分立元件

半导体是一种导电性能介于导体和绝缘体之间、或者说电阻率介于导体和绝缘体之间的物质。常用的半导体材料有硅、锗、砷化镓等。半导体分立元件主要有二极管、晶体管、场效应管和晶闸管等。以下主要介绍二极管和晶体管。

（1）二极管　二极管由半导体材料硅或锗晶体制作的，故称为晶体二极管或半导体二极管，是结构比较简单的有源电子器件，其主要特性是单向导电性。

1）二极管的分类。

① 按半导体材料不同，二极管可分为硅二极管和锗二极管。二者的主要区别是锗管正向压降比硅管小（锗管为 0.2~0.3V，硅管为 0.6~0.7V），锗管的反向电流比硅管大（锗管为几百毫安，硅管小于 1μA）。

② 按用途不同，二极管可分为整流二极管、检波二极管、稳压二极管、变容二极管、发光二极管和开关二极管等。

③ 按照结构不同，二极管可分为点接触型二极管和面接触型二极管。

常见的二极管电路符号如图 11-35 所示。

图 11-35　常见的二极管电路符号

a）普通二极管　b）稳压二极管　c）发光二极管　d）变容二极管

2）二极管的主要参数。二极管的主要参数有最大整流电流、最高反向工作电压、反向电流、击穿电压和最高工作频率。

① 最大整流电流。最大整流电流指二极管长期连续工作时允许通过的最大正向平均电流。

② 最高反向工作电压。最高反向工作电压指反向加在二极管两端，而不至于引起 PN 结击穿的最大电压。

③ 反向电流。反向电流指二极管未击穿时反向电流值。温度对反向电流的影响很大。

④ 击穿电压。击穿电压指二极管反向伏安特性曲线急剧弯曲时的电压值。

⑤ 最高工作频率。最高工作频率指能保证二极管单向导电作用的最高工作频率。

（2）晶体管　晶体管是电子电路中的核心元器件之一，具有电流放大或开关作用。晶体管内部含有两个 PN 结，外部有三个电极，两个 PN 结共用的一个电极为晶体管的基级（用字母 B 表示），其他两个电极为集电极（用字母 C 表示）和发射极（用字母 E 表示）。

晶体管的电路符号如图 11-36 所示。

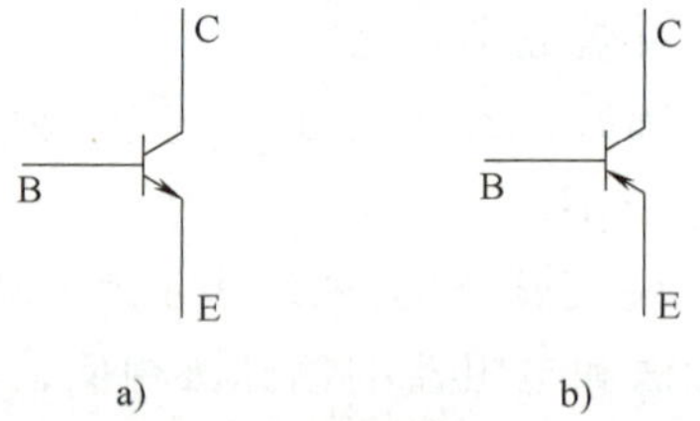

图 11-36　晶体管电路符号

a）NPN 型晶体管　b）PNP 型晶体管

1）晶体管的分类。

① 按半导体材料不同，晶体管可分为硅晶体管和锗晶体管。

② 按导电类型不同，晶体管可分为 PNP 型晶体管和 NPN 型晶体管。

③ 按工作频率不同，晶体管可分为低频晶体管、高频晶体管和超高频晶体管。

④ 按结构不同，晶体管可分为点接触型晶体管和面接触型晶体管。

⑤ 按用途不同，晶体管可分为放大管、开关管、阻尼管和达林顿管等。

2）晶体管的主要参数。

① 电流放大系数 β。电流放大系数是晶体管放大能力的一个重要指标。根据不同的工作状态，又分为直流电流放大系数和交流电流放大系数。

② 极间反向电流。晶体管的极间反向电流有两个，即反向饱和电流 I_{CBO} 和穿透电流 I_{CEO}。I_{CBO} 是指发射极开路时，集电极和基极间的反向饱和电流，其大小取决于温度和少数载流子的浓度；I_{CEO} 是指基极开路时，集电极和发射极间的穿透电流，$I_{CEO}=(1+\beta)\ I_{CBO}$。

③ 集电极最大允许电流 I_{CM}。I_{CM} 是指晶体管集电极允许的最大电流。当 I_C 超过 I_{CM}

时，β 明显下降。

④ 集电极最大允许功耗 P_{CM}。P_{CM} 是指晶体管集电结上允许耗散功率的最大值。集电结功率损耗 $P_C = i_C \times u_{CE}$，当 P_C 超过 P_{CM} 时，集电结会因过热而烧毁。

⑤ 反向击穿电压 $U_{(BR)CEO}$。$U_{(BR)CEO}$ 是指晶体管基极开路时，集电极与发射极间的反向击穿电压。

11.2.2　数字式万用表

数字式万用表也称数字多用表，它是将所测量的电压、电流、电阻等测量结果直接用数字形式显示出来的测试仪表，它具有测量速度快、显示清晰、准确度高、分辨率强、测试范围高等特点。

数字式万用表通常分为手持式数字万用表、钳形数字万用表和台式数字万用表。

本节重点介绍 DT-890B 数字式万用表，如图 11-37 所示，它是一种手持式三位半数字式万用表，整机电路设计以大规模集成电路、双积分 A/D 转换器为核心并配以全功能过载保护，可用来测量直流电压、直流电流、交流电压、交流电流、电阻、电容和二极管。

图 11-37　数字式万用表 DT-890B

数字式万用表 DT-890B 的使用方法为：

1. 使用前准备工作

1）将电源开关（POWER 键）置于“ON”的位置，检查 9V 电源，若电池电压不足，显示器左下角会显示电池符号，则需要更换电池，若没有，则说明电池正常。

2）测量前将功能开关置于所需量程。

2. 直流电压测量

1）将黑表笔插入“COM”孔，红表笔插入“V/Ω”孔。

2）将功能开关置于直流电压的合适量程。

3）表笔与被测电路并联，红表笔接高电位端、黑表笔接低电位端。

注意：

1）如果不清楚被测电压范围，将功能开关置于最大量程并逐渐下降。

2）如果显示器显示“1”，表示超量程，功能开关应置于更高量程。

3）测量高电压时要注意避免触电。

3. 交流电压测量

1）将黑表笔插入“COM”孔，红表笔插入“V/Ω”孔。

2）将功能开关置于交流电压的合适量程。

3）表笔与被测电路并联，红表笔、黑表笔不分极性。

注意：参考直流电压测量注意 1）2）3）。

4. 直流电流测量

1）将黑表笔插入“COM”孔，当测量最大值为 200mA 时，红表笔插入“mA”孔；当测量最大值为 20A 时，红表笔插入“A”孔。

2）将功能开关置于直流电流的合适量程。

3）表笔与被测电路串联，红表笔接高电位端，黑表笔接低电位端。

注意：

1）如果不清楚被测电流范围，将功能开关置于最大量程并逐渐下降。

2）如果显示器显示“1”，表示超量程，功能开关应置于更高量程。

5. 交流电流测量

1）将黑表笔插入“COM”孔，当测量最大值为200mA时，红表笔插入“mA”孔，当测量最大值为20A时，红表笔插入“A”孔。

2）将功能开关置于交流电流的合适量程。

3）表笔与被测电路串联，两表笔不区分极性。

注意：参考直流电流测量注意1）和2）。

6. 电阻测量

1）将黑表笔插入“COM”孔，红表笔插入“V/Ω”孔。

2）将功能开关置于电阻的合适量程。

3）表笔与被测电阻并联。

注意：

1）双手不能触碰电阻的引脚。

2）不能带电测量。

3）如果显示器显示“1”，表示超量程，功能开关应置于更高量程。

4）当无输入时，例如开路情况，仪表显示为“1”。

7. 电容测量

1）将功能开关置于C的合适量程。

2）将电容插入电容测试座中。

注意：测量前注意每次转换量程时复零需要时间，有漂移读数存在不影响测试精度。

8. 二极管测量

1）将黑表笔插入“COM”孔，红表笔插入“V/Ω”孔。

2）将功能开关置于二极管档位。

3）表笔与被测二极管并联，红表笔接正极，黑表笔接负极，读出二极管的正向导通压降。

9. 蜂鸣器测试

1）将黑表笔插入“COM”孔，红表笔插入“V/Ω”孔。

2）将功能开关置于蜂鸣器档位。

3）表笔与被测线路的两端并联，如果两端之间的阻值小于70Ω，内置蜂鸣器发出响声。

11.2.3　电路焊接技术

在电子产品实验、调试、生产等过程中的每个阶段，都要考虑和处理与焊接有关的问题。焊接质量的好坏会直接影响产品的质量。焊接的种类很多，本节主要阐述应用广泛的手工锡焊。手工锡焊主要适用于产品试制、电子产品小批量生产、电子产品的调试和维修、某些不适合自动焊接的场合。

锡焊是采用铅锡焊料焊接，它属于钎焊中的软钎焊。与其他焊接方法相比具有焊料熔点低、适用范围广、焊接方法简单、易形成焊点、成本低且操作方便等优点。

1. 电路焊接工具和材料

手工锡焊的主要工具包括电烙铁、尖嘴钳、斜口钳、剥线钳和镊子等。

（1）电烙铁

1）电烙铁的种类。电烙铁分为直热式电烙铁、恒温式电烙铁、吸锡电烙铁等。无论哪种电烙铁，它们的工作原理基本相似，都是接通电源后，电流使电阻丝发热，并通过传热筒加热烙铁头，达到焊接温度后即可进行焊接。

① 直热式电烙铁。直热式电烙铁又分为外热式电烙铁和内热式电烙铁。

外热式电烙铁由烙铁头、烙铁芯、外壳、手柄、电源线和电源插头等几部分组成，其结构如图 11-38 所示。由于发热的烙铁芯在烙铁头的外面，所以称为外热式电烙铁。

内热式电烙铁，由于烙铁芯安装在烙铁头里面，所以称为内热式电烙铁。其结构如图 11-38 所示。

② 恒温式电烙铁。恒温式电烙铁的烙铁头温度可以控制，烙铁头可始终保持某一设定温度，如图 11-39 所示。根据控制方式不同，恒温式电烙铁可分为电控恒温电烙铁和磁控恒温电烙铁两种。

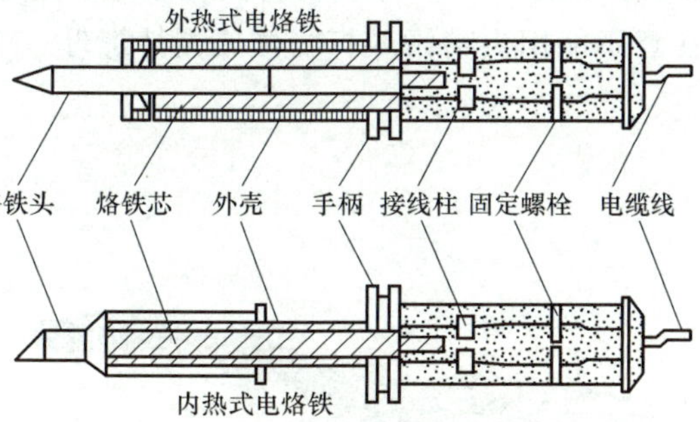

图 11-38　外热式、内热式电烙铁结构图

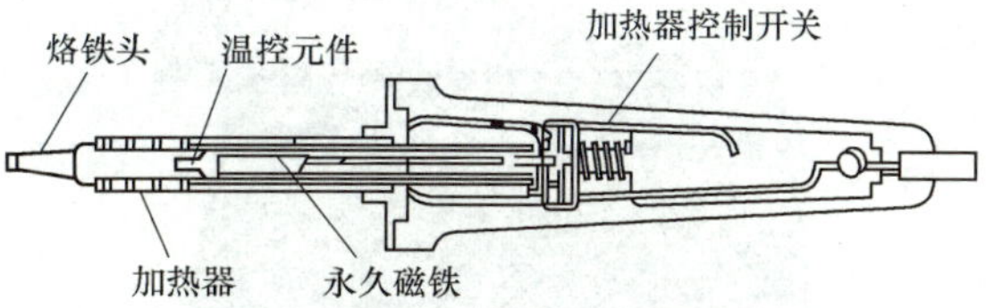

图 11-39　恒温式电烙铁结构图

③ 吸锡电烙铁。吸锡电烙铁主要在电工和电子技术安装维修中拆换元器件时拆焊使用，与普通电烙铁相比，其烙铁头是空的，并多一个吸锡装置，如图 11-40 所示。在操作时，先加热焊点，待焊锡熔化后，按动吸锡装置，活塞上升，焊锡被吸入吸管。

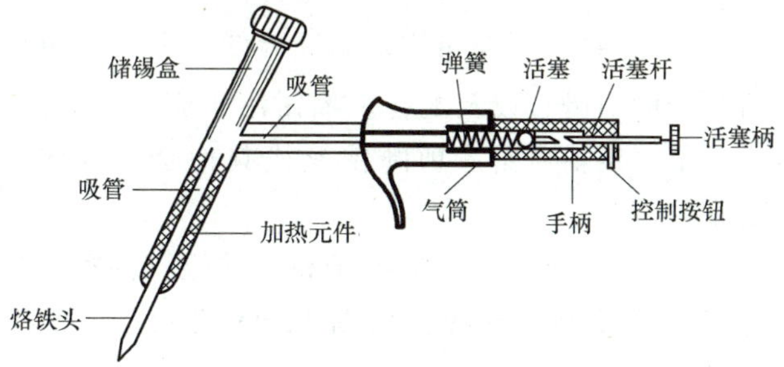

图 11-40　吸锡电烙铁结构图

2）电烙铁使用注意事项。

① 使用前从外观查看电源线有无破损，手柄和烙铁头有无松动。如果有破损和松动要及时处理和更换，以免发生漏电事故。

② 用万用表欧姆档检查电烙铁插头两端，内阻应为 0.5~2kΩ，功率越大电烙铁的内阻越小，不能有短路或开路现象。插头和外壳之间的绝缘电阻应在 2~5MΩ 之间才能使用。

③ 新的电烙铁第一次使用之前要搪锡或称上锡。

④ 电烙铁使用前要通电预热，预热时间 3～4min。

⑤ 加热后的电烙铁，如若不用，一定要稳妥地放在电烙铁架上，如图 11-41 所示。注意电源线和导线不能碰到烙铁头，以免损坏电源线，造成漏电事故。

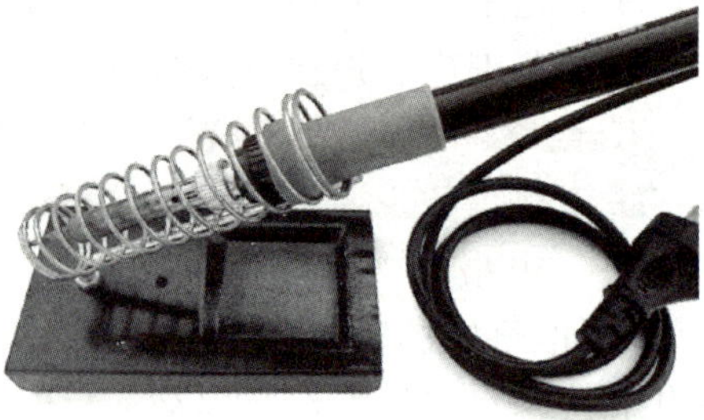

图 11-41　电烙铁稳妥放置

⑥ 烙铁头要经常保持清洁。烙铁架底座上配有一块耐热且吸水性好的海绵，使用时加上足量的水。若发现烙铁头已被氧化或者存在污物，应在海绵上擦洗，以保持烙铁头光亮清洁。

⑦ 长时间不用电烙铁，应拔掉电烙铁的电源插头。

(2) 其他工具

1) 烙铁架。烙铁架是用来放置电烙铁的架子，如图 11-42 所示。烙铁架由底座、安置烙铁的弹簧式套筒组成。底座上有一个凹槽，使用者可在其中放置海绵，使用过程中，让海绵吸水，当烙铁头被氧化或黏有污物时可将其置于海绵上进行擦拭。

2) 尖嘴钳。尖嘴钳是组装电子产品常用的工具，如图 11-43 所示。它头部较细，适合于夹持小型金属零件或弯曲元器件引线。使用时注意不能用尖嘴钳敲打物体或夹持螺母。

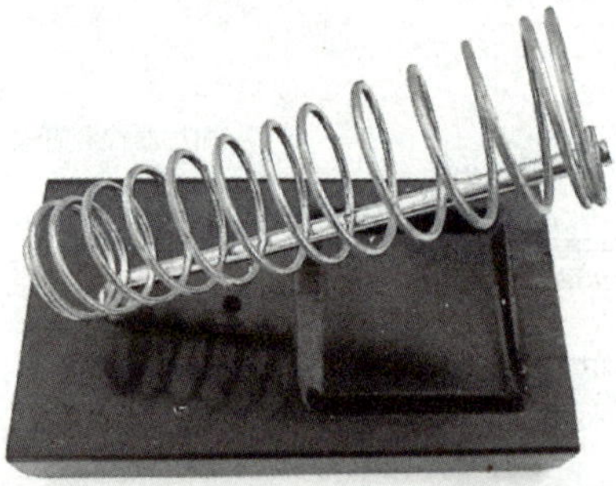

图 11-42　烙铁架

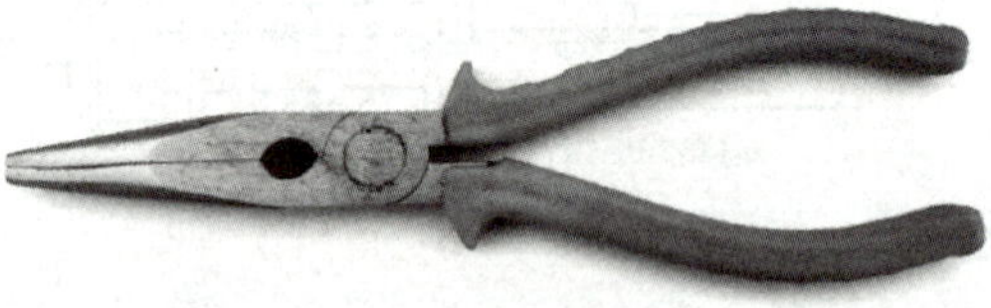

图 11-43　尖嘴钳

3) 斜口钳。斜口钳用来剪断导线，尤其是用来剪除导线网绕后多余的引线和元器件焊接后多余的引脚，以及配合尖嘴钳用于剥线，如图 11-44 所示。不可用斜口钳来剪断铁丝或其他金属物体，以免损伤钳口。

4) 镊子。镊子有尖嘴镊子和圆嘴镊子两种。尖嘴镊子用于夹持较细的导线，如图 11-45 所示，以便于装配焊接。

(3) 焊接材料　焊接材料包括焊料（焊锡）和焊剂（助焊剂）。

1) 焊料。焊料的作用是将焊件连接在一起，要求熔点低、具有较好的流动性和润湿性、凝固时间短、凝固

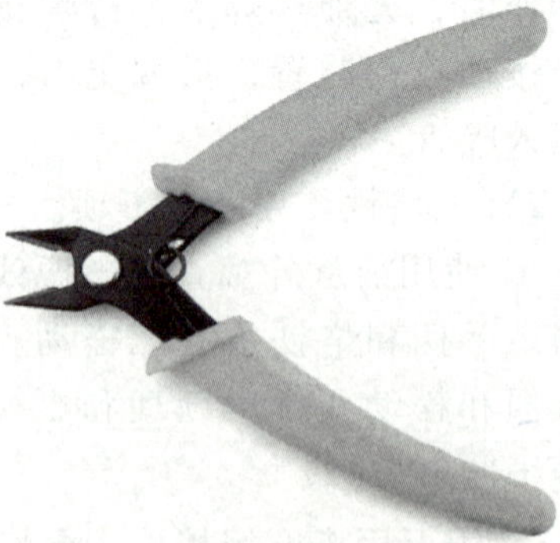

图 11-44　斜口钳

后外观好、具有良好的导电性和耐蚀性。

按组成成分不同焊料可分为锡铅焊料、铜焊料和银焊料等。在电子产品装配中，主要使用锡铅焊料，俗称焊锡。焊锡是一种铅锡合金焊料。

2）助焊剂。助焊剂是用于消除氧化物、保证焊锡浸润的一种化学剂。助焊剂分为无机系列、有机系列和树脂型助焊剂。

树脂型焊剂是一种传统的助焊剂，它的主要成分是松香。如图 11-45 所示，在常温下呈中性，当加热到 74℃后可被溶解且呈现出活性，随着温度的升高，参加焊接的各金属表面的氧化物还原、溶解，从而起到了助焊的作用。同时松香又是高分子物质，焊接后形成的膜层具有覆盖焊点、保护焊点不被氧化腐蚀的作用。

图 11-45　镊子

图 11-46　松香

2. 电路焊接工艺及方法

（1）手工锡焊的基本方法

1）电烙铁的握法。电烙铁的握法分为三种：反握法、正握法和握笔法，如图 11-47 所示。

2）焊锡丝的握法。焊锡丝的握法如图 11-48 所示。

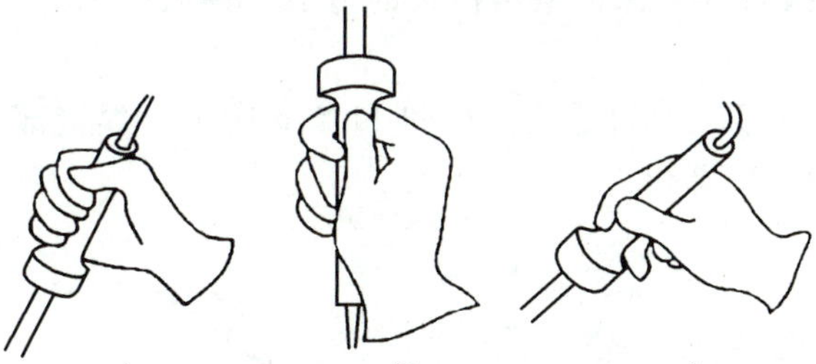

图 11-47　电烙铁握法

a）反握法　b）正握法　c）握笔法

图 11-48　焊锡丝的握法

a）连续焊接握法　b）断续焊接握法

3）焊前准备。

① 印制电路板和元器件的检查。焊装前应对印制电路板和元器件进行检查，主要检查电路板的印制线、焊盘、焊孔是否和图样相符，有无断线、缺孔等，表面是否清洁，有无氧化、腐蚀等。

② 元器件引脚弯曲成型。为了使元器件在印制电路板上装配排列整齐并便于焊接，安装前采用手工或专用工具把元器件引脚弯曲成一定的形状。

元器件在印制电路板上的安装方式有两种：立式安装和卧式安装。立式、卧式安装元器件的引脚弯曲成型如图 11-49 所示。引脚弯曲处距离元器件实体至少在 2mm 以上，不能从引线的根部开始弯折。总的要求是各种成型方法能承受剧烈的热冲击，引线根部不产生应力，元器件不受到热传导的损伤。

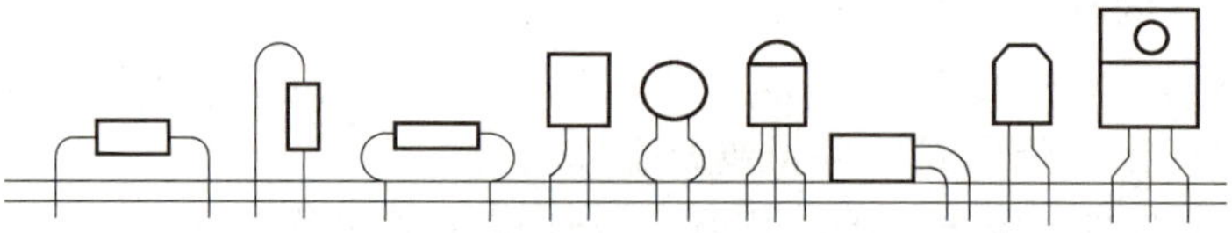

图 11-49　元器件引脚成型示例图

③ 元器件的插装。元器件的插装方式有两种，一种是贴板插装，另一种是悬空插装，如图 11-50 所示。贴板插装稳定性好、安装简单，但不利于散热，且对某些安装位置不适应。悬空安装的适用范围广、有利于散热，但安装比较复杂，需要控制一定高度以保持美观一致。安装时的具体要求是应首先保证图样中安装工艺的要求，其次按照实际安装位置确定。如果没有特殊要求，只要位置允许，采用贴板安装更为常见。

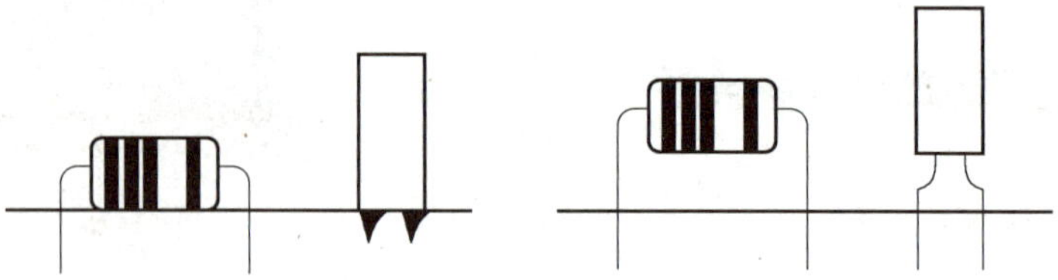

图 11-50　元器件插装方式

a）贴板插装　b）悬空插装

4）焊接。

① 准备焊接。将被焊件、焊锡丝和电烙铁准备好，保证电烙铁头的清洁，并通电加热。左手拿焊锡丝，右手握电烙铁，如图 11-51a 所示。

② 加热焊件。将烙铁头接触焊接点，使焊接部位均匀受热，如图 11-51b 所示。焊接部位是元器件引脚和焊盘二者相交处，焊接时间 1~2s 即可。

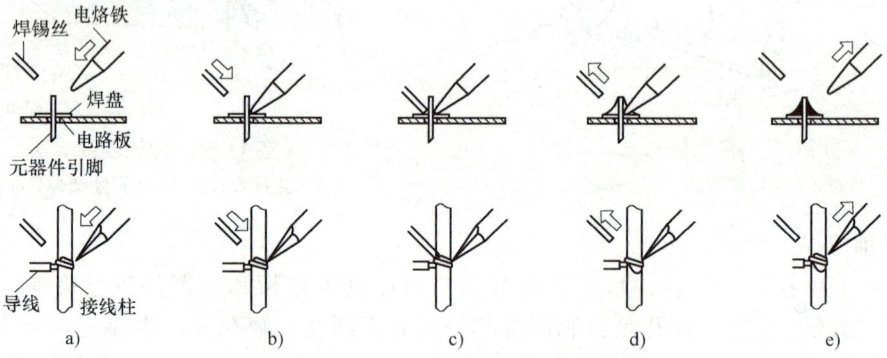

图 11-51　焊接步骤示意图

a）步骤一　b）步骤二　c）步骤三　d）步骤四　e）步骤五

③ 熔化焊锡。焊点温度达到需求后，将焊锡丝置于焊点位置，使焊锡丝开始熔化，如图 11-51c 所示。

④ 移走焊锡丝。当熔化一定量的焊锡后将焊锡丝移走，如图 11-51d 所示。熔化的焊锡不能过多，也不能过少，刚好流满一圈焊盘即可。

⑤ 移走电烙铁。焊锡完全湿润焊点，扩散范围达到要求后，即可移开电烙铁。注意移开电烙铁的方向应该与电路板大致成45°角，如图11-51e所示。

⑥ 焊接完成后用斜口钳剪掉多余导线或元器件多余引脚。

5）拆焊操作。在调试、维修电子设备的工作中，经常需要更换一些元器件。更换元器件的前提是要把原先的元器件拆焊下来。若拆焊方法不当，会破坏印制电路板，也会使换下来但并未失效的元器件无法重新使用。

拆焊方法：通常电阻器、电容器、晶体管的引脚不多，每个引脚能够相对活动的元器件可利用电烙铁直接拆焊。把印制电路板竖起来夹住，一边用电烙铁加热待拆元器件的焊点，一边用镊子或尖嘴钳夹住元器件的引脚轻轻拉出，如图11-52所示。

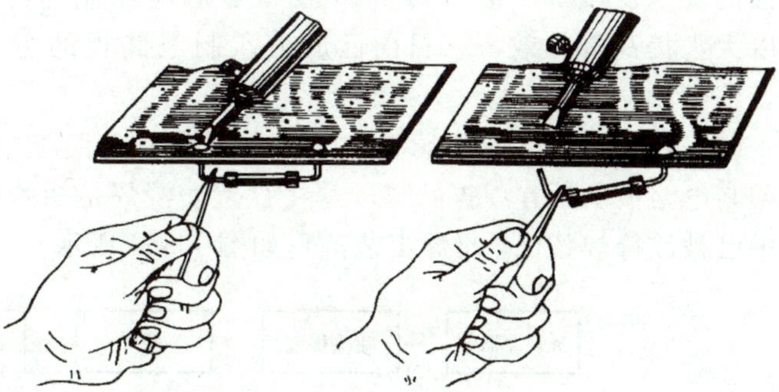

图 11-52　拆焊元器件方法

6）焊点质量检测。为了保证焊点质量，应在焊接后进行焊点质量检查，其主要方法如下：

① 外观检查。通过肉眼从焊点的外观上检查焊接质量。检查内容包括焊是否错焊、漏焊、虚焊和连焊。标准焊点是扁平锥形、平滑、光亮、大小适中，如图11-53所示。

② 拨动检查。在外观检查中发现可疑现象时，可用镊子轻轻拨动焊接部位进行复查，确认其质量，主要包括导线、元器件引脚和焊盘与焊锡是否焊接良好，有无虚焊；元器件引脚和线根部是否有机械损伤。

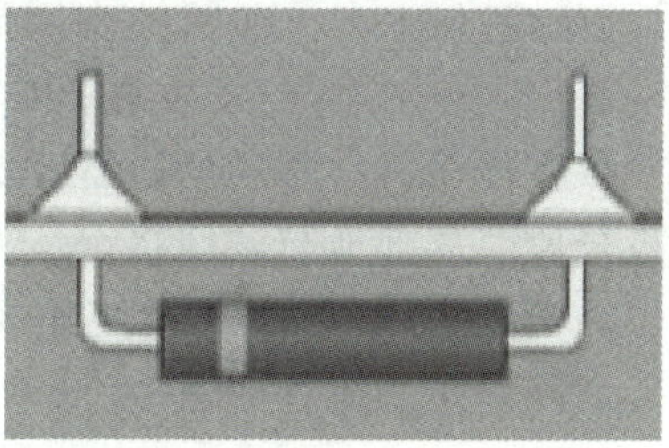

图 11-53　标准焊点

③ 通电检查。通电检查必须是在外观检查和拨动检查无误后方可进行，通电也是检查电路性能的关键步骤。

（2）印制电路板的焊接工艺

1）焊前准备。首先要熟悉所焊印制电路板的装配图，并按图样配料，检查元器件型号、规格及数量是否符合图样要求，并做好装配前元器件引脚成型等准备工作。

2）焊接顺序。元器件装焊顺序依次为电阻器、电容器、二极管、晶体管、集成电路、大功率管，焊接原则为先小后大，由矮到高。

3）元器件焊接要求。

① 电阻器的焊接。按图样将电阻器准确地装入规定的位置，要求标记向上，字向一致。装完同一种规格后再装另一种规格，尽量使电阻器的高低一致。焊完后将露在外面的多余引脚剪去。

② 电容器的焊接。将电容器按图样装入规定的位置，注意有极性电容器的“+”极和“-”极不能接错，电容器上的标记方向要容易看见。

③ 二极管的焊接。注意：阳极、阴极的极性不能装错；型号标记要容易看见。

④ 晶体管的焊接。注意：三根引脚位置插接正确。焊接时间尽可能短，焊接时用镊子

夹住引脚，以利于散热。

⑤ 集成电路的焊接。首先按图样的要求，检查型号、引脚位置是否符合要求。焊接时先焊接边沿的两只引脚，使其定位，然后再从左到右、从上往下逐个焊接 。

3. 电子工业生产中的焊接技术

随着电子技术的发展，电子元器件日趋集成化、小型化和微型化，电路越来越复杂，印制在电路板上的元器件排列越来越紧密，手工焊接已不能同时满足焊接高效率和高可靠性的要求。浸焊、波峰焊和再流焊是适应印制电路板的发展而发展起来的焊接技术，可以大大提高焊接效率，目前已成为印制电路板的主要焊接方法，在电子产品生产中得到普遍使用。

（1）浸焊　浸焊是将插装好元器件的印制电路板浸入有熔融状焊料的锡锅内，一次完成印制电路板上所有焊点的自动焊接过程。浸焊是初始的自动化焊接，在大批量电子产品生产中已被波峰焊替代。浸焊工艺流程如图 11-54 所示。

图 11-54　浸焊工艺流程

（2）波峰焊　波峰焊是目前应用比较广泛的自动化焊接工艺。与浸焊相比，最大的特点是锡锅内的锡不是静止的，熔化的焊锡在机械泵或电磁泵的作用下由喷嘴源源不断地流出而形成波峰，如图 11-55 所示。在传动机构移动的过程中，印制电路板分段、局部地与波峰接触，避免了浸焊工艺存在的缺点，使焊接质量得到保证，波峰焊工艺流程如图 11-56 所示。

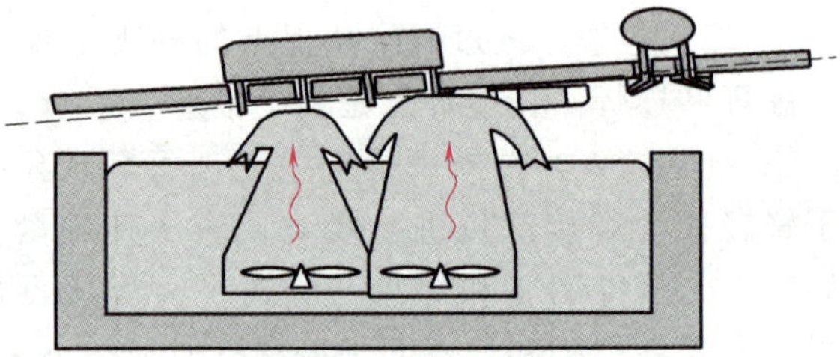

图 11-55　波峰焊示意图

图 11-56　波峰焊工艺流程

（3）再流焊　再流焊（也称回流焊）是预先在 PCB 焊接部位（焊盘）施放适量和适当形式的焊料，然后贴放表面组装元器件，经固化（在采用焊膏时）后，再利用外部热源使焊料再次流动，以达到焊接目的的一种成组或逐点焊接工艺。再流焊接技术能完全满足各类表面组装元器件对焊接的要求，因为它能根据不同的加热方法使焊料再流，实现可靠的焊接连接。

再流焊技术按照加热方式进行分类，主要有气相再流焊、红外再流焊、热风炉再流焊、热板加热再流焊、激光再流焊和工具加热再流焊等。

再流焊接技术不适用于通孔插装元器件的焊接，主要适用于表面安装片状元器件的焊接。

11.2.4 电路焊接安全操作规程

1）实验课前，学生应检查实验桌凳是否完好，检查本次实验的仪器设备、工具、元器件及材料是否符合实验所要求的名称、型号、规格、数量及技术状态，若有不符、损坏等及时向指导教师报告。若无汇报，视作完好处理。

2）在实验中，如果发现仪器设备、工具损坏或丢失，则必须及时向指导教师报告，说明情况并填写登记表，等待处理。

3）严格服从指导教师指导，在实验中每次接线变动，无论变动大小或多少，必须经指导教师同意后方可通电。

4）手上有水或潮湿的，禁止接触电器用品或电器设备。

5）随时注意人身与设备安全，如果遇到触电或设备损坏，则应立即切断电源，并向指导教师报告，以便及时处理。

6）实验结束，经指导教师检查合格后，将仪器设备、接线等整理好，征得指导教师同意后，方可离开实验室。

7）学生在实验操作中出现本规定未尽的情况，必须及时向实验教师报告，并进行应急处理，否则责任自负。

8）本实验室任何物品，未经许可不准带出室外。

思 考 题

1. 触电的种类一般分为哪几类？
2. 触电的方式一般分为哪几种？
3. 触电对人体的伤害程度和哪些因素有关？
4. 试说明 MF47 指针式万用表测量交流电压的方法及注意事项。
5. 常用的电工工具和电工仪表分别有哪些？
6. 电阻器的主要参数有哪些？
7. 电阻器的识别方法有哪几种？
8. 简述 DT890B 数字式万用表测量电阻的方法及注意事项。
9. 简述印制电路板的焊接步骤。
10. 电子工业生产中常用的焊接技术有哪些？

第12章

工程创客训练

12.1 创新概述

12.1.1 创新的定义

创新，顾名思义，创造新的事物。创新一词出现很早，如《魏书》有“革弊创新”，《周书》有“创新改旧”。

熊彼特（J. A. Schumpeter）在1912年德文版的《经济发展理论》中提出了“创新”（Innovation）一词，他把“创新”定义为：企业家实现对“生产要素的重新组合”。表现形式有六种：①引进一种新产品或提供一种新质量的产品；②采用一种新的生产方式；③开辟一个新市场；④找到一种原料或半成品的新来源；⑤发明一种新工艺；⑥实现一种新企业组织形式。经济合作与发展组织（OECD）提出：创新的含义比发明创造更为深刻，它必须考虑在经济上的运用，实现其潜在的经济价值。只有当发明创造引入经济领域，它才成为创新。此外，德鲁克认为：创新是组织的一项基本功能，是管理者的一项重要职责，它是有规律可循的实务工作。创新并不需要天才，但需要训练；不需要灵光乍现，但需要遵守“纪律”。

综上，什么是创新？现在通用性定义是：以现有的思维模式提出有别于常规或常人思路的见解，利用现有的知识和物质，在特定的环境下，本着理想化需要或为满足社会需求，而改进或创造新的事物，包括但不限于各种产品方法、元素路径环境等，并能获得一定有益效果的行为。

12.1.2 创新模式

1. 封闭式创新

封闭式创新（Closed Innovation）是指着眼于企业内部，将自身创意进行开发，在此基础上研制新产品、引入市场，然后再由企业内部人员进行分销，提供服务、资金以及技术支持。封闭式创新模型如图12-1所示。在这种创新模式下，企业通过投资内部研发机构，挖掘企业自有的新技术，将其变为新产品，创新始终密切关注企业内部。

封闭式创新的特点是：劳动力流动性差、风险投资少、技术流动困难，且对企业研发能

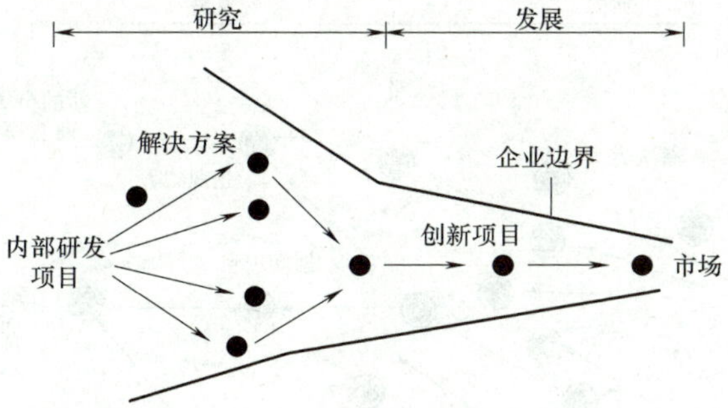

图 12-1　封闭式创新模型

力要求高，大学等机构的影响力不重要。封闭式创新之所以能为企业带来成功，是因为封闭式创新在企业内部创造出了一种“良性循环”，即企业先投资于内部研发事业，再开发出很多突破性的新技术。这些新技术可以使企业向市场推广新产品和服务，实现更高的利润，再投资于更多的内部研发工作，又导致进一步的技术突破，并带来新一轮的产品和服务的市场推广，从而形成良性循环。

封闭式创新是 20 世纪中期，甚至更早的时期里大多企业所采用的创新模式。在这种创新模式下，很多企业获得了巨大的成功，如美国通用电器公司等。然而，20 世纪 90 年代以来，随着信息、知识和资本的全球化，人才的可获得性和流动性增强，风险投资市场兴起，外部供应商的生产能力不断提高，被搁置的研究成果面临外部选择，一系列腐蚀封闭式创新的破坏性因素产生，破坏了封闭式创新模式的运行环境。

2. 开放式创新

开放式创新的概念最早由加州大学伯克利分校哈斯商学院副教授和开放式创新中心主任亨利·切萨布鲁夫（Henry W. Chesbrought）于 2003 年 5 月提出。切萨布鲁夫指出开放式创新是指均衡协调企业内部和外部的资源来形成创新思想，同时综合利用企业内外部市场渠道为创新活动提供服务。开放式创新指出，企业应把外部创意和外部市场化渠道的作用上升到和封闭式创新模式下的内部创意以及内部市场化渠道同样重要的地位，均衡协调内部和外部的资源进行创新，不仅把创新目标寄托在传统的产品经营上，还积极寻找外部的合资、技术特许、委托研究、技术合伙、战略联盟或风险投资等商业模式，以尽快地将创新思想变为现实产品与利润。

开放式创新的最终目标是以更快的速度、更低的成本，获得更多的收益和更强的竞争力。可用“筛子”来形容在开放式创新模式下，创意从产生到最终成为进入市场的产品的过程（图 12-2），即企业不仅自己创新，也充分利用外界的创新；不仅充分实现自己创新的价值，也充分实现自己创新“副产品”的价值，如图 12-2 所示。在封闭式创新模式下，企业对市场机遇与技术机遇的认识都是从内部出发的，这很可能出现供给与需求的偏差，而在开放式创新模式下，企业对市场机遇与技术机遇的认识都是从外部出发的，这使得“有效供给”更可能实现。

开放式创新是各种创新要素互动、整合、协同的动态过程，要求企业与所有的利益相关者之间建立紧密联系，以实现创新要素在不同企业、个体之间的共享，构建创新要素整合、

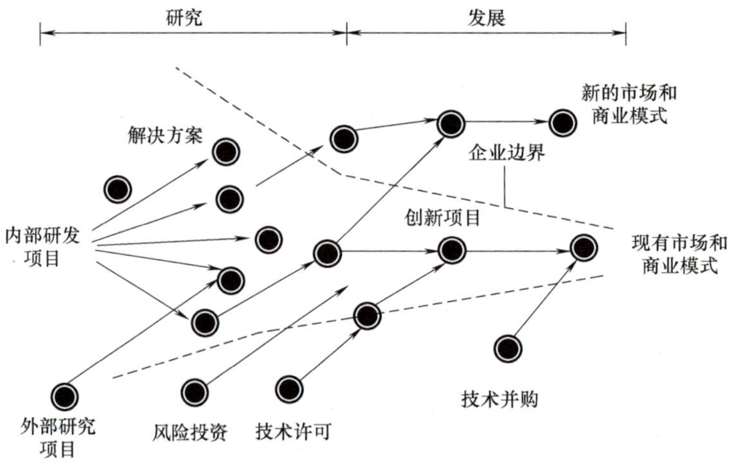

图 12-2　开放式创新模型

共享的网络体系。具体的利益相关者包括全体员工、客户、供应商、全球资源提供者、知识工作者，甚至竞争对手。开放式创新与封闭式创新的对比见表 12-1。

表 12-1　开放式创新与封闭式创新的区别

封闭式创新	开放式创新
行业范例:核反应、大型主机	行业范例:个人计算机、电影业
主要依靠内部创意	很多外部创意
劳动力流动性低	劳动力流动性高
风险投资很少	风险投资很积极
新创业企业很少,力量薄弱	新创业企业数量众多
大学等机构的影响力并不重要	大学等机构的影响力很重要

12.2 “工程创客训练”课程介绍

12.2.1 课程概述

“工程创客训练”课程由河北工业大学实验实训中心开设，旨在解决工程知识和能力与产业需求脱节、系统性应对复杂工程问题能力不足、勇担社会责任目标不清、动力不足、合作能力不强、工程师职业素养不高的问题，加强大学生实践动手能力和创新能力，培养学生的“工匠精神”，缩短人才培养与企业需求之间最后“一学里”，主动适应新常态下企业对“科学基础厚、工程能力强、综合素质高”的专业人才需求。

“工程创客训练”课程植根于国家“双一流”建设高校——河北工业大学，依托国家级工程训练中心、国家级创客中心——工学坊、国家大学科技园，传承“兴工报国”办学传统和“工学并举”办学特色，落实学校“专业精英和社会栋梁”人才培养目标，面向新工科，以企业实际工程项目为牵引，开展“全真题、全流程、全实践”实战训练，在实践中掌握必备的工程知识和技术，学生通过该课程能够掌握需求调查、工程产品的创新设计、加工与制造方法、产品装配与调试、零部件采购与成本控制、科技论文写作与知识产权申请等能力训练，培养多学科知识融合应用、解决复杂工程问题的能力；增强勇于探索的创新精神、善于解决问题的实践能力以及团结合作的实践精神，培养工匠精神，提高综合工程素质和职业素养。

12.2.2　课程运行方式

1. 课程运行机制

教学团队探索多学科交叉融合的项目式人才培养模式，坚持“全真题、全流程、全实践”，将企业技术创新需求与跨学科人才培养相结合，将实战训练与企业创新相结合，将理论学习与解决问题相结合，不断进行改革创新和教学实践。课程运行机制如图 12-3 所示。工程训练中心将训练成果向上游的创新和下游的创业延伸，与大学生创新创业服务中心和国家大学科技园联合，构建“创意、创造、创新、创业”一体化保障机制，拓宽项目来源，也为优秀项目落地提供保障机制。

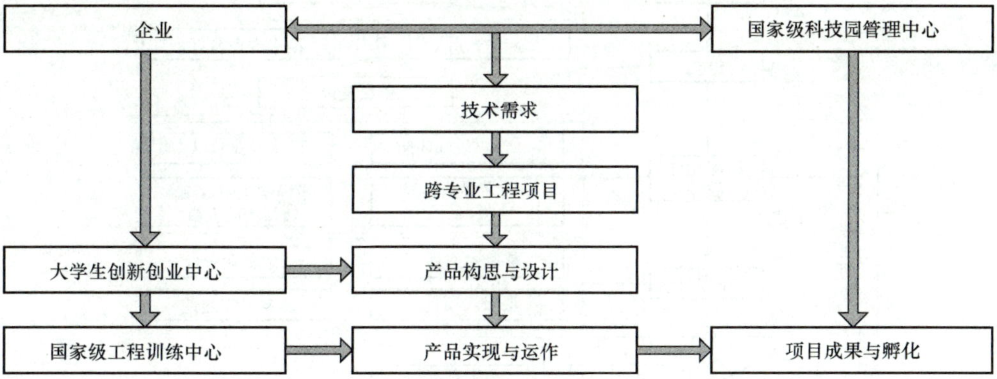

图 12-3　课程运行机制

2. 工程创客训练班运行流程

通过营造一个以学生为中心的主动创造、创新和创业的环境，在项目和任务的牵引下，指导教师引导学生组建团队，建立基于问题的“自主、合作、探究、实践”学习方式，通过研讨、动手实践、企业实习、专项指导、专题讲座等方式，帮助学生解决在工程产品研制过程中发现和遇到的工程问题；邀请专家，对学生完成的工业产品进行“问诊把脉”，找出问题，为产品更新迭代提供方向。在这个过程中，学生主动学习和实践，反复尝试，从而主动构建知识框架，增强信心和勇气，创造、创新和创业能力显著提高。课程运行流程如图 12-4 所示。

以项目为引领，以学生为中心，以不同专业的指导教师为引导，学生经历从任务分析、调研、可行性分析、总体规划、详细设计、零部件加工制造与采购、装配、调试运行、科技论文写作到知识产权申请每一个环节的训练。教学方法实现从理论到实践、设计到创造、知识到能力的转化。项目实施详细过程如图 12-5 所示。

12.2.3　课程项目案例：膝关节保护装置设计与研制

目前，中国正逐渐步入老龄化社会，膝关节病是老年人群的常见病，严重影响了老年人

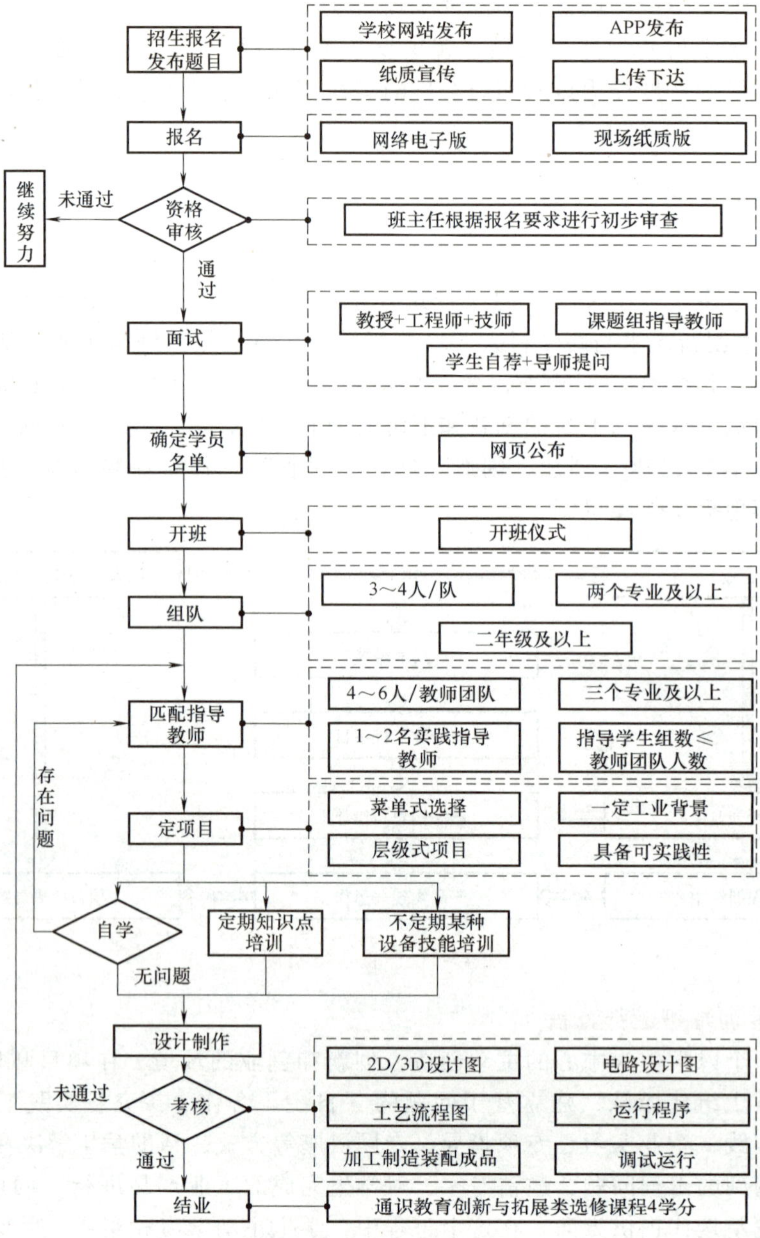

图 12-4　工程创客训练班运行流程

的正常生活。该课程项目来源于天津常道伟业科技有限公司关于保护老年腿部膝关节装置技术需求，旨在研发一种适用于老年人日常膝关节保护，缓解运动时身体对膝关节的伤害的膝关节助力保护装置。

由工程创客训练班老师组建跨专业师生团队，充分调研并形成技术解决方案，最终师生团队制作出了将穿戴过程简化，并减少穿戴后对运动限制的新型膝关节助力保护装置，如图 12-6 所示。应用于中老年人的日常行走、膝关节的助力康复和老年人膝关节保护等场合，让中年人走得更省力，老年人走得更轻松。

在河北工业大学国家大学科技园的帮助下，项目经过进一步迭代和孵化，与公司签订了

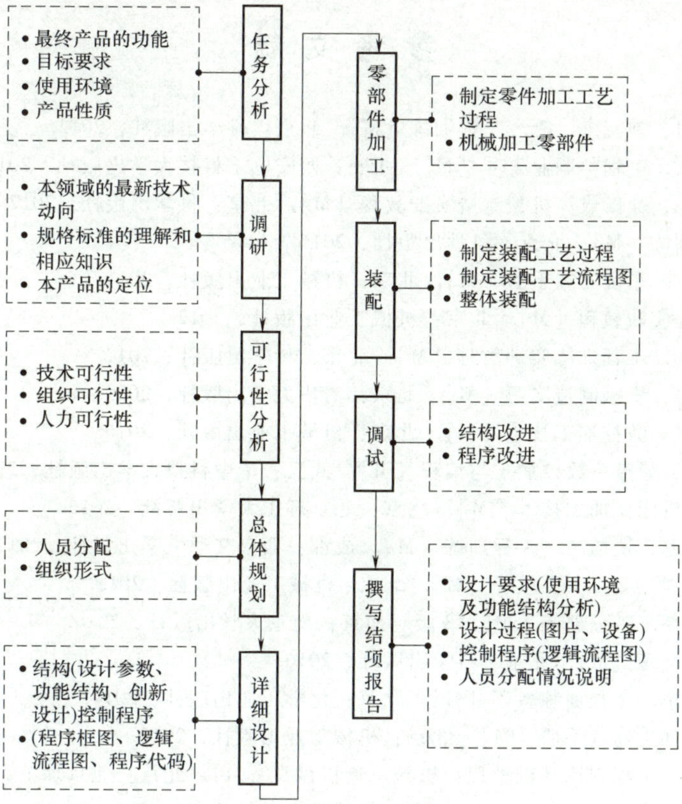

图 12-5　项目实施详细过程

价值 1000 万元的“康养机器人”专利许可合同，实现了优秀项目落地，为企业的发展和服务社会做出了贡献，实现企业、社会与学校人才培养深度融合。

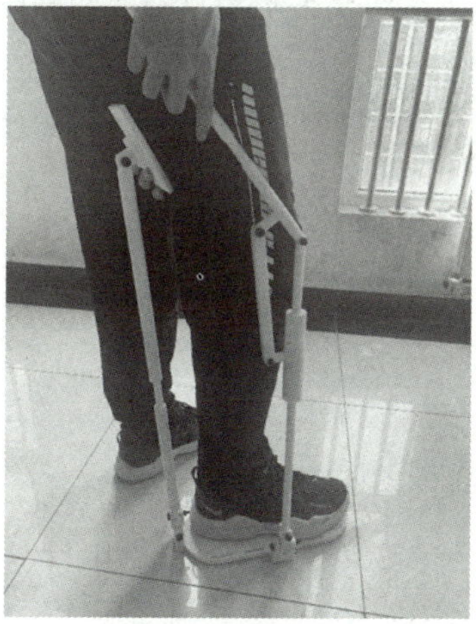

图 12-6　学生作品：膝关节助力保护装置

参考文献

[1] 张艳蕊，王明川，刘晓微，等. 工程训练［M］. 北京：科学出版社，2013.

[2] 胡泽民，莫秋云. 工程师职业素养［M］. 西安：西安电子科技大学出版社，2017.

[3] 胡庆夕，张海光，徐新成. 机械制造实践教程［M］. 北京：科学出版社，2017.

[4] 刘元义. 工程训练［M］. 北京：科学出版社，2016.

[5] 徐鸿本，曹甜东. 车削工艺手册［M］. 北京：机械工业出版社，2011.

[6] 沙杰. 机械工程实践教程［M］. 北京：机械工业出版社，2012.

[7] 周继烈，姚建华. 工程训练实训教程［M］. 北京：科学出版社，2012.

[8] 付水根，李双寿. 机械制造实习［M］. 北京：清华大学出版社，2009.

[9] 葛新锋，张保生. 数控加工技术［M］. 北京：机械工业出版社，2016.

[10] 王兵，张大林，彭霞. 数控加工与编程［M］. 武汉：华中科技大学出版社，2017.

[11] 崔元刚. 数控机床及加工技术［M］. 北京：北京理工大学出版社，2016.

[12] 孙付春，李玉龙，钱扬顺. 工程训练［M］. 成都：西南交通大学出版社，2017.

[13] 史文杰，顾伟强. 金工实训教程［M］. 北京：机械工业出版社，2013.

[14] 祝小军，文西芹. 工程训练［M］. 3 版. 南京：南京大学出版社，2016.

[15] 刘元义. 工程训练［M］. 北京：科学出版社，2016.

[16] 赵忠魁，张元彬. 工程训练教程［M］. 北京：化学工业出版社，2014.

[17] 李志乔. 铣削加工速查手册［M］. 北京：机械工业出版社，2010.

[18] 冯俊，周郴知. 工程训练基础教程：机械、近机械类［M］. 北京：北京理工大学出版社，2007.

[19] 刘胜青，陈金水. 工程训练［M］. 北京：高等教育出版社，2005.

[20] 郭术义. 金工实习［M］. 北京：清华大学出版社，2011.

[21] 冯俊. 工程训练基础教程［M］. 北京：北京理工大学出版社，2007.

[22] 朱民. 金工实习［M］. 3 版. 成都：西南交通大学出版社，2016.

[23] 史文杰，顾伟强. 金工实训教程［M］. 北京：机械工业出版社，2013.